Günter Wahl
Minispione-Schaltungstechnik, Band 3

Fachbücher von

vth

aus der Reihe funk-technik-berater:

DX-World-Guide (411 003)

Packet-Radio (411 0006)

CB-Funk leicht gemacht (411 0007)

Englisch für CB-Funker (411 0008)

Fax für Funkamateure (411 0009)

Meine Rechte als CB-Funker (411 0010)

RTTY und AMTOR (411 0012)

Betriebstechnik für Funkamateure (411 0013)

CB-Funk - Weitverbindungen mit Erfolg (411 0014)

Kurzwelle Hören (411 0015)

„QRP“ - Mit kleiner Leistung rund um die Welt (411 0017)

Nachrichtentechnik der Nationalen Volksarmee - Teil 1: Funkmittel und Antennen 1956 - 1990 (411 0018)

Minispione-Schaltungtechnik Band 1 (411 0019)

Minispione-Schaltungstechnik Band 2 (411 0020)

Radio in der BRD (411 0021)

Erfolgreiche DX-Praxis für Funkamateure und Kurzwellenhörer (411 0022)

CB-Funk - Zusatzgeräte und Zubehör - Alles für den optimalen Funkeinsatz (411 0023)

funk Antennen-Report (411 0024)

Amateurfunk DX-Praxis (411 0025)

CW-Handbuch für Funkamateure - Grundlagen - Technik - Praxis (411 0026)

Das QRP-Baubuch - Entwurf und Bau von Amateurfunkgeräten mit kleiner Leistung (411 0027)

Praxiserprobte Meßtechnik für Funkamateure (411 0028)

Tips und Tricks rund um das Funkgerät (411 0029)

funk-Bauanleitungen für Funkamateure und Hobbyelektroniker (411 0030)

Amateurfunk-Elektronik - Zusatzgeräte selbst gebaut (411 0031)

Zusatz- und Meßgeräte im CB-Funk (411 0032)

Packet-Radio im CB-Funk (411 0033)

Flugfunk in der Praxis (411 0034)

Kurzwellenhörer unterwegs (411 0035)

Kurzwellendrahtantennen für Funkamateure (411 0036)

CB-Funk Antennen (411 0037)

Minispione - Schaltungstechnik Band 3 (411 0038)

Packet-Radio Worldconvers (411 0039)

Nachrichtentechnik der Nationalen Volksarmee - Teil 2 (411 0040)

Amateurfunk-Lehrgang - Funktechnik (411 0041)

Das AX.25-Protokoll (411 0042)

Scope-Tuning (411 0043)

Selbstbau-Aktivantennen (411 0044)

Minispione-Schaltungstechnik Band 4 (411 0045)

Minispione-Schaltungstechnik Band 3

Günter Wahl

- Laser-Abhöranlage
- VHF/UHF-Minispione
- Telefon-Minispione
- Micro-Fernsteuersender und -empfänger
- Minispion-Aufspürgeräte
- Plasma- und Laserguns

Mit 222 Abbildungen

2. Auflage

vth

Verlag für Technik und Handwerk
Baden-Baden

Fachbuch

Best.-Nr.: FTB 411 0038

Anschrift des Autors:
Günter Wahl
Bahnhofstr. 26
86150 Augsburg
Tel.: 08 21 / 15 35 28
Handy: 01 72 / 8 20 12 73

Die Deutsche Bibliothek – CIP-Einheitsaufnahme

Wahl, Günter:
Minispione-Schaltungstechnik / Günter Wahl. - Baden-Baden:
Verl. für Technik und Handwerk.
(vth-Fachbuch)
Bd. 3. Laser-Abhöranlage, VHF/UHF-Minispione, Telefon-Minispione,
Micro-Fernsteuersender und -empfänger, Minispion-Aufspürgeräte,
Plasma- und Laserguns. - 2. Aufl. - 1998
(Funk-Technik-Berater; 38)
ISBN 3-88180-338-6
NE: GT

ISBN 3-88180-338-6

Printed in Germany
Druck: WAZ, Duisburg

Inhaltsverzeichnis

Vorwort

Wer sich über Technik und Abwehr moderner Minispione, die der Öffentlichkeit normalerweise nicht zugänglich sind, orientieren will, bekommt auch im dritten Band der „Minispione-Schaltungstechnik“ wieder interessante Einblicke hinter die Kulissen. In der modernen Minispion-Technik steht heute das ganze Produktspektrum der SMD-Bauteile zur Verfügung. SMD bedeutet „Surface Mounted Device“ und heißt auf deutsch so viel wie oberflächenmontiertes Bauelement. Diese Bauelemente sind so klein, daß man sie meist nur mit Pinzette und Lupe verarbeiten kann. Dies bedeutet, daß auch relativ komplexe Schaltungen auf kleinstem Raum untergebracht werden können. Viele der in diesem Buch vorgestellten Schaltungen sind in SMD-Technik ausführbar.

Das erste Kapitel ist den freischwingenden Minispionen gewidmet, die trotz modernster Scannertechnik ihre Daseinsberechtigung nicht verloren haben. Quarzstabilisierte Minispione, die bevorzugt mit Scannern empfangen werden, sind im zweiten Kapitel aufgeführt. Neues und Bewährtes aus der Telefonabhörtechnik findet sich im dritten Kapitel des Buches, und im vierten wird das Thema TV-Minispione nochmals gestreift. Dann folgt ein Ausflug in die Thematik Funkruf, Fernsteuer- und Peilsender. Im sechsten Kapitel wird die Technik moderner Minispion-Aufspürgeräte erörtert. Optoelektronische Abhöranlagen einschließlich einer raffinierten Laserstrahlabhöranlage sind Gegenstand von Kapitel sieben. Im achten Kapitel werden einige interessante Sprachverfremder- und Scramblerschaltungen aufgeführt, das nächste Kapitel befaßt sich dann mit einigen Applikationen aus dem unerschöpflichen Bereich Sensoren in der Sicherheitstechnik. Weitere Informationen bietet das zehnte Kapitel mit einer Auswahl interessanter Spezialapplikationen verwandter Themengebiete. Den Abschluß bilden schließlich einige geheimnisumwitterte elektronische Projekte und Applikationen aus den Star-War-Labors.

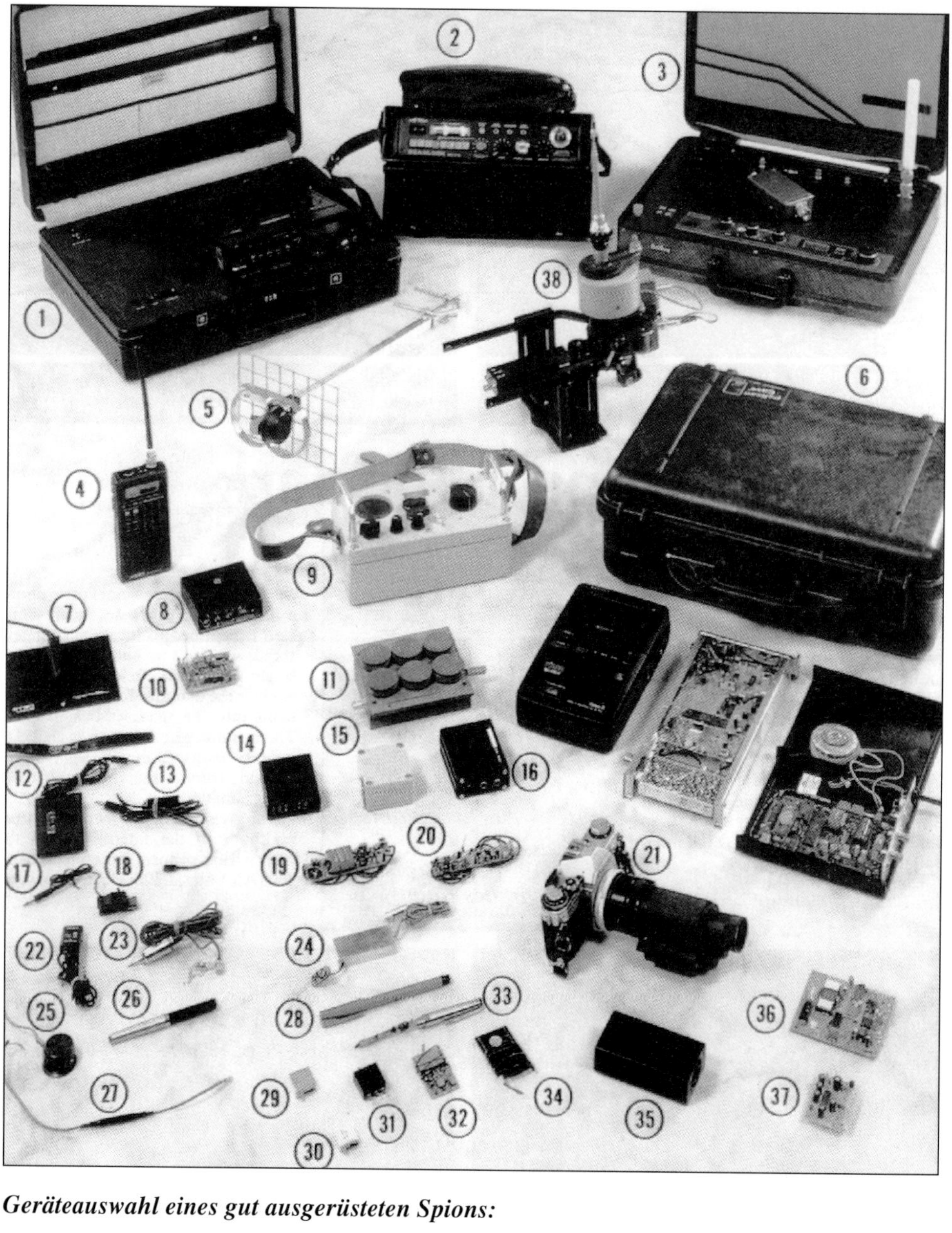

Geräteauswahl eines gut ausgerüsteten Spions:

(1)
Videokamera und Videorecorder im Aktenkoffer

(2)
Minispion-Aufspürgerät der Firma Scanlock

(3)
Video- und Audio-Mikrowellenempfänger im Aktenkoffer mit 1,4-GHz-Vorverstärker

(4)
Funkscanner

(5)
1,3-GHz-Faltdipolantenne

(6)
Moderner Video- und Audioempfänger unter Verwendung des „Sony Watchman" und einem in der Bandbreite einstellbaren PLL-Tuner von 950 bis 1.750 MHz

(7)
Infraschallmikrofon

(8)
Einkanal-VHF-Empfänger

(9)
SSB-Peilempfänger

(10)
Einkanal-VHF-Empfänger

(11)
Starker Peilsender mit sechs Befestigungsmagneten für den KFZ-Einsatz

(12)
Infraschallmikrofon

(13)
Mikrofon für Einsatz in der Kleidung

(14)
FM-Minispion

(15)
Miniaturpeilempfänger für Nahbetrieb

(16)
Videosender im Mikrowellenbereich

(17)
Kommerzielles Knopflochmikrofon

(18)
Kommerzielles Knopflochmikrofon

(19)
Telefon-Minispion für Parallelschaltung

(20)
Telefon-Minispion für Serienschaltung

(21)
Canon-Kamera mit M 911 A-Nachtsichtaufsatz

(22)
Kommerzielles Knopflochmikrofon

(23)
Kommerzielles Knopflochmikrofon

(24)
100-mW-VHF-Minisender für verdeckten Einsatz in der Kleidung

(25)
Telefonsaugnapfspule

(26)
Telefonleitungsvorverstärker mit Telefonstromspeisung

(27)
Telefonleitungsverstärker

(28)
Kugelschreiber-Peilsender

(29)
VHF-1,1-GHz-100-mW-Minispion für verdeckten Einsatz in der Kleidung sowie für Raum- und Telefoneinsatz

(30)
VHF-1,1-GHz-30-mW-Minispion für verdeckten Einsatz in der Kleidung sowie für Raum- und Telefoneinsatz

(31)
Infrarot-Peilsender

(32)
VHF-Minispion im Kreditkartenformat

(33)
VHF-Kugelschreiber-Minispion

(34)
Infrarot-Peilsender im Kreditkartenformat

(35)
Videokamera mit automatischer Scharfeinstellung

(36)
Scrambler-Modul

(37)
Videoverstärker für Kabelübertragung

(38)
Videoüberwachungseinrichtung in der KFZ-Antenne

VHF/UHF-Minispione, freischwingend

UKW-Minispion mit Electret-Mikrofon als Basisvorwiderstand

In Bild 1 ist dargestellt, wie ein zweipoliges Electret-Mikrofon die Funktion des Basisvorwiderstands in einem UKW-Oszillator übernimmt und für ausreichende FM-Modulation sorgt. Auf der rechten Seite der Bild wird das Innenschaltbild eines zweipoligen Electret-Mikrofons gezeigt. Bei einer Batteriespannung von 9 V sollte in Reihe zu Pin 1 noch ein Vorwiderstand von 1–10 kΩ eingefügt werden, um das Mikrofon vor Überlastung zu schützen. Etwas störend an der Schaltung ist die extreme Anhebung tiefer Audiofrequenzen.

VHF-FET-Minispion (90–140 MHz)

Eine anschwingfreudige Minispion-Schaltung in SMD-Technik sieht man in Bild 2. Die FM-Modulation wird durch die Doppelkapazitätsdiode BB 804 bewerkstelligt. Ein passender Modulationsverstärker findet sich im Kapitel „Spezialapplikationen“.

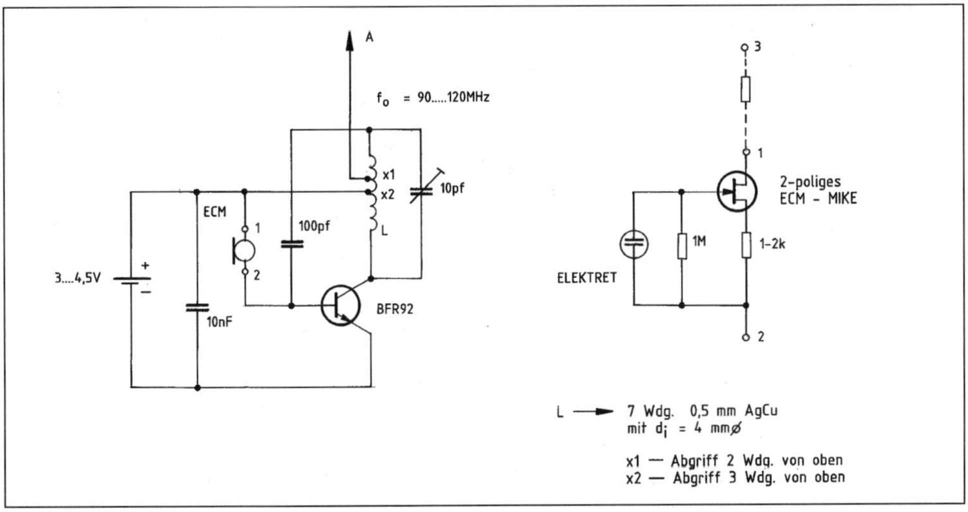

Bild 1: UKW-Minispion mit Electret-Mikrofon als Basiswiderstand

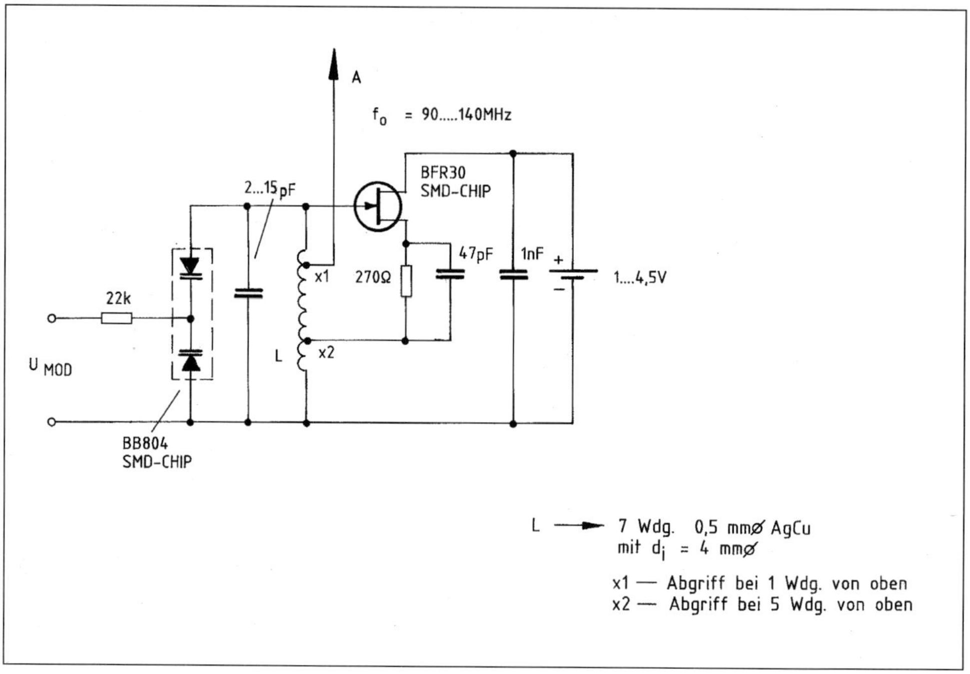

Bild 2: VHF-FET-Minispion (90–140 MHz)

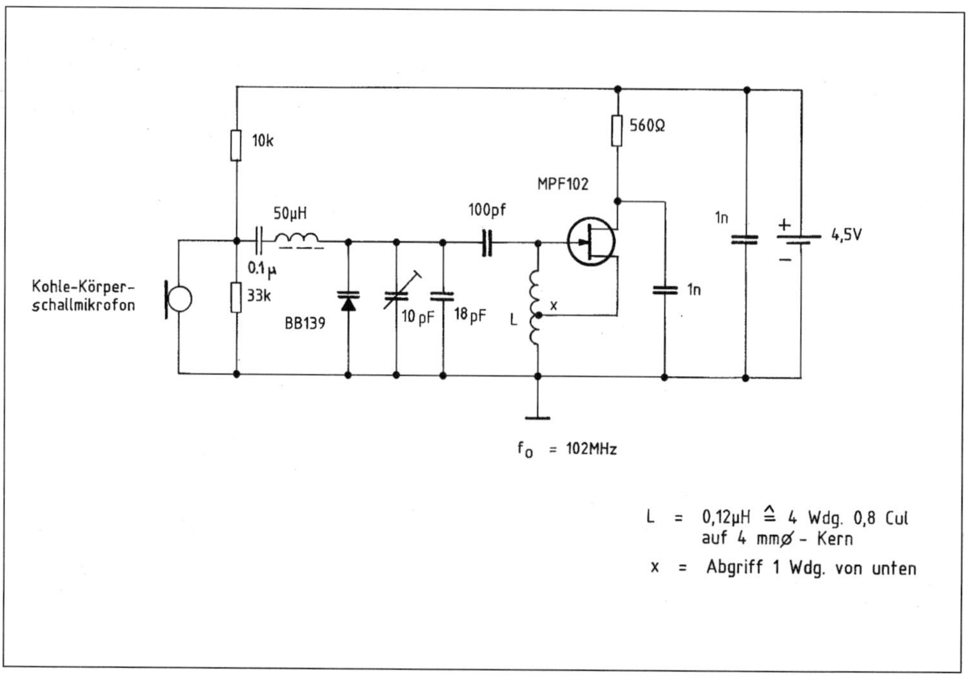

Bild 3: UKW-FET-Minispion mit Kohle-Körperschall-Mikrofon

UKW-FET-Minispion mit Kohle-Körperschall-Mikrofon

Eine Schaltungsapplikation (Bild 3) aus den USA zeigt die gleiche Oszillatorgrundschaltung, welche mit einem Kohle-Körperschall-Mikrofon frequenzmoduliert wird. Kohle-Körperschall-Mikrofonkapseln können aus Piloten-Kehlkopfmikrofon-Sets ausgebaut werden. Für höhere Mikrofonempfindlichkeit empfiehlt sich der Einsatz eines Mikrofonverstärkers.

UKW-Minispion, zweistufig (80–110 MHz)

Ein freischwingender UKW-Minispion mit angekoppelter HF-Verstärkerstufe ist in Bild 4 angegeben. Der Vorteil eines HF-Verstärkers liegt nicht nur in der größeren Sendeleistung, sondern auch in der geringeren Frequenzver-

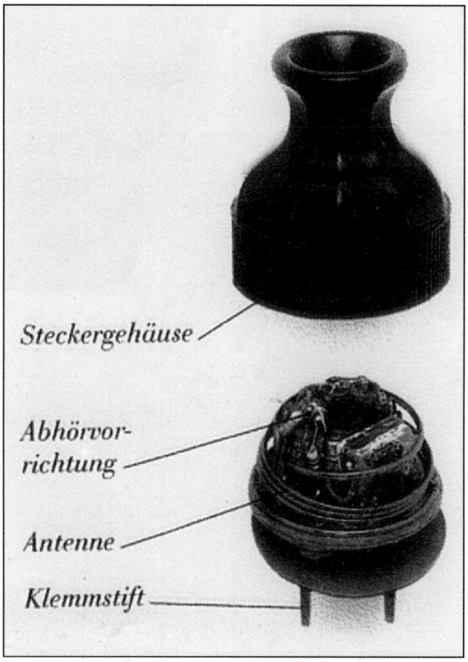

***Bild 5:* USA-Netzstecker mit eingebautem Minispion aus den 60er Jahren**

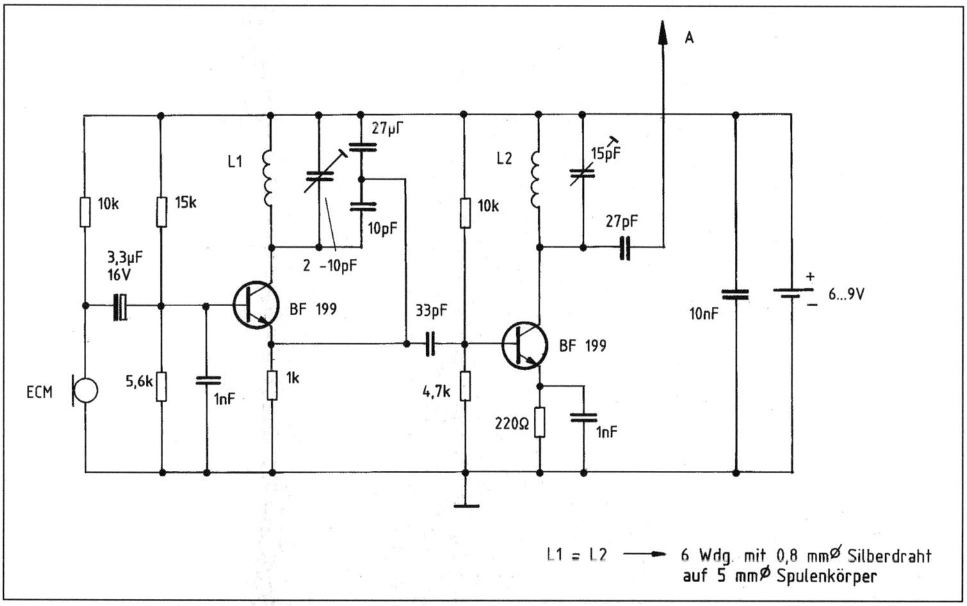

***Bild 4:* UKW-Minispion, zweistufig (80–110 MHz)**

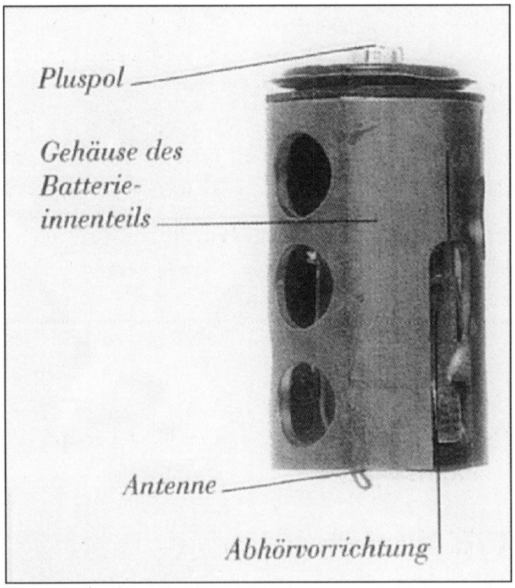

***Bild 6:* Batterie-Dummy mit eingebautem Minispion aus den 60er Jahren**

stimmung bei Handkapazitätseinfluß auf die Sendeantenne. Wenn diese Schaltung in ein kleines Metallgehäuse eingebaut wird, ist die Antennenrückwirkung auf die Schwingfrequenz so gering, daß der Sender auch am Körper getragen werden kann. Die beiden Fotos (Bild 5 und 6) zeigen zwei amerikanische Minispione aus den 60er Jahren. In Bild 5 ist der Minispion in einen 110-V-Netzstecker und in Bild 6 in eine trojanische Batterie eingebaut worden.

UKW-Minispion in Gegentaktschaltung

Die Schaltung eines leistungsfähigen UKW-Gegentakt-Minispions geht aus Bild 7 hervor. Laut Herstellerangaben kann die Schaltung 100 mW abstrahlen. Die Frequenzabstimmung wird

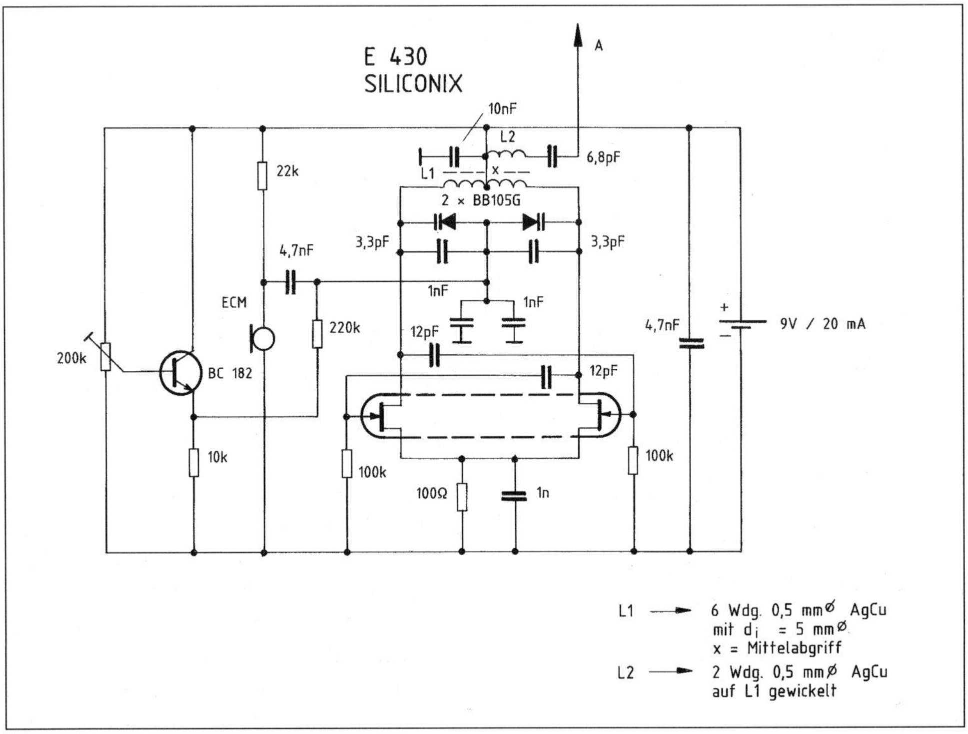

***Bild 7:* UKW-Minispion in Gegentaktschaltung**

mittels des 200-kΩ-Trimmers vorgenommen. Die Mikrofon-Wechselspannung wird ohne Vorverstärker direkt auf die Kapazitätsdioden gegeben. Gegentaktschaltungen zeichnen sich durch hohen Wirkungsgrad, gute Frequenzstabilität und geringe Antennenrückwirkung aus. Nicht zuletzt zeigen sie hohe Anschwingfreudigkeit.

UHF-Minispion (900 MHz)

Ein UHF-Minispion, der mit Scannern oder CT1-Schnurlos-Telefonen im 900-MHz-Frequenzbereich empfangen werden kann, wird in Bild 8 gezeigt. Bei der hohen Schwingfrequenz muß auf äußerst gedrängten Aufbau geachtet werden. Um die Frequenz stabil zu halten, empfiehlt es sich, die Betriebsspannung zu stabilisieren. Bei einer Antennenlänge von ca. 50 mm lassen sich mit einem empfindlichen Scanner bis zu 200 m überbrücken. Um zu kleinen Abmaßen zu kommen, ist die gesamte Schaltung in SMD-Technik aufgebaut. Bei Verwendung von Miniaturbatterien läßt sich der UHF-Minispion in Zündholzschachtelgröße realisieren. Bild 9 zeigt die Abmessungen eines professionellen UHF-Minispions.

Wie klein heutzutage komplette Miniaturfunkgeräte gebaut werden können, verdeutlicht Bild 10. Derartige Geräte sind hauptsächlich für den geheimdienstlichen Einsatz konzipiert.

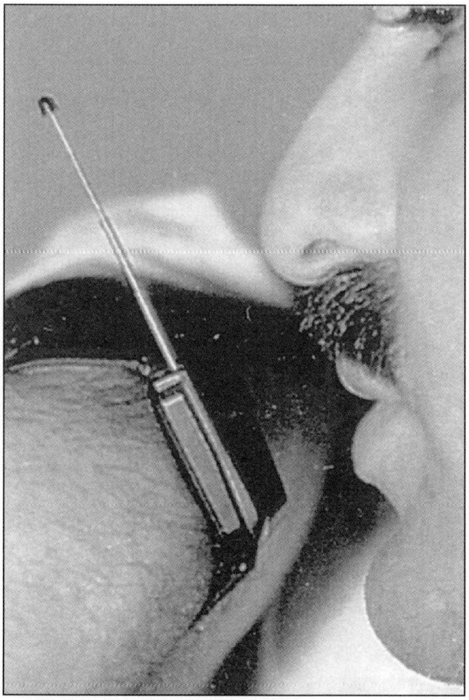

Bild 10: Armbanduhr-Minifunkgerät

UKW-Minisender-Bausatz von Smart Kit (0,2 Watt)

In Bild 11 wird die typische Schaltung eines UKW-Prüf- bzw. Minisenders dargestellt. Experten bezeichnen diese Universalschaltung als Feld-, Wald- und Wiesenschaltung, die auf Anhieb funktioniert. In Bild 12 wird der Schaltungsaufbau mit einer Luftspule gezeigt. Wer es ein bißchen kräftiger haben will, dafür allerdings große Batterien in Kauf nehmen muß, findet im folgenden Abschnitt eine geeignete Schaltung.

UKW-Minisender-Bausatz von Smart Kit (1–2 Watt)

Durch einen stärkeren Oszillatortransistor ist die Schaltung in Bild 13 in der Lage, bei 30 V Batteriespannung 2 W abzustrahlen. Statt eines Electret-Mikrofons wird in dieser Applikation ein dynamisches Mikrofon eingesetzt. Aus dem Aufbau in Bild 14 ist zu ersehen, daß die Schwingkreisspule wendelförmig aufgeätzt ist und der Transistor zur Wärmeabfuhr über einen Kühlstern verfügt. Eine interessante Mi-

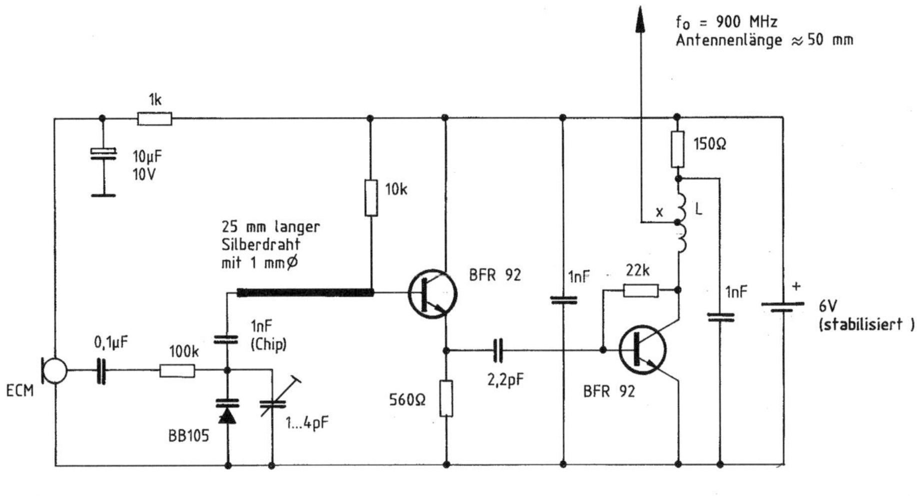

Bild 8:
UHF-Minispion
(900 MHz)

Bild 9: Minispion aus den USA

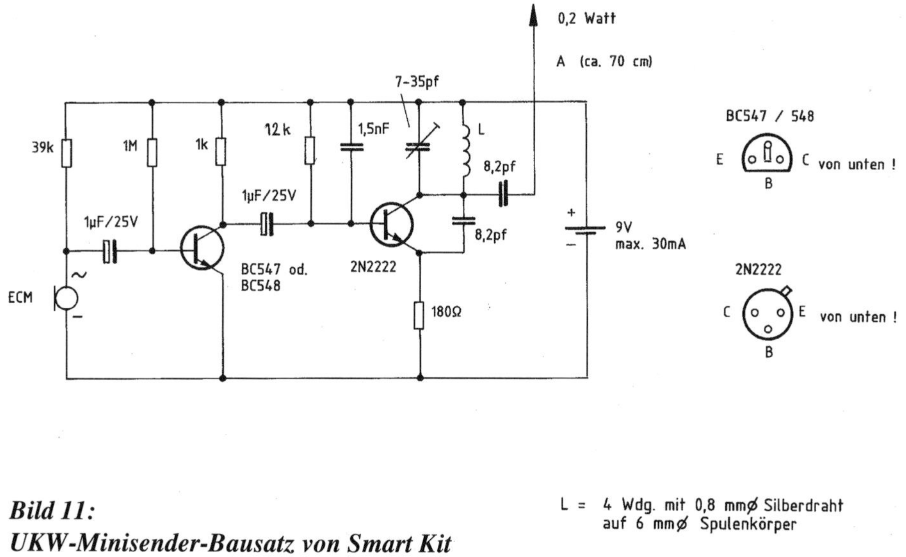

Bild 11:
UKW-Minisender-Bausatz von Smart Kit (0,2 Watt)

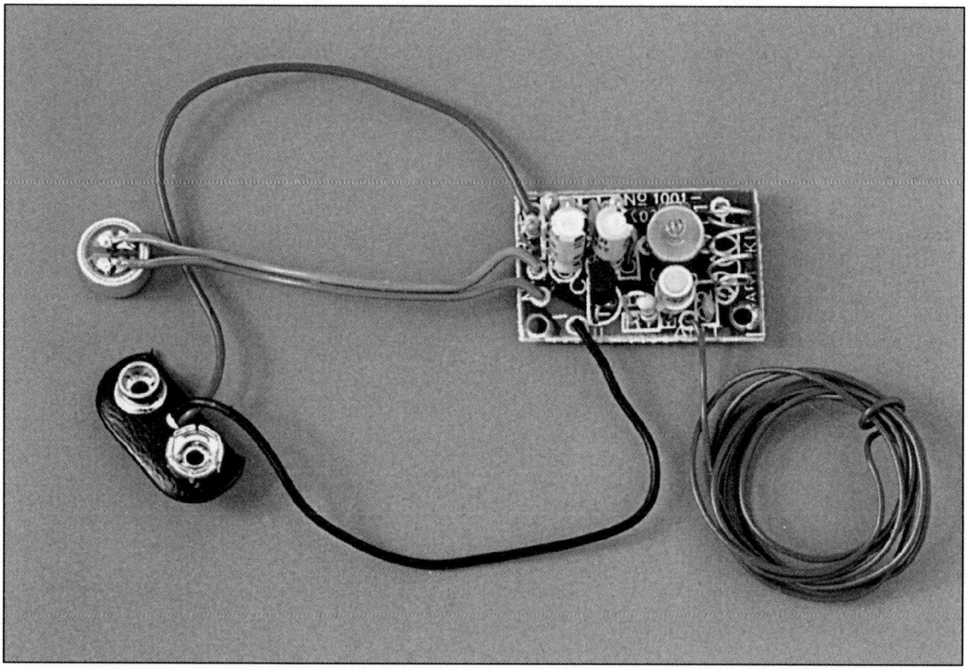

Bild 12: Aufbau des UKW-Minisenders (0,2 Watt) von Smart Kit

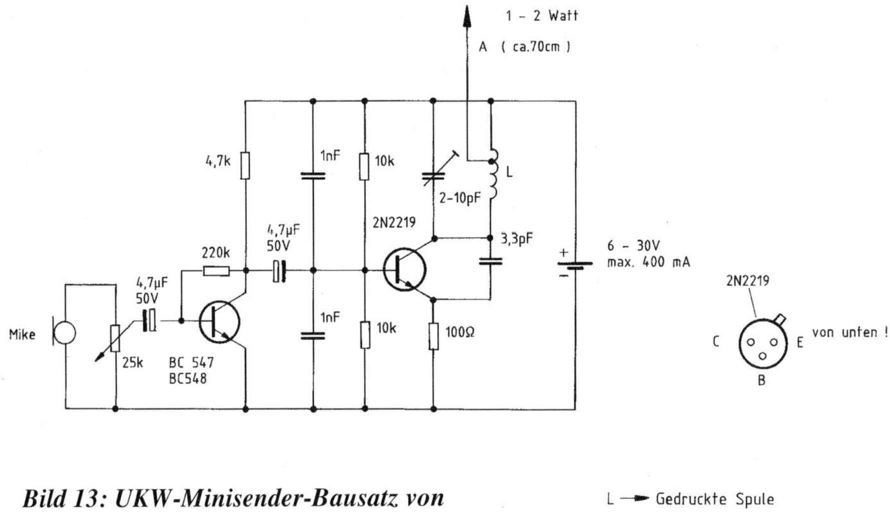

Bild 13: UKW-Minisender-Bausatz von Smart Kit (1–2 Watt)

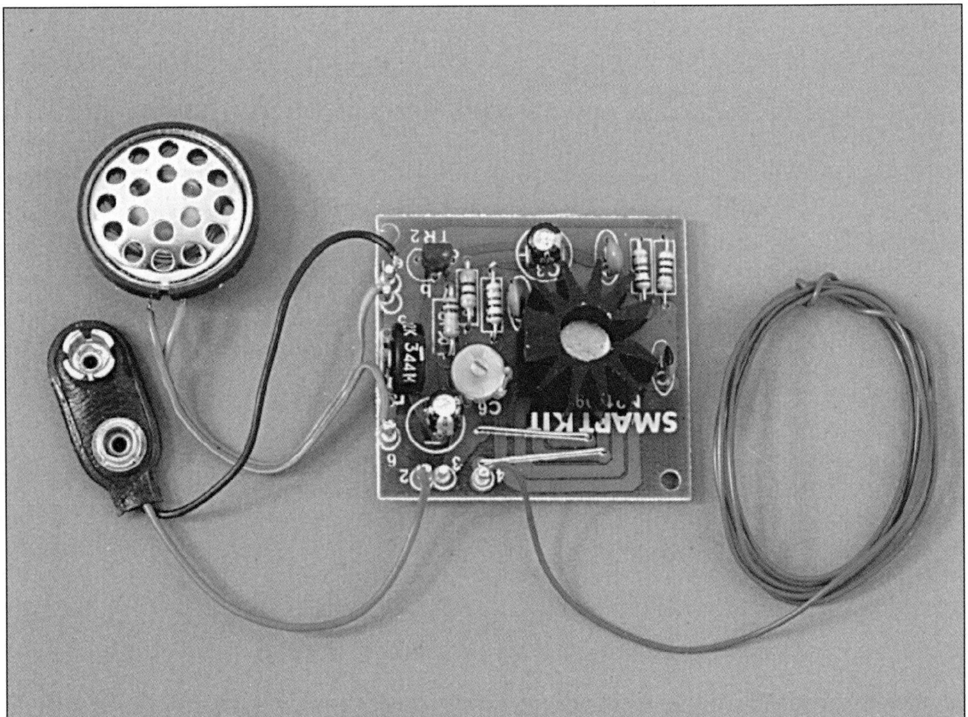

Bild 14: Aufbau des UKW-Minisenders (1–2 Watt) von Smart Kit

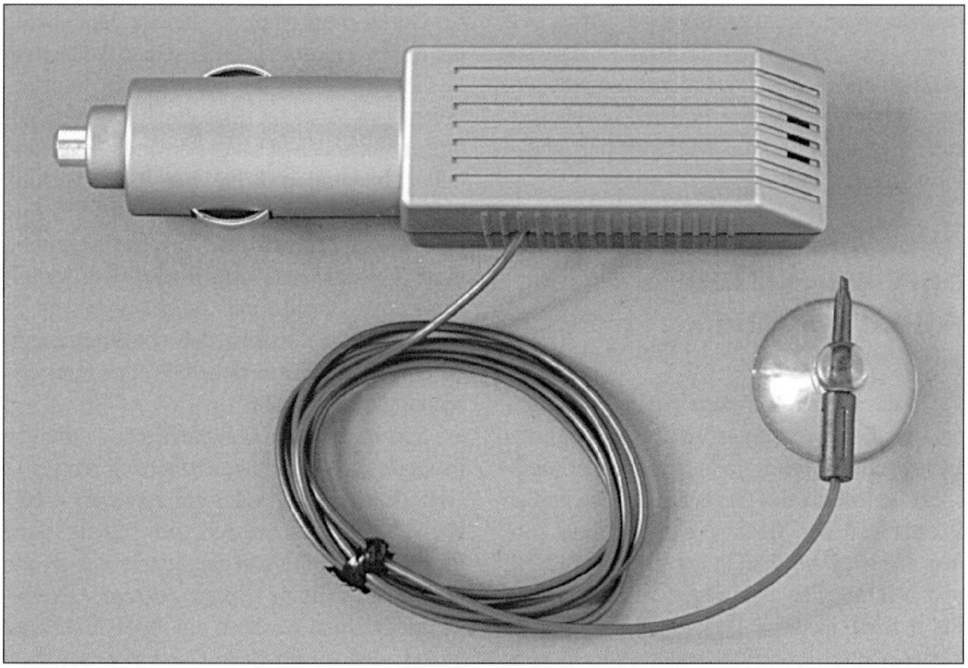

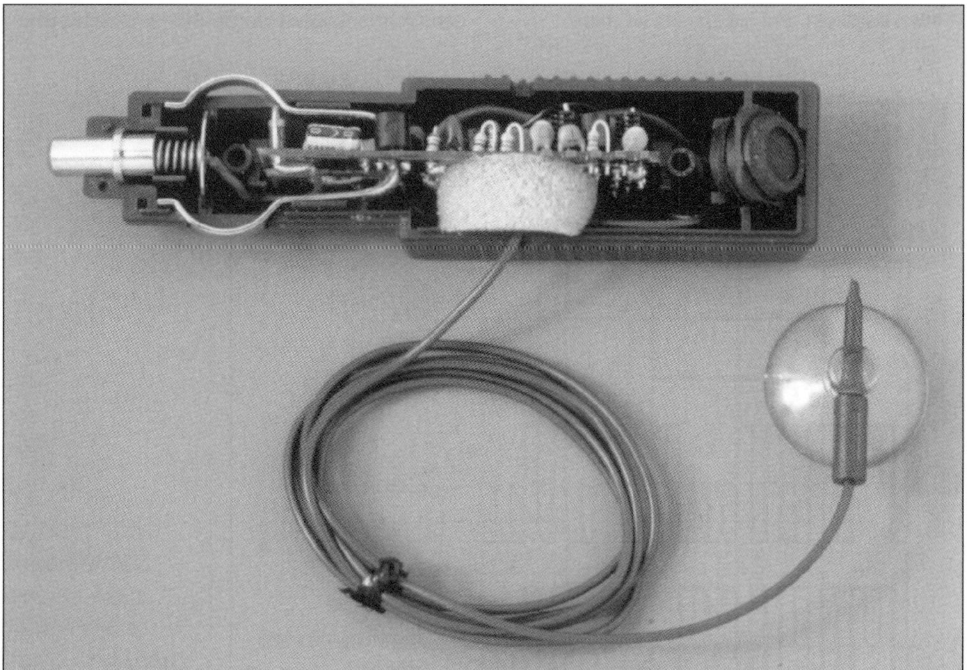

Bild 15:KFZ-UKW-Minisender-Gegensprechanlage für den Anschluß am Zigarettenanzünder

steuerten Phasenschieber zurückgewonnen. Ein Synchronisiersignal sorgt dafür, daß der Empfänger am richtigen Punkt der Übertragungsfolge einrastet.

Das hört sich alles ziemlich komplex an und kann tatsächlich nur mathematisch exakt beschrieben werden. Am einfachsten ist das Prinzip so vorstellbar: Ein digitales Signal bestimmter Frequenz wird mit einem zweiten digitalen Signal moduliert, das eine wesentlich höhere Frequenz aufweist. Die Bandbreite, die das so modulierte Signal nun beansprucht, ist damit erheblich größer als die Bandbreite des ursprünglichen Signals. Dieses Aufspreizen des Signals über einen weiten Frequenzbereich nennt man „spread spectrum technique“. Bild 16 zeigt den Modulationsvorgang anhand von Impulsdiagrammen. Zwischen dem Sender und dem Empfänger wird eine Grundfrequenz vereinbart, der dieses modulierte Signal überlagert ist. Sender und Empfänger beanspruchen bei der Spreizspektrumtechnik eine Bandbreite von bis zu 10 MHz, in der sie codierte Signale empfangen können. Der Abstand der Grundfrequenzen ist kleiner als die Bandbreite des nichtmodulierten Signals. Schutzabstände sind nicht vorgesehen. Die modulierten Signale überdecken sich dabei teilweise. Durch ihre jeweils typische Modulationsform können sie jedoch aus dem Gemisch von Signalen erkannt und beim Empfänger ausgefiltert und demoduliert werden. Die modulierenden Signale haben eine gewisse Ähnlichkeit mit Rauschsignalen. Man bezeichnet diese Signale deshalb auch als Pseudorauschen. In Bild 17 ist das Blockschaltbild eines Spreizspektrum-Video-Senders und -Empfängers dargestellt. Der Synchronisiercode wird getrennt auf UHF übertragen. Der schal-

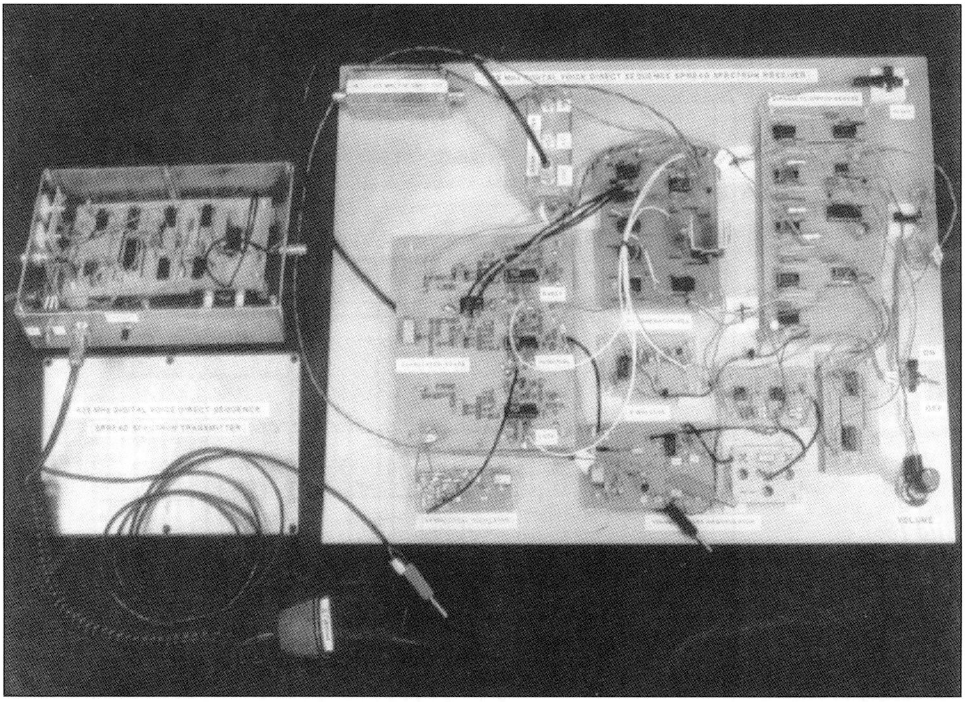

Bild 19: Aufbau eines 435-MHz-“Digital Voice Direct Sequence Spread Spectrum Transmitters“ (links) und eines Receivers (rechts)

tungstechnische Aufwand, um ein digitalisiertes Mikrofonsignal zu übertragen, ist erheblich und für Abhörzwecke wohl nur in Ausnahmefällen zweckmäßig.

In Bild 18 sieht man das Blockschaltbild eines Spreizspektrumsenders für Sprachübertragung. Aus Bild 19 läßt sich erkennen, welcher Schaltungsaufwand bei diskretem Aufbau erforderlich ist. Auf der linken Seite des Fotos ist der 435-MHz-Spreizspektrumsender mit geöffnetem Gehäusedeckel zu sehen.

Auf der rechten Seite des Bildes sind auf einer Metallplatte die Empfängerbausteine montiert. Falls diese Technik in naher Zukunft bei den Mobilfunknetzen Einzug hält, wird die Industrie den Raumbedarf für Sender und Empfänger rasch auf Streichholzschachtelgröße herunter integrieren.

UHF/VHF-Minispione, quarzstabilisiert

VHF-Minispion, quarzstabilisiert mit Verdoppler (110–150 MHz)

Der Oszillator der in Bild 20 gezeigten Schaltung schwingt auf der 3. Oberwelle der Quarzfrequenz. Bei f_Q = 25 MHz ist der Schwingkreis am Kollektor auf 75 MHz abgestimmt. Die Oszillatorfrequenz von 75 MHz wird dann in der folgenden Stufe verdoppelt. Dies bedeutet, daß der Schwingkreis der Verdopplerstufe auf 150 MHz abgestimmt werden muß.

Der Oszillator wird über die Kapazitätsdiode frequenzmoduliert. Mit dem 100-kΩ-Trimmer kann die Quarzfrequenz in engen Grenzen (2–3 kHz) variiert werden. Als Mikrofonverstärker eignet sich die im Kapitel „Spezialapplikationen“ für den Universal-Modulationsverstärker gezeigte Schaltung.

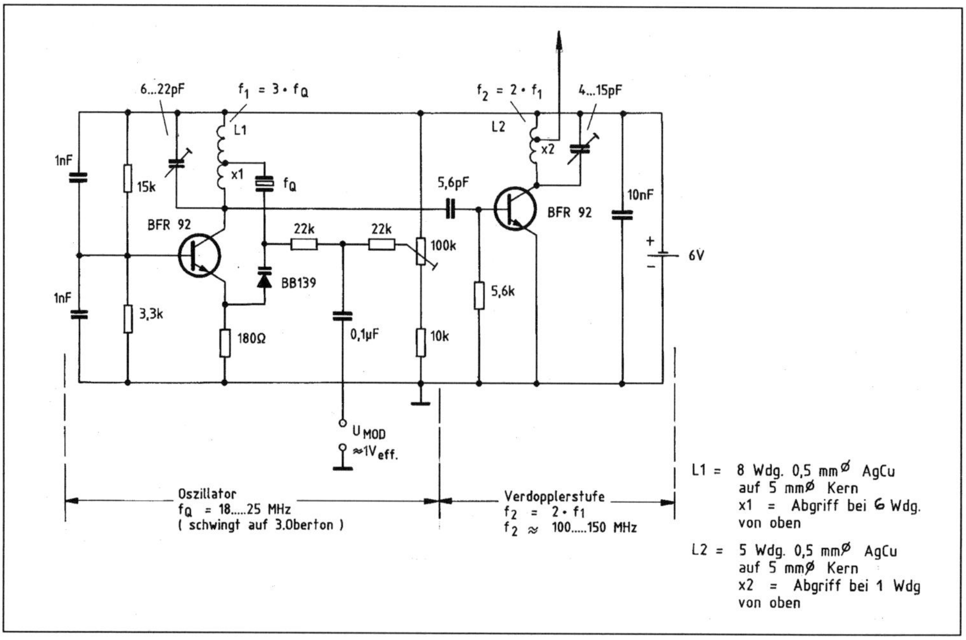

Bild 20: VHF-Minispion, quarzstabilisiert mit Verdoppler (110–150 MHz)

VHF-Minispion, quarzstabilisiert mit Verdoppler und Verdreifacher (120 MHz)

In Bild 21 arbeitet das integrierte Oszillator/Mixer-IC NE 602/612 gleichzeitig als Frequenzverdoppler. Die Quarzfrequenz von 20 MHz wird somit auf 40 MHz verdoppelt. Eine darauf folgende Verdreifacherstufe erzeugt die Sendefrequenz von 120 MHz. Mit einer Art Bandfilter soll vermieden werden, daß noch andere Frequenzanteile auf die Sendeantenne gelangen können. In Serie zum Quarz liegt die Doppelkapazitätsdiode BB 804 von Telefunken, deren Arbeitspunkt mit dem Spannungsteiler 100 kΩ und der LED fest eingestellt ist. Der Temperaturgang der LED ist der Kapazitätsdiode entgegengerichtet, so daß die Frequenz in Abhängigkeit von der Umgebungstemperatur weitgehend stabil bleibt. Auf ein Ziehen der Quarzgrundfrequenz mittels veränderlichem Arbeitspunkt wurde in dieser Schaltung verzichtet. Durch die Verdopplung und Verdreifachung der Quarzfrequenz wird eine Versechsfachung des Frequenzhubes erzielt. So reicht bereits ein Mikrofonverstärker mit einem Verstärkungsfaktor von 100 für höchste Sprachempfindlichkeit aus.

VHF-Minispion, quarzstabilisiert mit Verdreifacher (153 MHz)

Der Oszillator des VHF-Minispions in Bild 22 arbeitet in Kollektor-Basis-Schaltung, das heißt, der Kollektor liegt HF-mäßig auf Masse. Der nun im Emitter liegende Resonanzkreis ist auf die dreifache Quarzoberwelle abgestimmt ($f_o = 3 \times f_Q$). Anschließend wird das Oszillator-

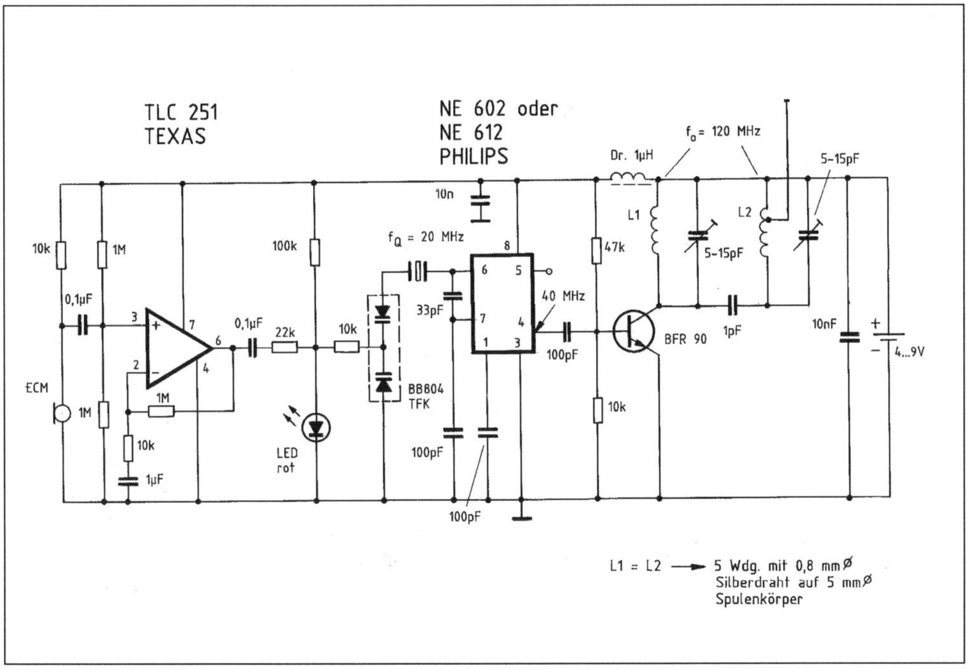

Bild 21: VHF-Minispion, quarzstabilisiert mit Verdoppler und Verdreifacher (120 MHz)

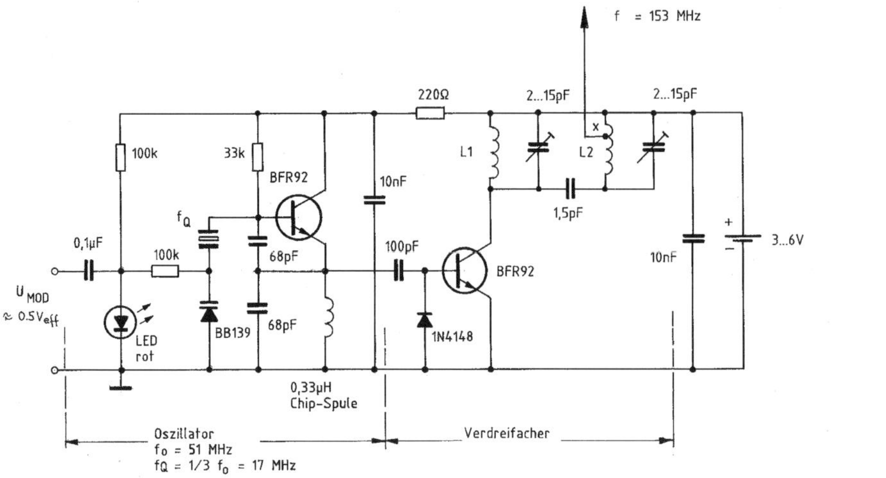

Bild 22: VHF-Minispion, quarzstabilisiert mit Verdreifacher (153 MHz)

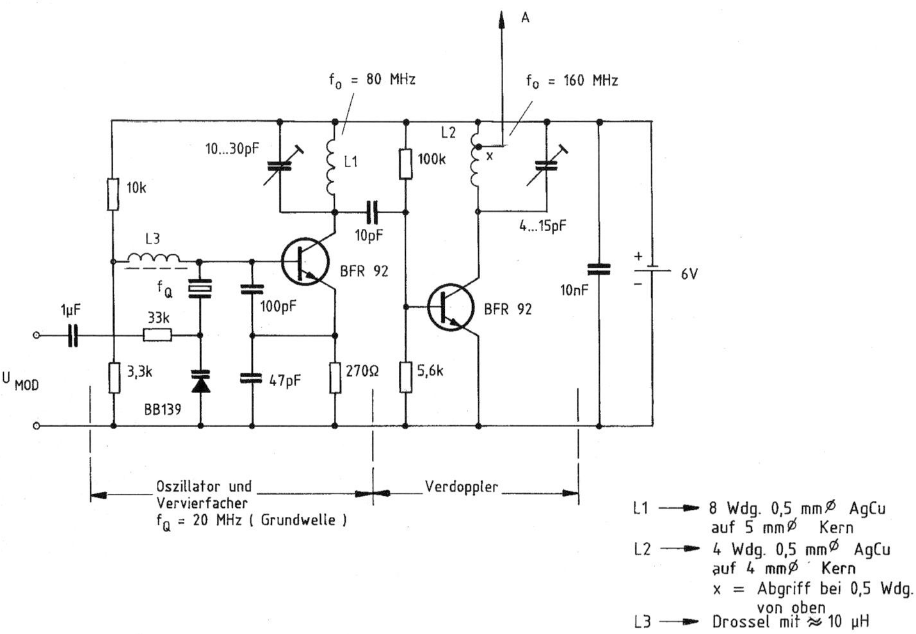

Bild 23: VHF-Minispion, quarzstabilisiert mit Verdoppler (160 MHz)

signal auf eine Verdreifacherstufe im C-Betrieb geführt. Durch das Bandfilter im Ausgangskreis sollen unerwünschte Frequenzanteile unterdrückt werden. Für einen brauchbaren Frequenzhub sind am Modulationseingang ca. 0,5 V_{eff} NF-Wechselspannung erforderlich.

VHF-Minispion, quarzstabilisiert mit Verdoppler (160 MHz)

Die Schaltung in Bild 23 unterscheidet sich optisch nur unwesentlich von der zuletzt beschriebenen. Hier ist der Kollektorkreis auf die vierfache Schwingfrequenz des Quarzes abgestimmt. Darauf folgt eine Verdopplerstufe mit einem auf 160 MHz abgestimmten Resonanzkreis. Durch die Verachtfachung der Oszillatorfrequenz wird auch der Frequenzhub des Sendesignals verachtfacht, so daß auch geringe Frequenzhübe am Quarz zu einer brauchbaren Frequenzmodulation am Ausgang führen. Bild 24 zeigt eine Anzahl Minispione aus amerikanischer Produktion.

VHF-Minispion, quarzstabilisert mit drei Verdopplerstufen (160 MHz)

Die Schaltung in Bild 25 arbeitet mit einer Batteriespannung von 3V. Jede Stufe einschließlich des Oszillators arbeitet als Verdoppler. Die gesamte Schaltung kann in SMD-Technik aufgebaut werden. Bild 26 zeigt einen relativ großen Minispion aus den 60er Jahren. Das Gerät wurde in eine ausgefräste Holzleiste eingebaut und sollte das Büro des Staatssekretärs im Handelsministerium abhören.

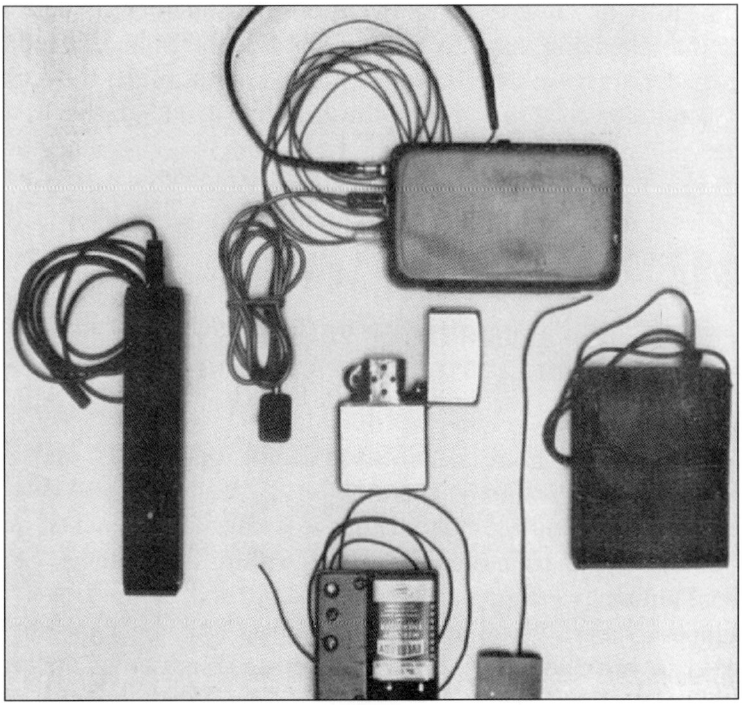

Bild 24: Verschiedene mehrstufige Minispione größerer Reichweite aus den USA

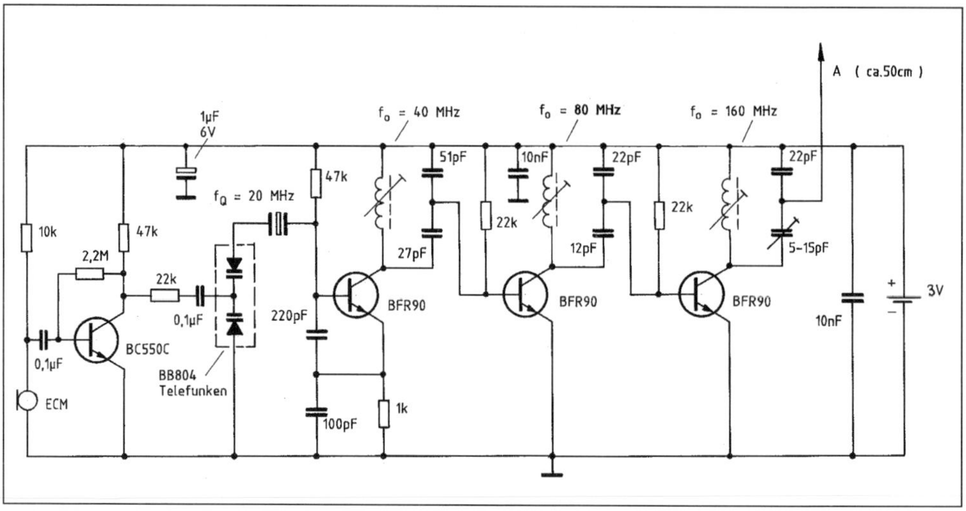

Bild 25: VHF-Minispion, quarzstabilisiert mit drei Verdopplerstufen (160 MHz)

Bild 26:
In Furnierholz eingebauter Minispion hoher Lebensdauer aus dem Büro eines Staatssekretärs im US-Handelsministerium

VHF-Minispion, quarz- und sprachgesteuert (170 MHz)

Ein spanischer Beitrag zum Thema Minispione aus der Zeitschrift „Nueva Electronica" ist in Bild 27 wiedergegeben. In SMD-Technik kann Spreichholzschachtelgröße erreicht werden.

Obwohl Verdoppler- und Verdreifacherstufen fehlen, lassen sich angeblich ±5 kHz Frequenzhub erzielen. Erkauft wird dieser relativ große Hub offenbar durch die mit V = 2.200 extrem hohe NF-Verstärkung des Mikrofonverstärkers. Ebenso wie in den zuvor genannten Schaltungen schwingt der Quarz in Parallelresonanz. Der Resonanzkreis in der Kollektorleitung des Transistors ist auf die 5. Oberwelle der Quarzfrequenz von 34 MHz abgestimmt.

Im Anschluß an den Oszillator folgt eine Endstufe im C-Betrieb. Am Basiseingang des Endstufentransistors liegt gegen Masse ein weiterer 170-MHz-Resonanzkreis. Bei HF-mäßig ungünstigem Aufbau kann dies zur Selbsterregung der Endstufe führen. Die Sendeenergie wird auf eine λ/4-Antenne mit 50 cm Länge geführt.

Die Sprachsteuerung des Minisenders wird auf gewohnte Weise bewerkstelligt. Die verstärkte Mikrofonwechselspannung wird mit der 1 N 4148-Diode gleichgerichtet und dem (–)-Eingang eines Komparators zugeführt. Hier wird die gleichgerichtete Wechselspannung mit einer am (+)-Eingang des Komparators anliegenden, einstellbaren Schwellspannung verglichen.

Überschreitet die verstärkte Mikrofonwechselspannung die Schwellspannung, schaltet der Komparator den darauffolgenden Transistor durch. Auf diese Weise gelangt die Batteriespannung von +3 V an das HF-Teil des Minisenders. Für eine längere Lebensdauer des Minisenders muß aufgrund der hohen Stromaufnahme von ca. 23 mA eine leistungsfähige Batterie verwendet werden. Knopfzellen sind hierfür nicht geeignet. Längere Sprachpausen können durch Erhöhen des 2,2-µF-Kondensators überbrückt werden.

VHF-Oszillator, quarzstabilisiert mit Verdreifacher (450 MHz)

In Bild 28 ist eine Oszillatorschaltung der Firma Plessey angegeben, die mittels einer Verdreifacherstufe eine Signalfrequenz von 450 MHz abgibt.

Das Besondere an der Schaltung ist offenbar ihre Funktionsfähigkeit bei 1,4 V. Der Quarz schwingt anscheinend auf seiner 5. Oberwelle (5 × 30 MHz). Mit der dem Quarz parallelgeschalteten Induktivität von 0,22 µH wird die Halterkapazität des Quarzes kompensiert, so daß die Rückkopplung nur über den Quarz selbst möglich ist.

UHF-Oszillator (300–500 MHz)

Die in Bild 29 gezeigte UHF-Oszillatorschaltung stammt aus der englischen Fachzeitschrift „Electronics World + Wireless World" vom Mai 1995. Sie schwingt im Bereich zwischen 300 und 500 MHz. Bei derart hohen Schwingfrequenzen müssen die Bauelementeabstände auf Millimeter reduziert werden. Die Verwendung von SMD-Bauelementen ist dabei zwingend vorgeschrieben. Durch Anlegen einer Gleichspannung von 0 bis –15 V soll die Frequenz von 300 bis 500 MHz durchstimmbar sein.

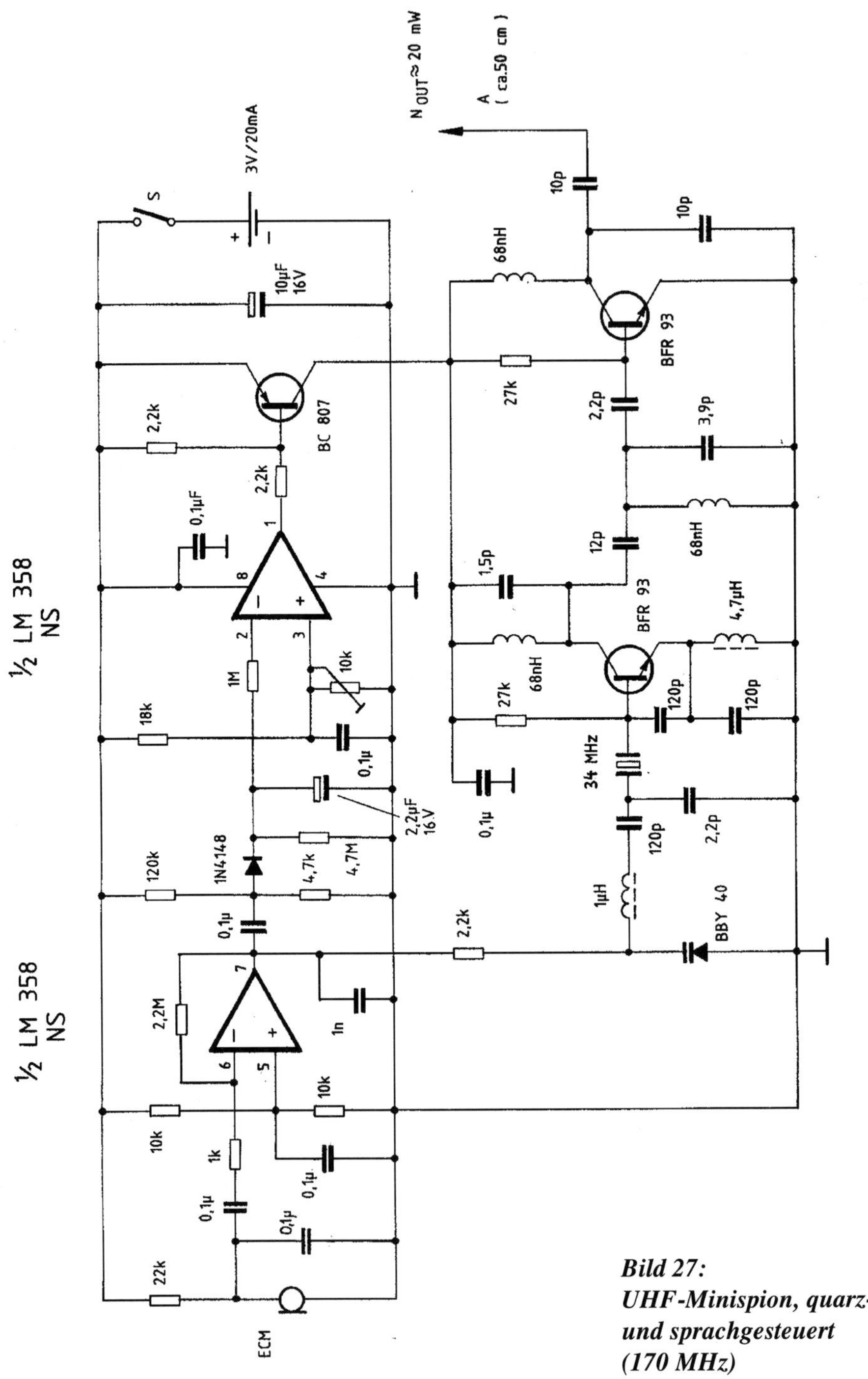

Bild 27:
UHF-Minispion, quarz- und sprachgesteuert (170 MHz)

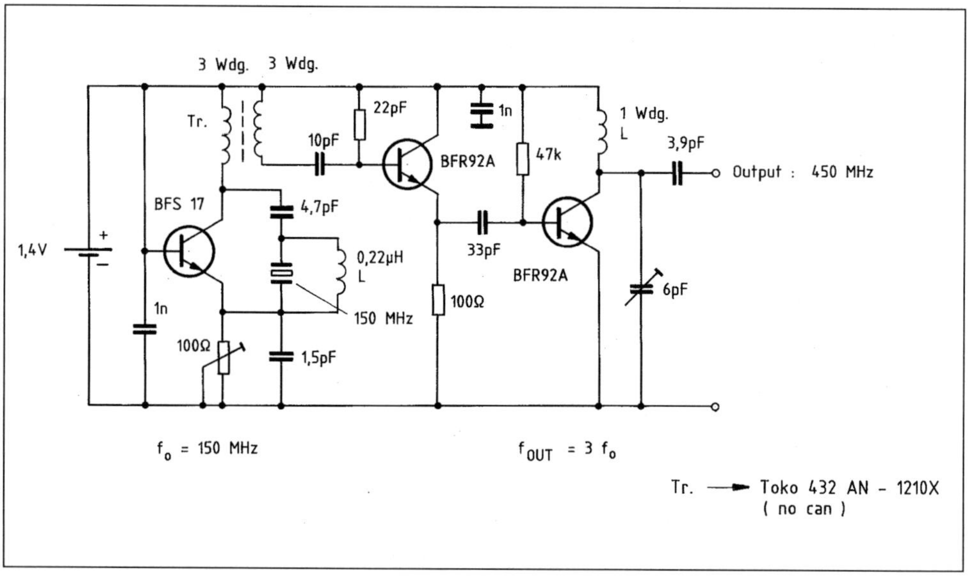

Bild 28: VHF-Oszillator, quarzstabilisert mit Verdreifacher (450 MHz)

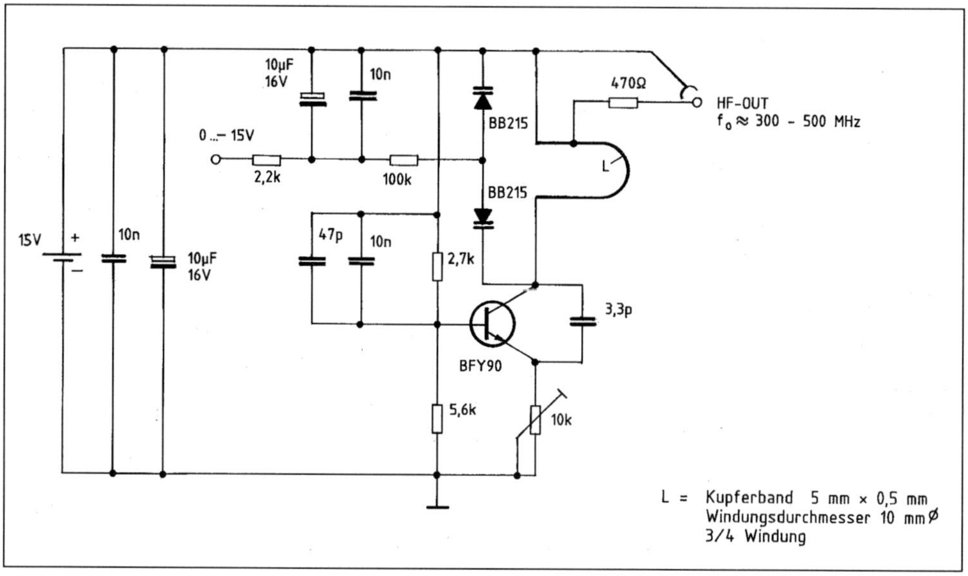

Bild 29: UHF-Oszillator (300–500 MHz)

Telefon-Minispione

UKW-Telefon-Minispion in Erbsengröße

In Bild 30 ist eine bekannte FET-Standard-Oszillatorschaltung angegeben, die auch mit anderen FET-Transistoren, wie z.B. dem BF 245 oder 2 N 4416 funktioniert. Bei abgehobenem Telefonhörer fällt am 150-Ω-Widerstand eine Spannung von ca. 4,5 V ab, die als Betriebsspannung für den Telefon-Minispion dient. Gleichzeitig liegt an diesem Serienwiderstand die Gesprächswechselspannung. Mit diesen Spannungsänderungen wird der UKW-Oszillator über seine internen Transistorkapazitäten frequenzmoduliert. Wenn in Nebenstellenanlagen der 4,5-V-Spannungsabfall nicht voll erreicht wird, muß der Widerstandswert erhöht werden. Bei der Auswahl optimaler FETs ist die Schaltung allerdings bis zu 1,5 V schwingfähig – natürlich auf Kosten der Reichweite. Zur weiteren Vereinfachung kann dann noch der 47-Ω-Widerstand weggelassen werden. Der optimale Spulenabgriff sollte experimentell ermittelt werden – er liegt meist 1/3 vom unteren Spulenende. Nach Einstellen der

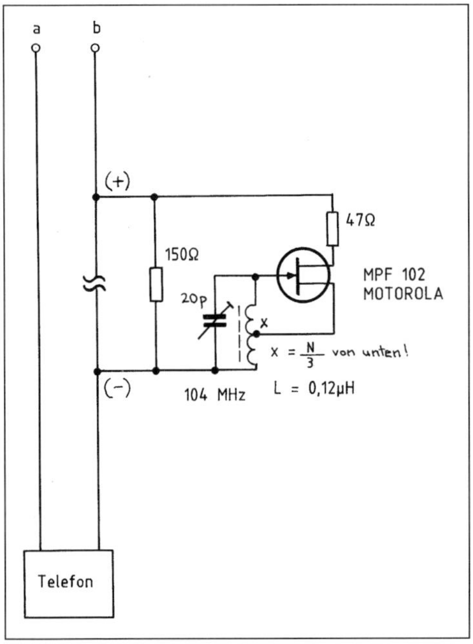

Bild 30:
UKW-Telefon-Minispion in Erbsengröße

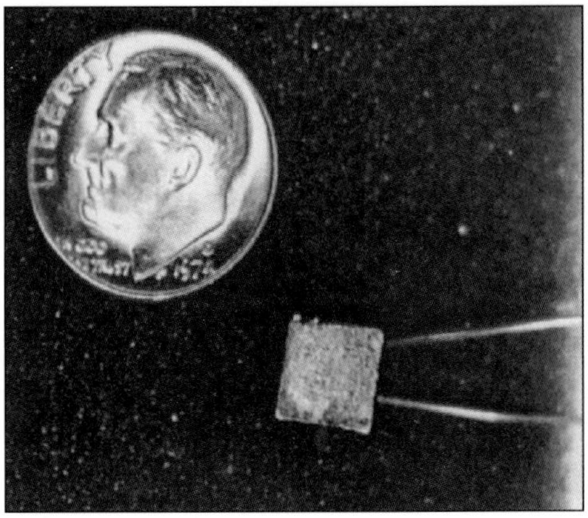

Bild 31:
Telefon-Minispion aus den USA

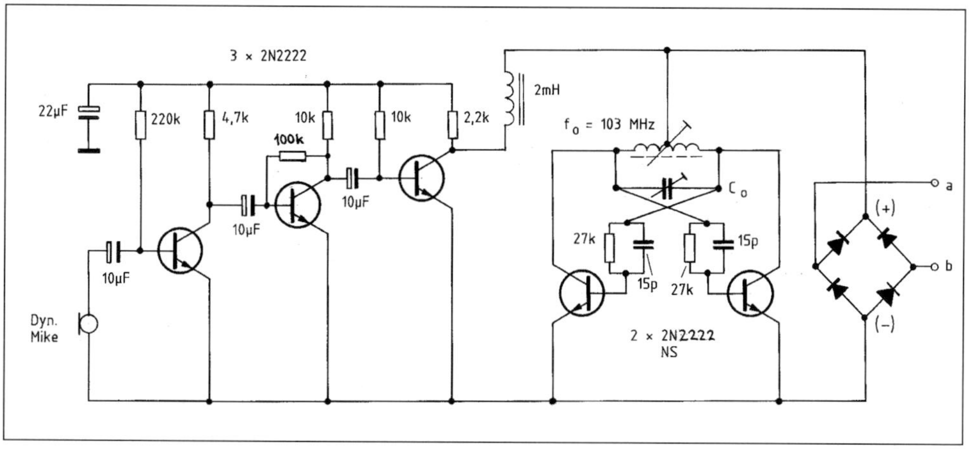

Bild 32: UKW-Telefonkapsel-Minispion in Gegentaktschaltung

gewünschten Schwingfrequenz wird der 20-pf-Trimmkondensator ausgemessen und durch einen Festkondensator ersetzt. Die Abstrahlung der Sendeenergie erfolgt durch vagabundierende Hochfrequenz auf der Telefonleitung. Ohne kleine Sendeantenne darf nicht mehr als 20 m Reichweite erwartet werden. Bild 31 zeigt die vergossene Mini-Ausgabe eines Telefonabhörsenders aus den USA.

Bild 33:
UKW-Telefonkapsel-Minispion nach einer Schaltung aus Band „Microspione" (Beam-Verlag, Marburg)

UKW-Telefonkapsel-Minispion in Gegentaktschaltung

Aus den USA stammt die Telefonkapsel-Minispion-Schaltung aus Bild 32. Diese Senderschaltung kann man in die Sprechmuschel des Telefonhörers einbauen. Vorher müssen natürlich die Innereien entfernt werden. Wer mehr über Telefonkapsel-Minispione erfahren will, sollte sich das Buch „Microspione" vom Beam-Verlag in Marburg beschaffen. Die Bild 33 zeigt einen Telefonkapsel-Minispion nach einer Schaltung aus diesem Buch.

Moderne Sprechmuschelschaltungen

Seit der Liberalisierung im Telefonbereich mit einer Flut exotischer Telefone haben sich die Innenschaltbilder von Telefonapparaten und Hörergarnituren nahezu unüberschaubar geändert, so daß die bewährte alte Kohlegrießmuschel nur noch selten anzutreffen ist. Dies bedeutet, daß die alten Telefonkapsel-Minispione in den modernen Telefonapparaten mitunter

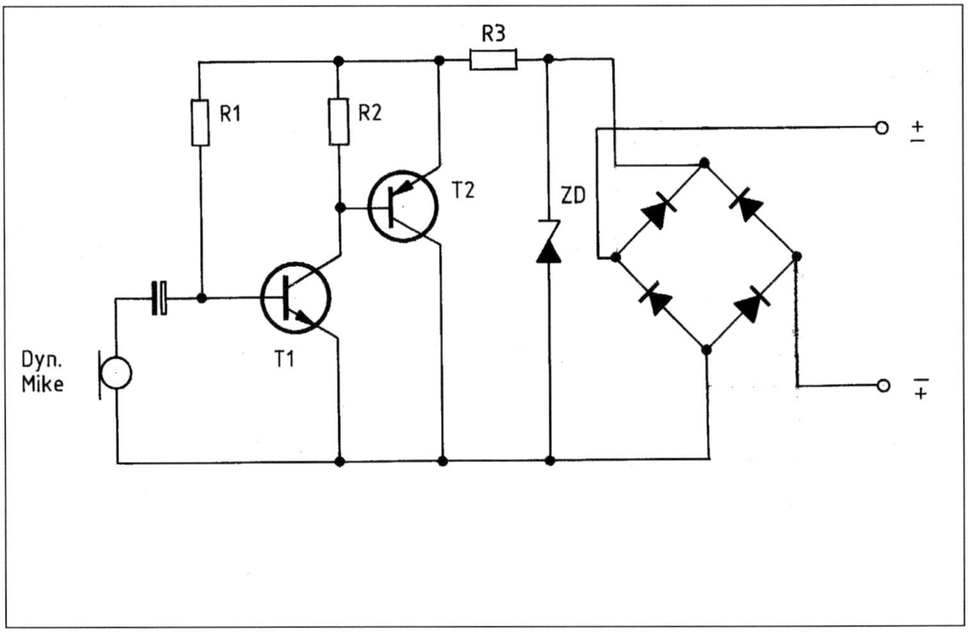

Bild 34: Moderne Telefon-Sprechmuschelschaltung mit dynamischem Mikrofon (Version 1)

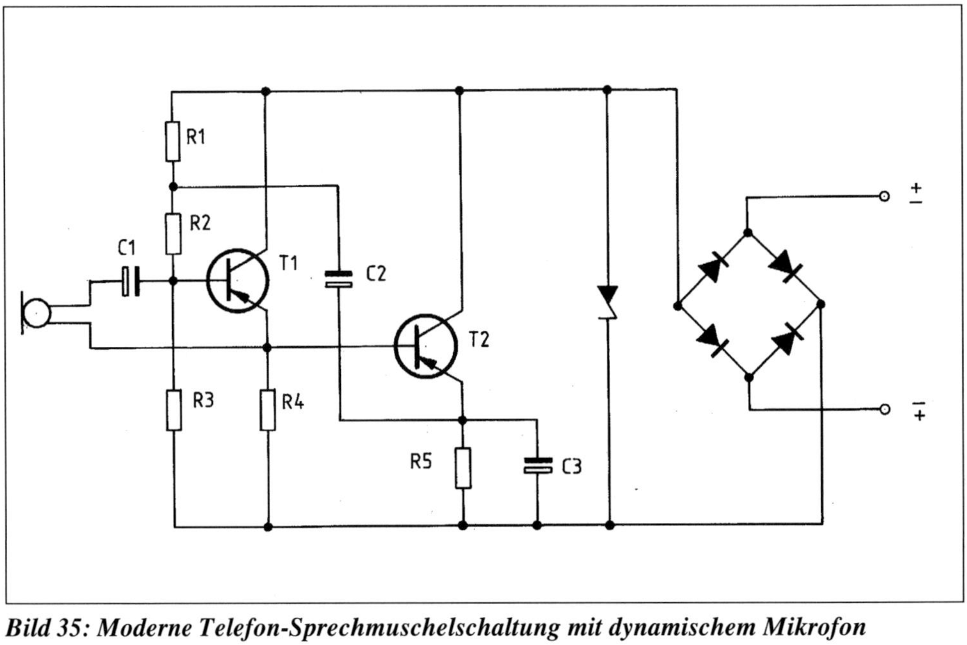

Bild 35: Moderne Telefon-Sprechmuschelschaltung mit dynamischem Mikrofon (Version 2)

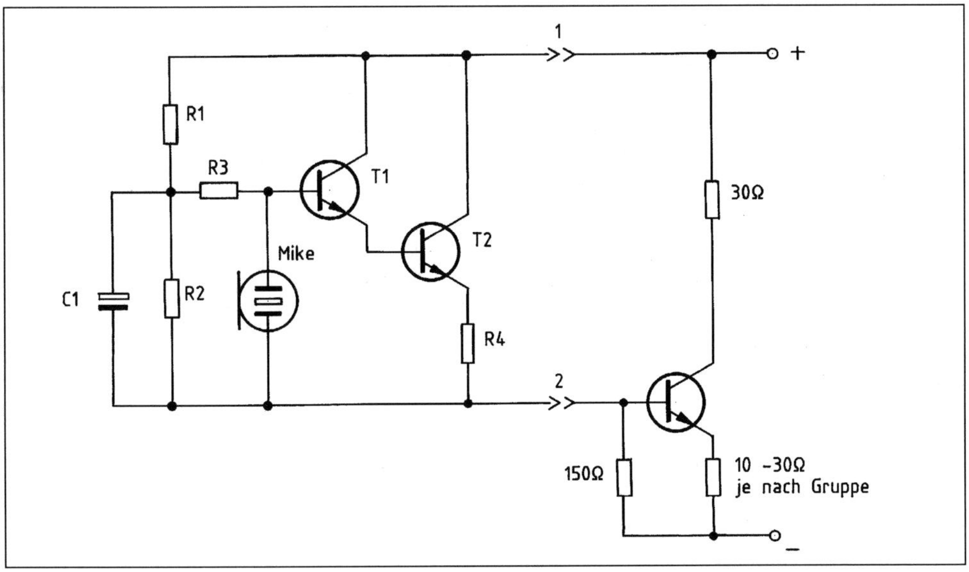

Bild 36: Moderne Telefon-Sprechmuschelschaltung mit piezoelektrischem Mikrofon (Version 3)

nicht mehr arbeiten. Wer eine Unterscheidung zwischen Kohlegrießkapseln und modernen Kapseln treffen will, muß die betreffende Kapsel am Ohr schütteln. Wenn sich geräuschmäßig kein Kohlengrieß bemerkbar macht, handelt es sich um eine moderne Version mit dynamischem Mikrofon oder Kristallmikrofon.

Dic Kapsclschaltungcn in Bild 34, 35 und 36 sind mit Kohlemikrofonenen noch kompatibel. Sie arbeiten mit dynamischen Mikrofonen oder Kristallmikrofonen und integrierten Mikrofonverstärkern. Diese Kapselschaltungen können durch konventionelle Telefonkapsel-Minispione ersetzt werden, da eine Versorgungsspannung zum Betrieb des Oszillators vorhanden ist. Es gibt jedoch auch Telefonkapseln, in denen nur ein Kristallmikrofon eingebaut ist. Durch Einbau einer Batterie, eines Mikrofonverstärkers und eines UKW-Oszillators sind auch diese Kapseln für Abhörzwecke manipulierbar. Durch stromsparende NF-Verstärker, sprachgesteuerte Oszillatoren und leistungsfähige Lithiumbatterien ist die Kapsel durchaus in der Lage, drei Monate lang ihre Aufgabe zu erfüllen. Dies gilt natürlich nur unter der Voraussetzung, daß der Lauschangriff keinem Dauerredner gilt. Bei modernen Kapselversionen mit integriertem Mikrofonverstärker findet sich mit einiger Mühe immer noch Platz für einen erbsengroßen UKW-Oszillator, der über die der Versorgungsspannung überlagerte NF Wechselspannung frequenzmoduliert wird. Im Band „Minispione III“ (Beam-Verlag, Marburg) ist eine derartige Applikation enthalten.

Infrarot-Telefon-Minispion

Bei der in Bild 37 gezeigten Telefon-Minispion-Schaltung wird als Übertragungsmedium nicht Hochfrequenz, sondern Infrarotstrahlung verwendet. Mit konventionellen Feldstärkemeßgeräten kann dieser Minispion deshalb nicht aufgespürt werden. Die aus den USA stammende Schaltung bezieht ihren Betriebsstrom aus dem Telefonnetz. Das Gespräch bei-

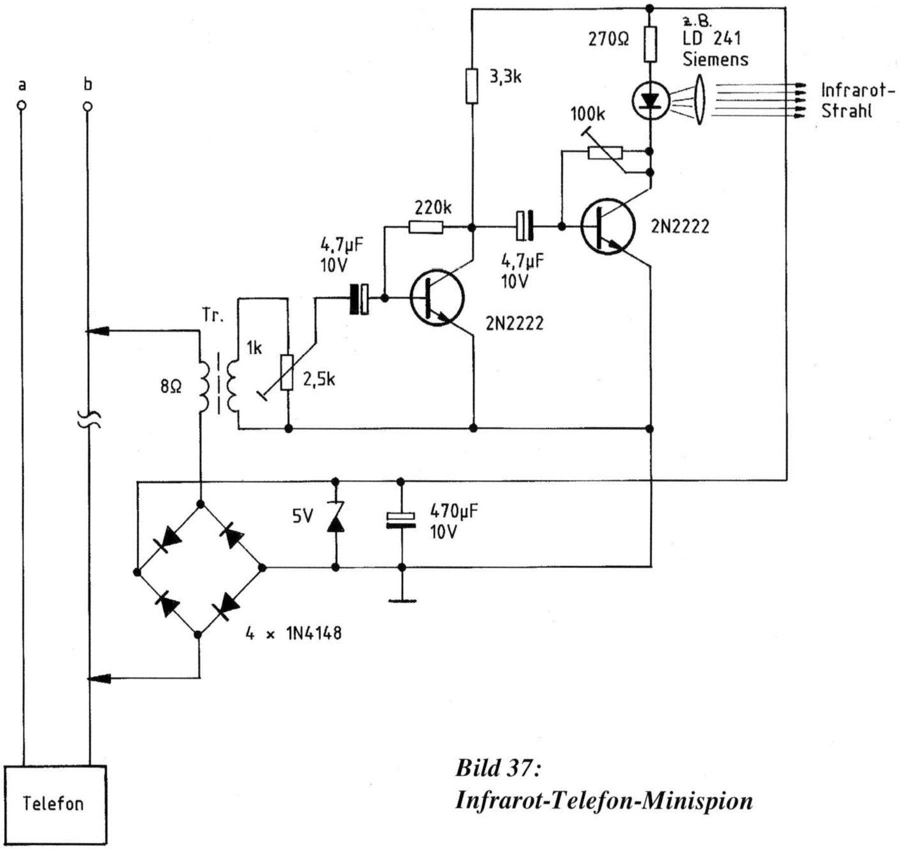

Bild 37: Infrarot-Telefon-Minispion

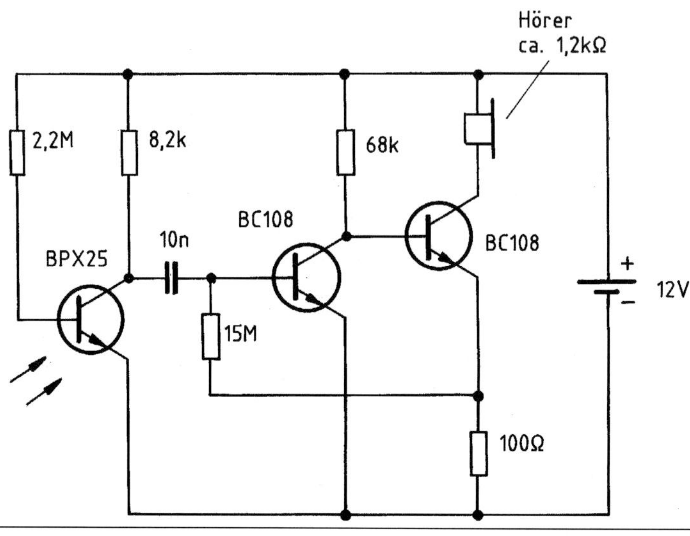

Bild 38: Infrarot-Telefon-Abhörempfänger

der Telefonpartner wird auf eine Distanz von ca. 10 m ohne Linsenvorsatz übertragen. Bei aufgelegtem Hörer verbraucht die Schaltung keinen Strom. Bei abgehobenem Hörer fließt Strom durch die Graetz-Brücke, so daß sich am 470-µF-Kondensator eine Betriebsspannung von etwa 5 V aufbaut. Die der Gleichspannung überlagerte Gesprächswechselspannung wird mittels eines kleinen NF-Ausgangsübertragers auf den NF-Verstärkereingang geführt. Im Kollektor der zweiten Transistorstufe liegt die Infrarot-Sendediode. In der US-Applikation wurde keine bestimmte Type angegeben. Mit der Siemensdiode LD 241 dürften jedoch gute Übertragungseigenschaften zu erzielen sein. Der 2,5-kΩ-Trimmer dient als Empfindlichkeitsregler und der 100-kΩ-Trimmer für die Arbeitspunkteinstellung der Sendediode.

Infrarot-Telefon-Abhörempfänger

Um das Infrarotsignal des Telefon-Minispions aufzufangen, eignen sich die beiden in Bild 38 und 39 angegebenen Schaltungen. In Bild 38 detektiert der Fototransistor BPX 25 das modulierte Infrarotsignal. Ein zweistufiger Transistorverstärker steuert dann z.B. eine Telefonhörerkapsel oder einen 2 × 600-Ω-Kopfhörer an. Wer bereits über einen empfindlichen NF-Verstärker verfügt, kann den in Bild 39 gezeigten Infrarot-Vorverstärker als Eingangsstufe verwenden.

Mafia-Harmoniumwanze

Eine weitere Schaltung amerikanischen Ursprungs wird in Bild 40 gezeigt. Diese Harmoniumwanze, die innerhalb des Telefonapparats parallel zu der a- und b-Ader angeschlossen wird (siehe „Minispione III und IV“, Beam-Verlag, Marburg), kann von jedem beliebigen Telefon in der Welt mittels eines Pfeiftons aktiviert werden. Die Wanze überträgt dann die im Umfeld des Telefons geführten Raumgespräche zum Anrufenden. Die dargestellte Schaltung verwendete die Mafia bereits vor 40 Jahren in den USA. Technisch ist die Schaltung längst überholt, außerdem fehlen einige Bauelementeangaben.

Bild 41 zeigt die Installation einer Harmoniumwanze in einem amerikanischen Telefon.

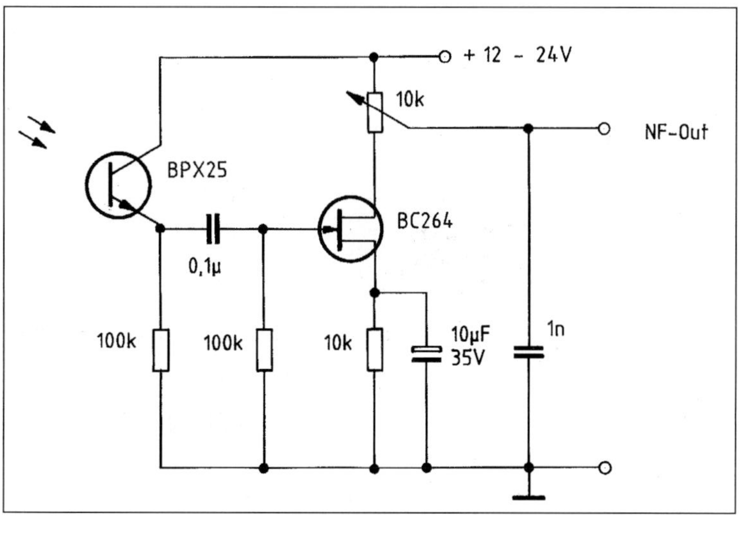

Bild 39: Infrarot-Telefon-Abhörvorverstärker

Das Anzapfen einer freihängenden Telefonleitung mit einem seriell geschalteten Telefon-Minispion (siehe „Minispione IV“, Beam-Verlag, Marburg) geht aus Bild 42 hervor. Eine ganze Anzahl Telefon-Minispione amerikanischer Herkunft ist aus Bild 43 zu ersehen. Außer dem Gerät unter dem Sturmfeuerzeug sind alle anderen batteriebetrieben. Das Gerät im oberen Teil des Bildes wurde in eine US-Telefondose eingebaut.

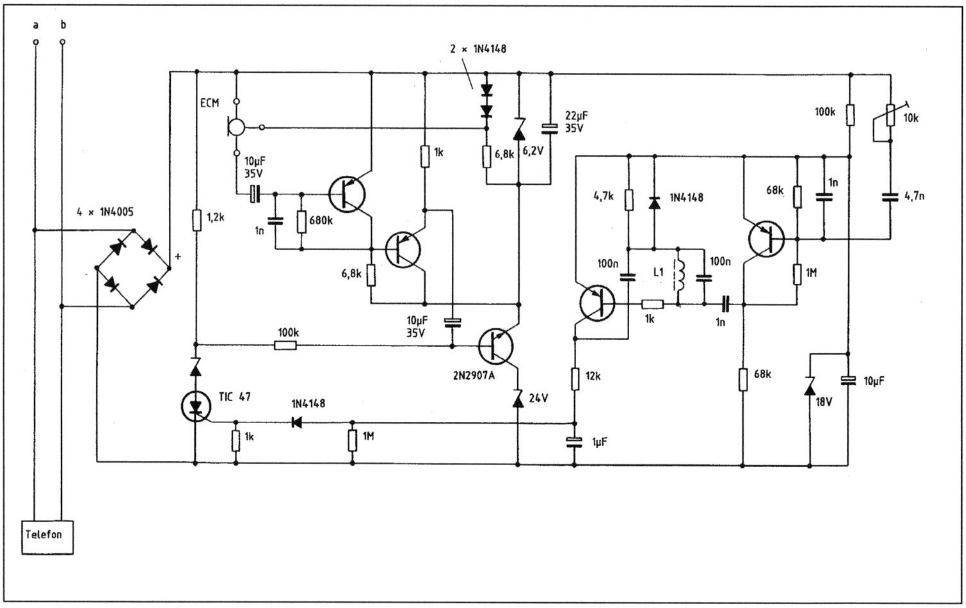

Bild 40: Mafia-Harmoniumwanze

Bild 41: Anschluß einer Harmoniumwanze (USA)

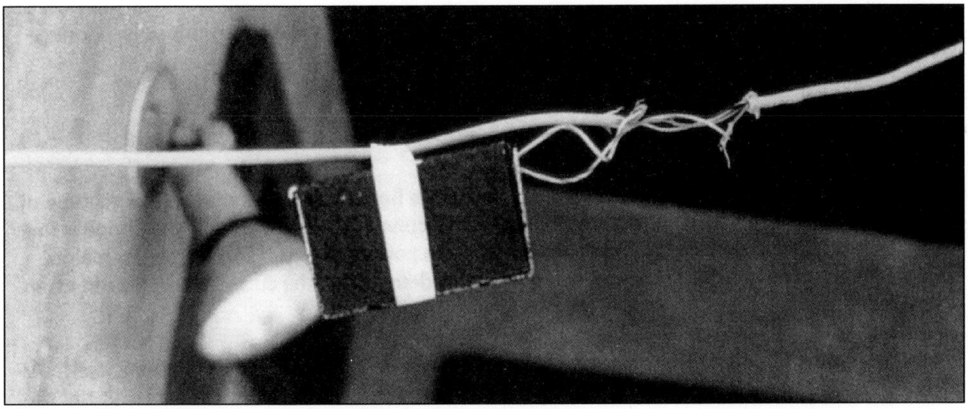

Bild 42: Freihängender Telefon-Minispion (USA)

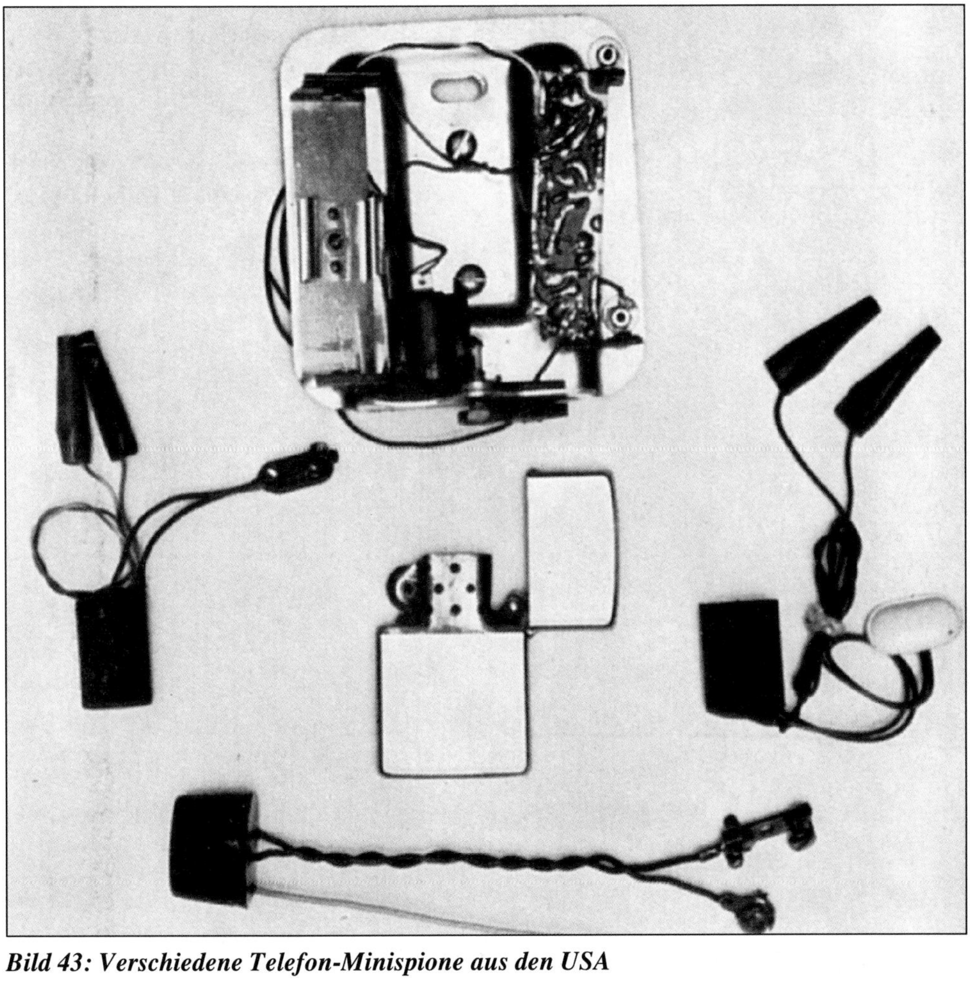

Bild 43: Verschiedene Telefon-Minispione aus den USA

Telefon-Tonbandsteuerung

Zwei einfache Telefon-Tonbandsteuerschaltungen aus den USA werden in Bild 44 und 45 vorgestellt. Zuerst zur Schaltung in Bild 44: Bei aufgelegtem Telefonhörer liegt an den a- und b-Adern 50–60 V (in Nebenstellennetzen allerdings manchmal nur 30 V). Nach dem Abheben des Hörers fällt die Spannung auf etwa 8–12 V zusammen. Diese Potentialänderung wird bei Tonbandsteuerschaltungen zum Ein- und Ausschalten von Kassettenrecordern benutzt. Zur Fernsteuerung des Kassettenrecorders sollte dieser über eine Remote-Buchse (remote = fernsteuern) verfügen. Eine Buchse für ein externes Mikrofon ist ebenfalls erforderlich. Bei aufgelegtem Hörer liegen die Darlington-Transistoren an einer durch 270 kΩ, 68 kΩ und 1,5 kΩ heruntergeteilten negativen Steuerspannung, so daß der Recorder ausgeschaltet bleibt. Nach Abnehmen des Hörers überwiegt die positive Spannung an der Basis des ersten Transistors. Die Transistoren schalten damit durch, und der Recorder läuft an. Der Remote-Befehl kann natürlich nur wirksam werden, wenn der Recorder mit der Record-Taste eingeschaltet ist.

Eine weitere Tonbandsteuerschaltung mit FET-Eingang wird in Bild 45 gezeigt. Die Funktion ist prinzipiell die gleiche wie in der vorherigen Schaltung. Allerdings findet hier ein Relais Verwendung, das kontaktmäßig den Einschaltstromstoß des Recorders verkraften muß. Kleine Reed-Relais sind hierfür ungeeignet, da die Schaltzungen oft kleben bleiben. Bei abgehobenem Hörer liegen in den USA 48 V an den a- und b-Adern. Der FET bleibt damit ausgeschaltet.

Durch die hochohmige Ankopplung an die Telefonleitung bleibt die Steuerschaltung undetektierbar. Beim Abnehmen des Hörers bricht die Adernspannung auf ca. 10V zusammen, so daß der FET durchschaltet und über den 2 N 2222 das Relais einschaltet.

Um die Polaritätssuche an den a- und b-Adern einzusparen, kann auch hier eine Graetz-Brücke vorgeschaltet werden. Bild 46 zeigt einen postzugelassenen Kassettenrecorder von Westfalia Technica in Hagen zum stolzen Preis von 349,– DM.

Bild 46: Postzugelassene Telefon-Tonbandsteuerung

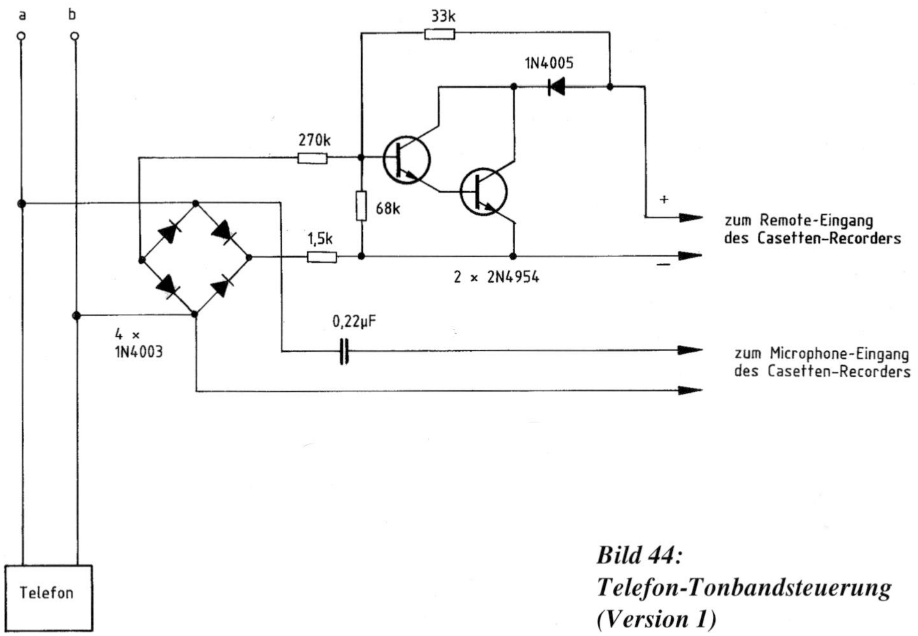

Bild 44: Telefon-Tonbandsteuerung (Version 1)

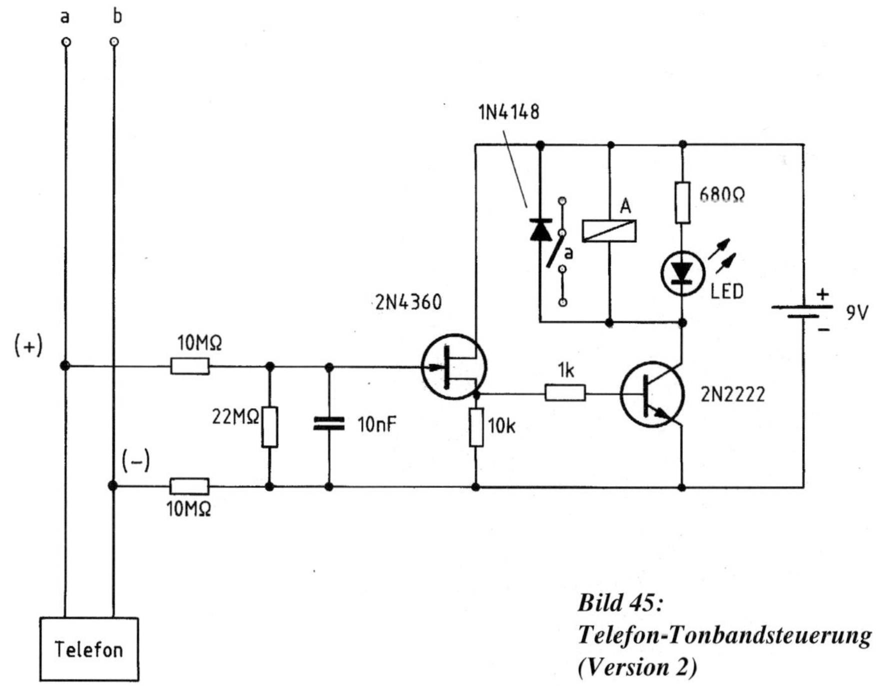

Bild 45: Telefon-Tonbandsteuerung (Version 2)

Bidirektionaler Telefonverstärker

Eine weitere interessante Schaltung aus den USA ist in Bild 47 angegeben. Es handelt sich um einen trickreichen bidirektionalen Verstärker bzw. Duplex-Line-Amplifier. Dieser parallel zur Telefonleitung geschaltete Verstärker verstärkt die Signale beider Telefongesprächspartner.

Der Verstärker erzeugt künstlich einen negativen Widerstand. Da die Gefahr der Selbsterregung besteht, kann mit dem 1-kΩ-Trimmer die Verstärkung auf einen stabilen Wert eingestellt werden. Statt des LM 324 können auch „stabilere" Operationsverstärker, wie z.B. LM 1558, LF 412, LF 353 oder LF 442, eingesetzt werden.

Telefonleitungs-Überwachungsschaltung

Wer wissen will, ob sich jemand an seinem Telefon oder an seiner Telefonleitung zu schaffen macht, sei es nun zur Installation einer Wanze oder einfach nur, um kostenlos zu telefonieren, ist mit der Schaltung in Bild 48 gut bedient. Die Schaltung wurde von Dipl. Ing. Gregor Kleine veröffentlicht. Beim Abheben des Hörers oder Unterbrechen der a- oder b-Ader sinkt die Basisspannung des ersten Transistors soweit ab, daß dieser sperrt. Dadurch zündet der Thyristor und die LED leuchtet auf. Mit dem Drucktaster T kann der Thyristor gelöscht bzw. die Schaltung wieder in den Überwachungszustand zurückgesetzt werden. Bei Nebenstellenanlagen mit niedrigeren Telefonbetriebsspannungen als 60 V muß der Basis-Eingangsspannungsteiler (220 kΩ/10 kΩ) verändert werden. Statt des 220-kΩ-Festwiderstandes kann ein 500-kΩ-Trimmer vorgesehen werden, dessen Wert langsam vergrößert wird, bis die LED bei wiederholtem Drücken der Taste T dunkel bleibt. Beim Abheben des Hörers muß die LED aufleuchten.

Bild 49 zeigt, was spannungsmäßig an der Telefonleitung passiert (gilt nur für Impuls-Wahlverfahren). Eine amerikanische Schaltung, die dem gleichen Zweck dient, ist in Bild 50 dargestellt. Bevor die Schaltung ans Telefonnetz geschaltet wird, muß der Trimmer R1 so justiert werden, daß der Thyristor durchschaltet und das Lämpchen aufleuchtet. Nach dem

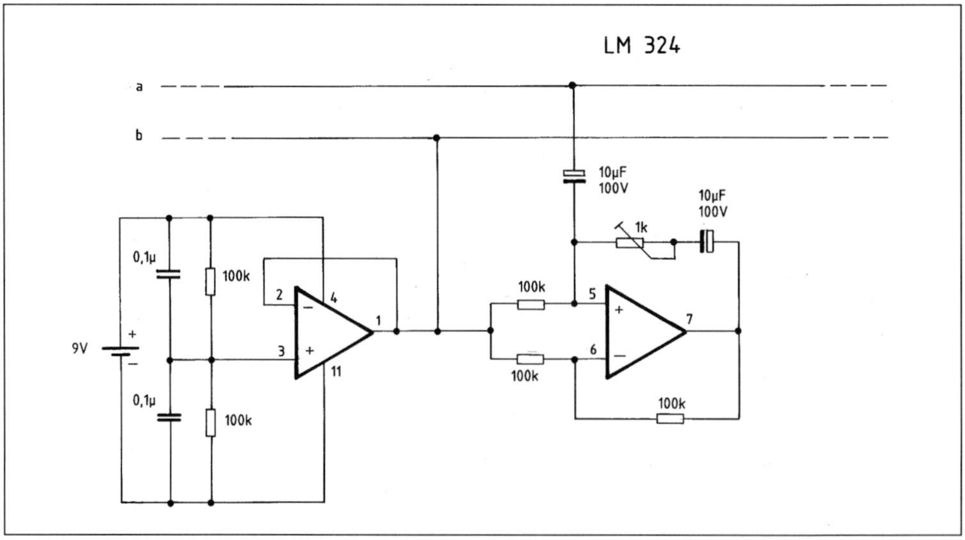

Bild 47: Bidirektionaler Telefonverstärker

Anklemmen muß R2 vom Widerstandswert Null ausgehend langsam erhöht werden, bis der Thyristor sperrt und die Lampe verlöscht. Wenn nun beim Einbau eines Telefon-Minispions die Telefonleitung kurz unterbrochen wird, leuchtet die Lampe auf und signalisiert eine Manipulation. Durch Drücken der Reset-Taste kann der Ausgangszustand wiederhergestellt werden. Auch in dieser Schaltung dürfte es zweckmäßig sein, mittels eines Graetz-Gleichrichters die lästige Polaritätsbestimmung an den Telefonadern zu vermeiden.

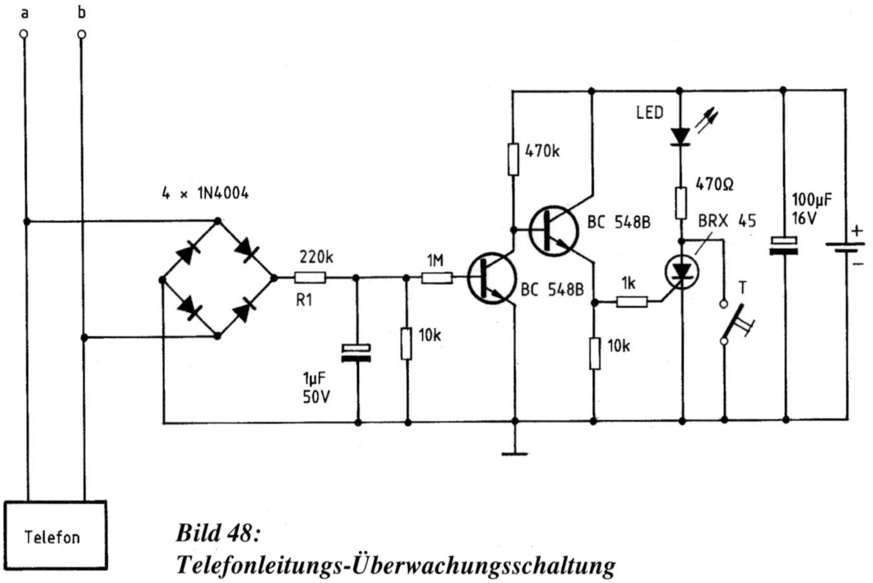

Bild 48: Telefonleitungs-Überwachungsschaltung (Version 1)

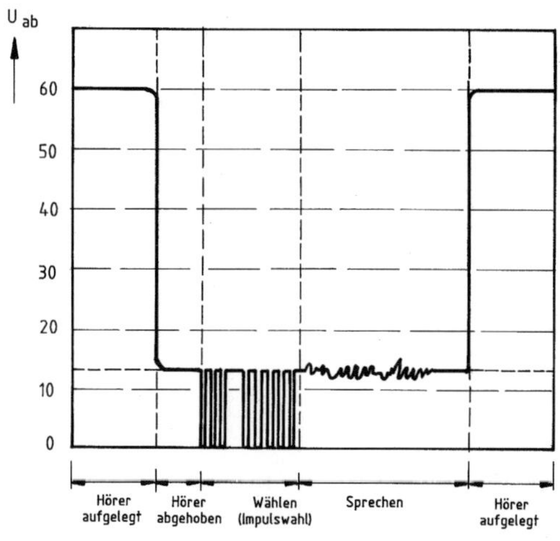

Bild 49: Spannungsverlauf auf der Telefonleitung beim Impulswahlverfahren

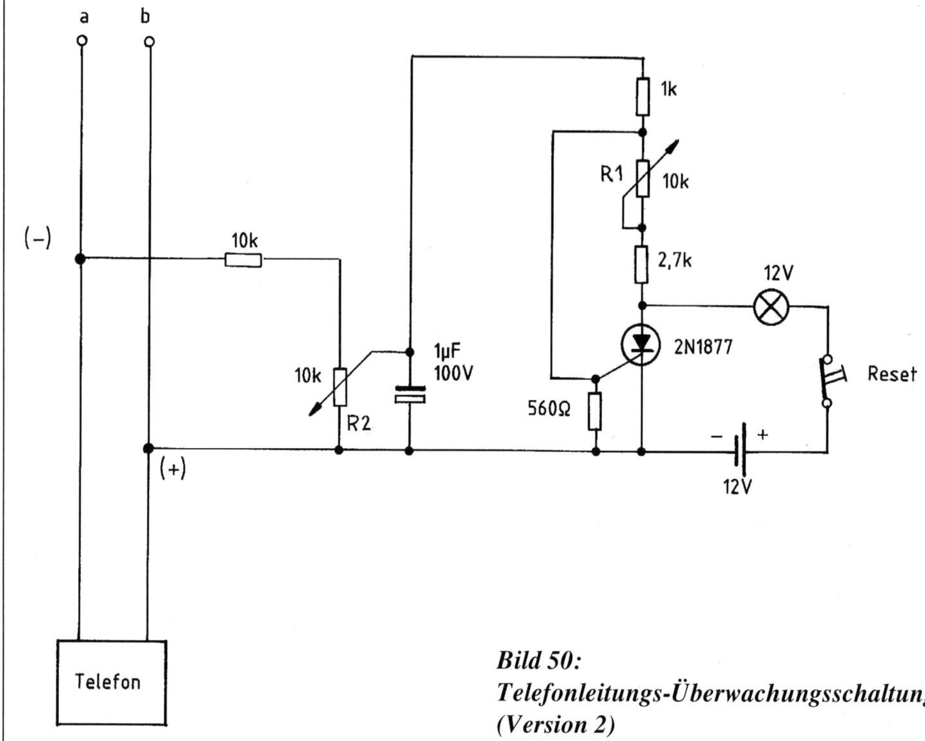

Bild 50:
Telefonleitungs-Überwachungsschaltung (Version 2)

TV-Minispione

Einfacher Video-Modulator

Falls nur das Bildsignal ohne NF-Signal auf kurze Distanz übertragen werden muß, genügt bereits die einfache Schaltung in Bild 51. Die Amplitudenmodulation des Video-Signals wird in Bild 52 dargestellt. Der in Bild 51 gezeigte amplitudenmodulierte VHF-Oszillator kann mit dem 30-pf-Trimmer auf Kanal 6 des VHF-Fernsehbandes eingestellt werden. Mit dem 470-Ω-Trimmer läßt sich der Modulationsgrad variieren. Zur drahtlosen Videoüberwachung wird für die Trägerfrequenz ein unbesetzter Fernsehkanal gewählt. Nach Einstellen des Fernsehgeräts auf den unbesetzten Kanal wird die Oszillatorfrequenz solange justiert, bis das Bild am Schirm erscheint. Brauchbare Ergebnisse sind nur bei sorgfältigem Schaltungsaufbau und Einbau in ein Metallgehäuse zu erzielen. Durch den einfachen Aufbau beinhaltet die Schaltung einige Nachteile: Der

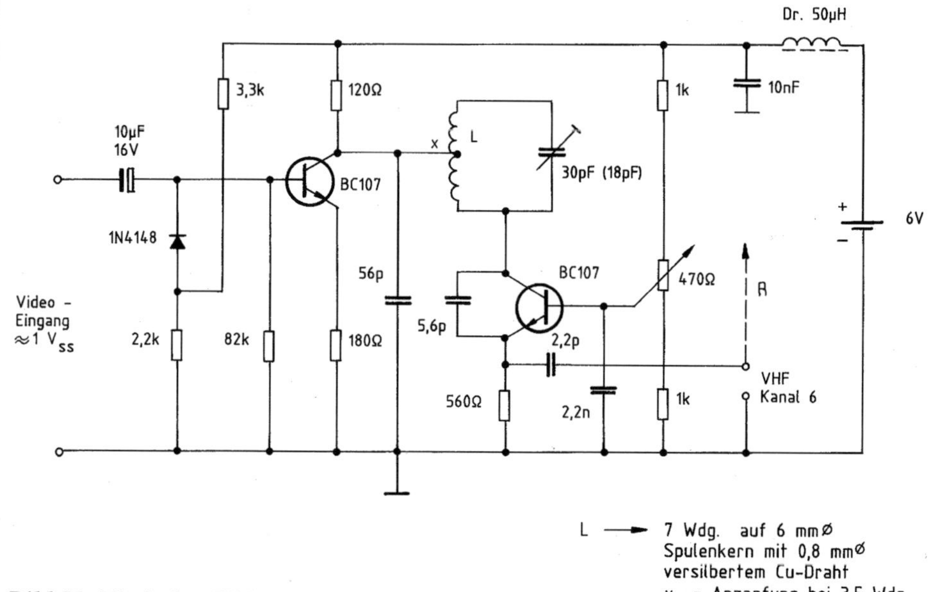

Bild 51: Einfacher Video-Modulator

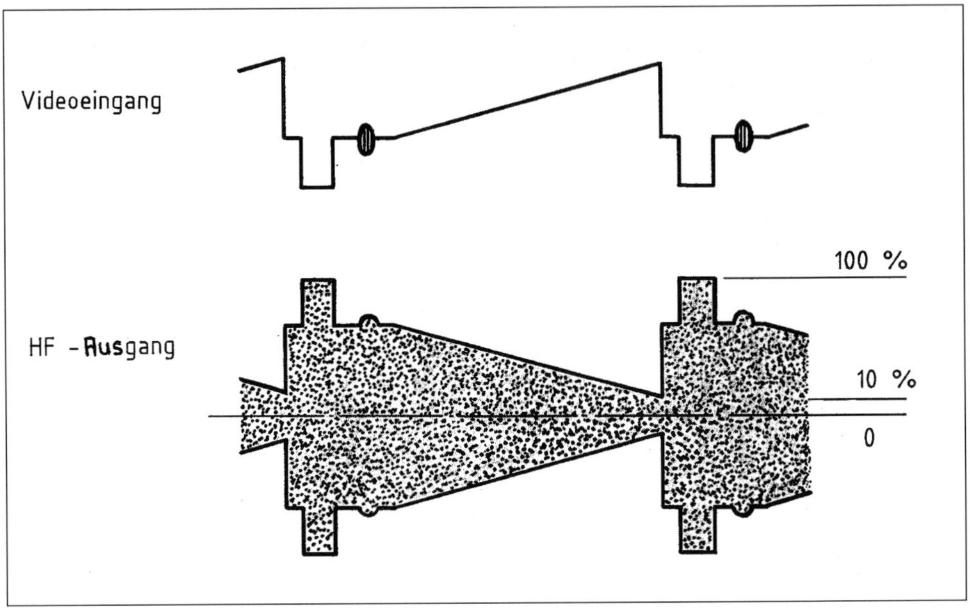

Bild 52: Spannungsverlauf am Videoeingang und HF-Ausgang

Modulator erzeugt unerwünschte Oberwellen im UHF-Bereich, so daß sich auch dort das Bild mehrmals wiederfindet. Dies kann zu recht unangenehmen Überraschungen führen, wenn an der Überwachung auch andere Zuschauer beteiligt sind. Wie bei jedem freischwingenden Oszillator gibt es Antennenrückwirkungen auf die Sendefrequenz.

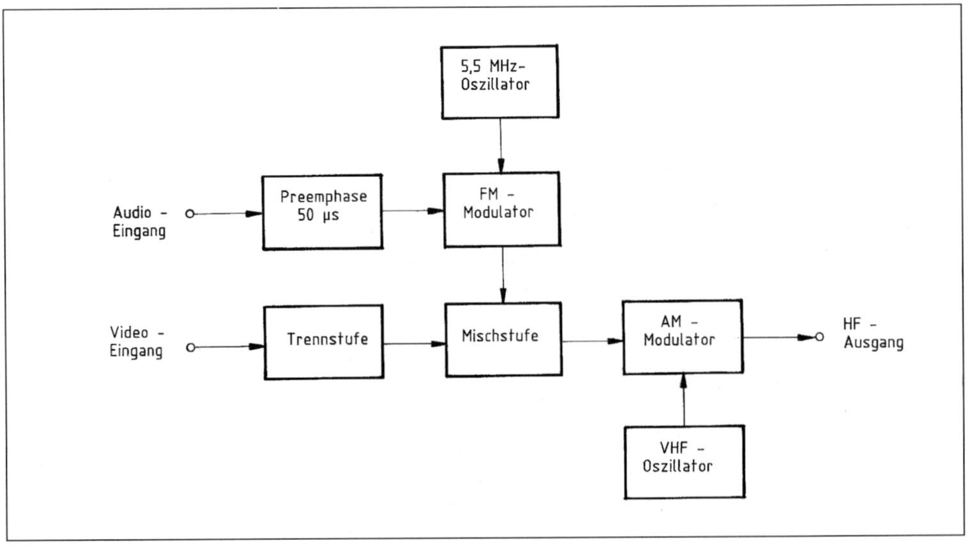

Bild 53: Blockschaltbild VHF-Video- und Audio-Modulator

VHF-Video- und Audio-Modulator

In Bild 53 wird das Blockschaltbild eines kompletten kleinen Fernsehsenders gezeigt. Er besteht im wesentlichen aus zwei Oszillatoren. Ein 5,5-MHz-Oszillator erzeugt die Trägerfrequenz für das Audiosignal. Ein VHF-Oszillator wird mit der Summe von Videosignal und audiomoduliertem 5,5-MHz-Trägersignal AM-moduliert. Durch die Preemphase (= Voranhebung) werden die höheren Audiofrequenzen angehoben, um die Übertragungsqualität zu verbessern. Aus Bild 54 ist das vollständige Schaltbild zu ersehen. Die Anhebung hoher Audiofrequenzen wird durch das RC-Glied im Emitter des ersten Audio-Verstärkertransistors bewerkstelligt. Im Anschluß an die Kapazitätsdiode (möglichst mit gelbem Punkt: 24–30 pf) folgt der Audio-Trägerfrequenzoszillator mit einer Schwingfrequenz von 5,5 MHz. Mit dem 40-pf-Trimmer kann die Frequenz auf ihren Sollwert justiert werden. Über den 3,3-pf-Kondensator wird die FM-modulierte Trägerfrequenz auf die Mischstufe geführt. Gleichzeitig wird von der Video-Trennstufe das Videosignal über 390 Ω auf die Mischstufe gegeben. Der Vorteil der trickreich gestalteten Mischstufe liegt in der guten gegenseitigen Entkopplung der Eingänge. Das Mischprodukt wird auf einen Eingang des Dual-Gate-MOS-Transistors geführt.

Am anderen Eingang liegt das VHF-Oszillatorsignal. Der MOS-Transistor erzeugt schließlich die Amplitudenmodulation des Summensignals. Mit dem 22-pf-Trimmer wird der gewünschte VHF-Fernsehkanal eingestellt.

Mit dem 2,5-kΩ-Trimmer in der Video-Trennstufe kann die Modulationstiefe eingestellt werden. Der 40-pf-Trimmer im Audio-Trägerfrequenzoszillator wird so abgestimmt, daß der Ton sauber im Kanal liegt. Zwischen Kamera und Modulator ist auf gute Masseverbindung zu achten. Wie immer sind kurze Verbindungen und gute Abschirmung wichtig. Der Audio-Eingang muß vor HF-Einstreuungen besonders geschützt werden (eventuell noch Abblock-Kondensatoren und Drosseln vorsehen). Mit dem 10-kΩ-Trimmer am Audio-Verstärkereingang kann die Modulationstiefe des Tonsignals eingestellt werden. Hier empfiehlt sich der Vergleich mit einem normalen Fernsehsender. Der Modulator läßt sich auch für Farbfernsehsignale einsetzen.

Bild 55: Ultra-Miniatur-Kameramodul von Conrad-Electronic

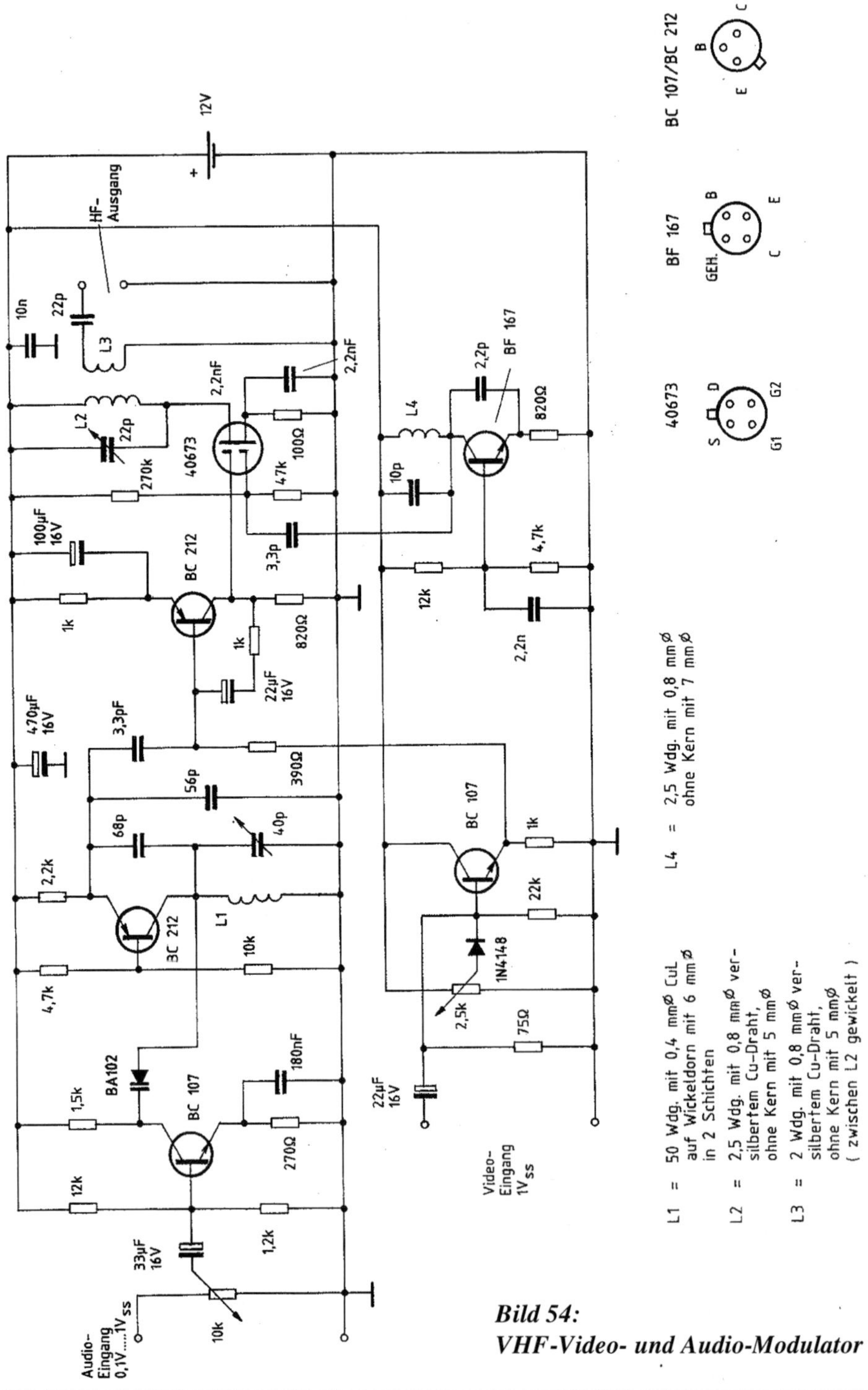

Bild 54:
VHF-Video- und Audio-Modulator

Bei den Billigangeboten von Mini-CCD-Videokameras lassen sich Videoüberwachungen leicht und relativ billig durchführen. In Bild 55 wird ein Kameramodul von Conrad-Electronic in Hirschau gezeigt, welches in eine Streichholzschachtel paßt. In eine weitere Streichholzschachtel könnte der VHF-Video- und Audio-Modulator in SMD-Technik eingebaut werden. Leider brauchen die CCD-Kameramodule ca. 100 mA Batteriestrom, so daß zur Erzielung einer längeren Betriebsdauer doch recht umfangreiche Batterien erforderlich sind. Bild 56 zeigt einen kompletten Fernseh-Minispion ohne Batterieteil.

Bild 56:
Kompletter Mini-Fernsehsender ▶

Funkrufempfänger, Fernsteuersender und -empfänger, Peilsender und -empfänger

Funkrufsender und -empfänger (50 MHz)

Funkrufempfänger werden im neudeutschen Sprachgebrauch meist als Pager bezeichnet. Vorbild für den Begriff ist der Hotelpage, der mit einem Schild durch die Halle läuft und damit Gäste ausruft. Der einfachste Pager, der sogenannte Ton-Pager, übermittelt nur ein akustisches Signal. Dies genügt dem Pager-Besitzer als Hinweis, telefonisch zurückzurufen. Mit einem Pager-Sender und einem Pager-Empfänger können jedoch auch einfache Fernsteuerfunktionen ausgeführt werden.

In Bild 57 wird der senderseitige Aufbau eines „Personal Pocket Pager“ aus den USA gezeigt. Im Grunde handelt es sich dabei um nichts anderes als einen einfachen tonmodulierten Fernsteuersender. Der Tongenerator arbeitet mit dem Baustein 555, dessen Frequenz mit dem 20-kΩ-Trimmer einstellbar ist. Über Pin 3 des 555 wird der Oszillator über den

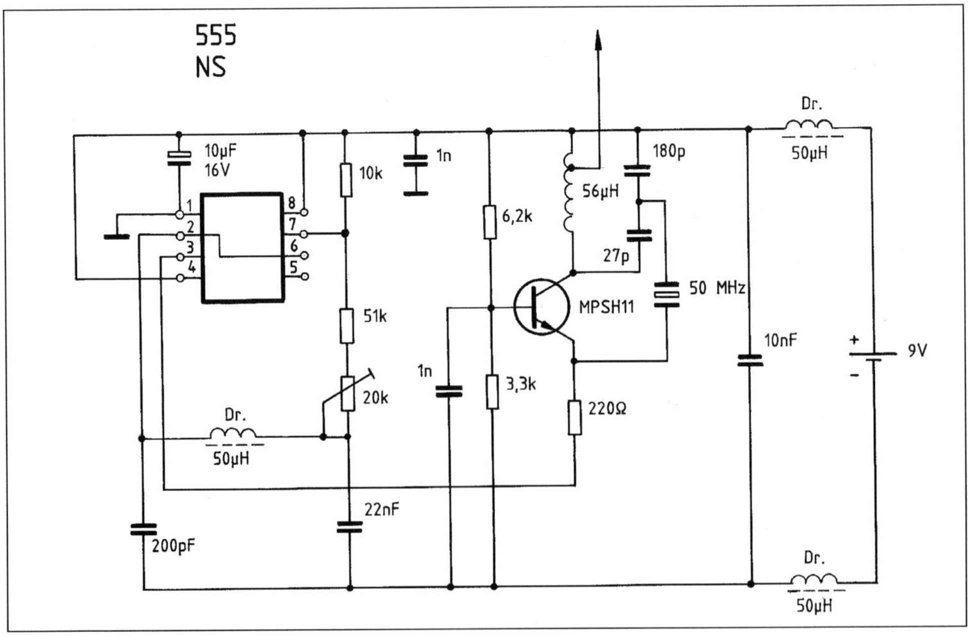

Bild 57: Funkrufsender (50 MHz)

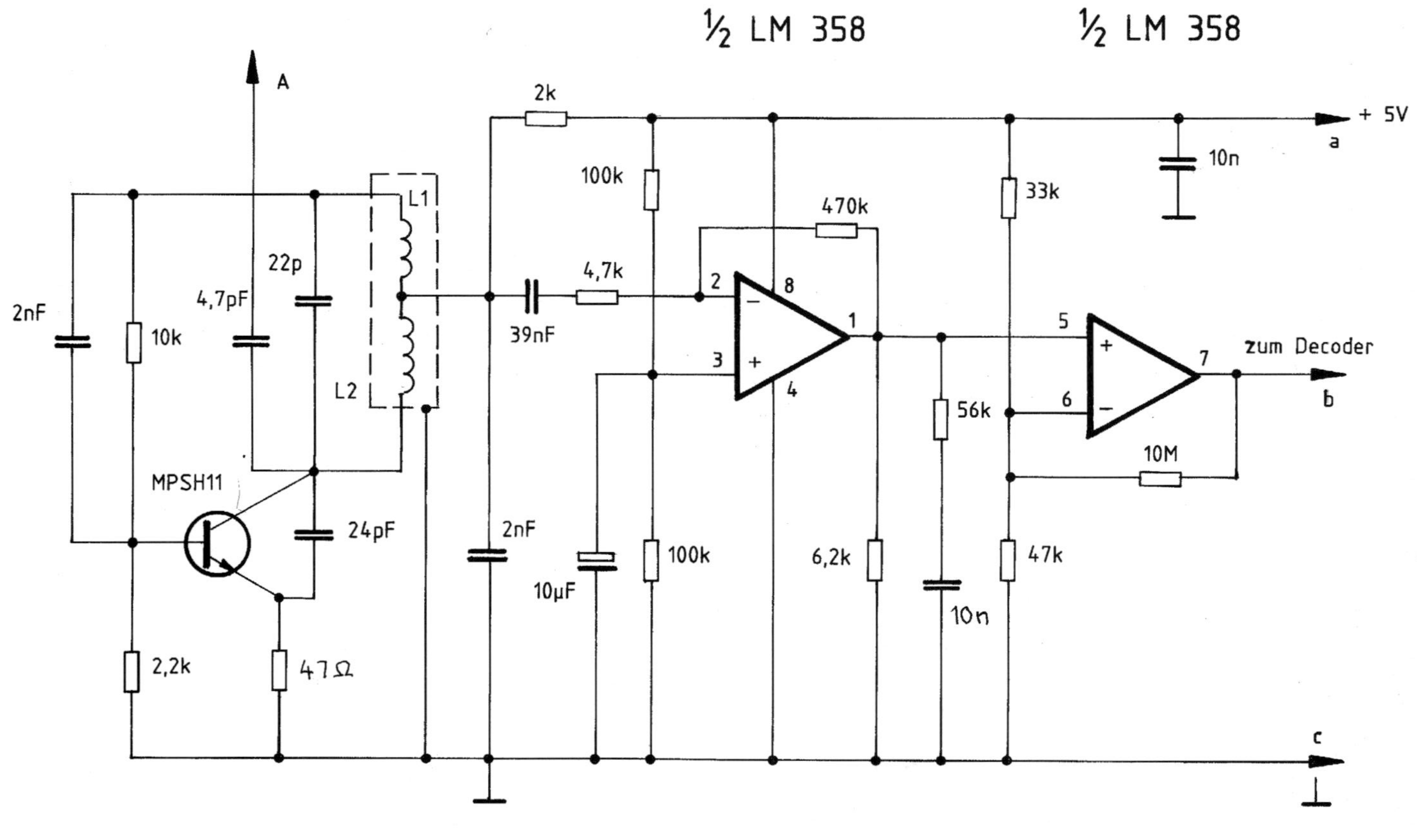

Bild 58a: Funkrufempfänger bzw. Pager (50 MHz)

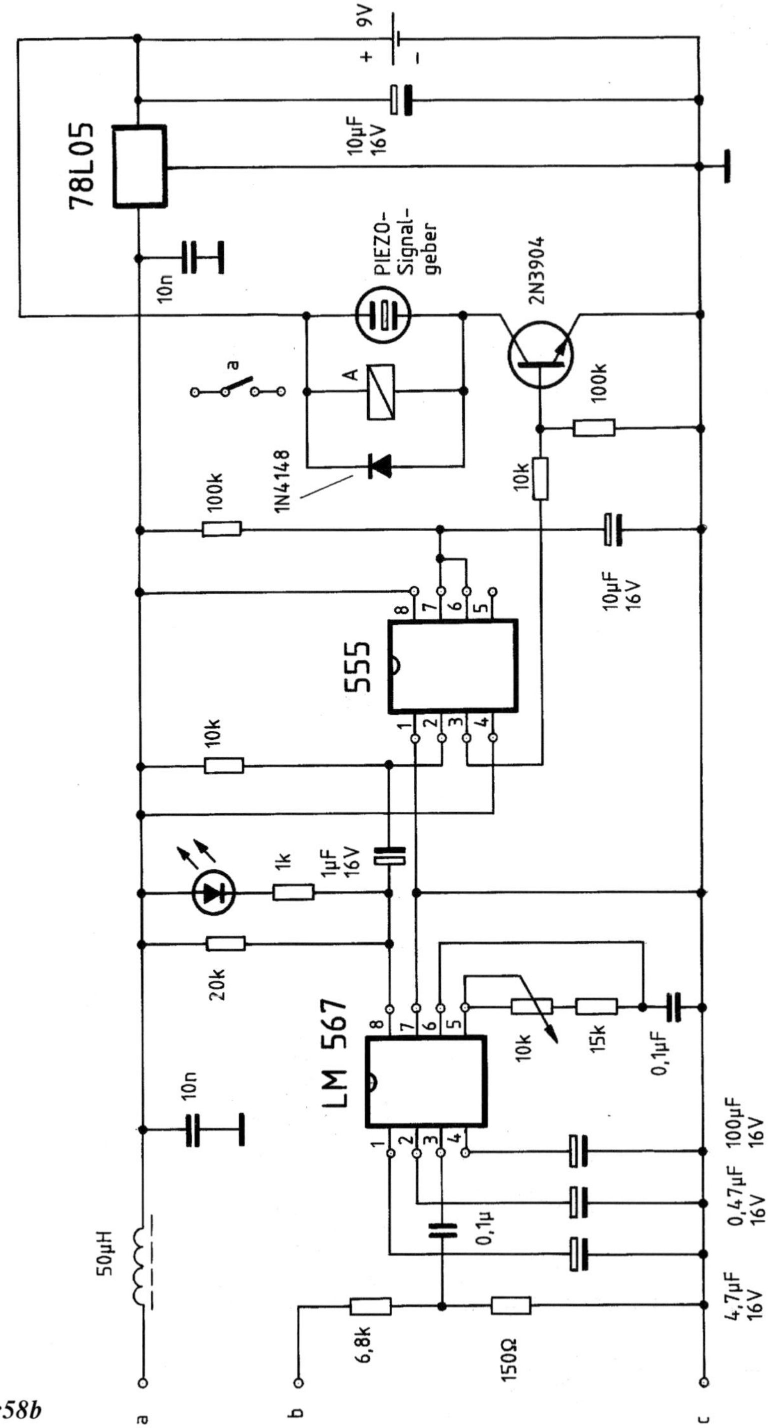

9V
+
-
10µF 16V
78L05
10n
PIEZO-Signal-geber
2N3904
a
A
100k
1N4148
10k
100k
10µF 16V
555
8 7 6 5
1 2 3 4
10k
1k
1µF 16V
20k
LM 567
8 7 6 5
1 2 3 4
10k
15k
0,1µF
10n
100µF 16V
0,47µF 16V
0,1µ
4,7µF 16V
50µH
6,8k
150Ω
a
b
c

Bild:58b

Emitter im Rhythmus der Tonfrequenz getaktet. Der eigentliche Pager in den Bildern 58a und 58b empfängt das Sendesignal und demoduliert es. Das Tonsignal wird mittels des Operationsverstärkers LM 358 verstärkt und mit dem PLL-Decoder LM 567 decodiert. Der LM 567 ist auf die senderseitig eingestellte Tonruf-Frequenz mittels des 10-kΩ-Trimmers abgestimmt. Solange senderseitig die Sendetaste gedrückt wird, leuchtet die LED am Ausgang des Decoders auf. Im Anschluß an den Decoder folgt noch ein monostabiler Multivibrator, der für eine definierte Zeitdauer einen Piezo-Signalgeber ansteuert. Der HF-Teil des Empfängers arbeitet als Pendler. Nach Ansicht des Autors bestehen erhebliche Zweifel, ob der Pendler so funktioniert. Wer am Aufbau des Empfängers interessiert ist, sollte den Pendlerteil besser durch die Schaltung mit auf 50 MHz abgeänderter Dimensionierung in Bild 95 ersetzen.

Fünfton-Funkrufempfänger (2-m-Band)

Mit einfachen Tonruf-Pagern läßt sich nur eine begrenzte Anzahl Teilnehmer ansprechen. Um die Vielfalt auf über 100.000 Teilnehmer zu erweitern, werden definierte Fünftonfolgen ausgesendet, welche in den Pagern decodiert werden. Jedem Pager-Besitzer ist eine bestimmte Fünftonfolge zugeordnet, so daß er senderseitig gezielt angesprochen werden kann.

Heute ist fast in jedem modernen Funkgerät ein Fünftonfolgegenerator eingebaut, so daß der Funkgerätebesitzer gezielt einen bestimmten Funkpartner mit dessen Fünftonfolge ansprechen kann. So strahlt z.B. das in den Bildern 59 gezeigte Funkgerät „Storno Phone 4000“ beim Drücken der Tonruftaste eine voreinstellbare Fünftonfolge, den sogenannten Selektivruf, ab. Mittels eines Funkgeräts mit Fünftonfolgezusatz können in einem Industriebe-

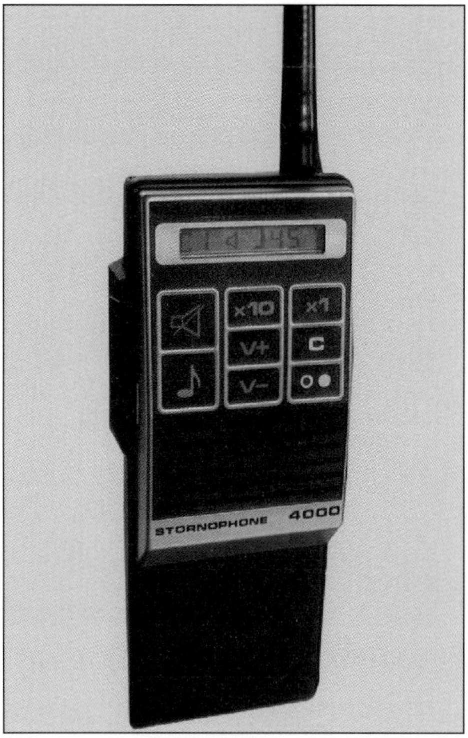

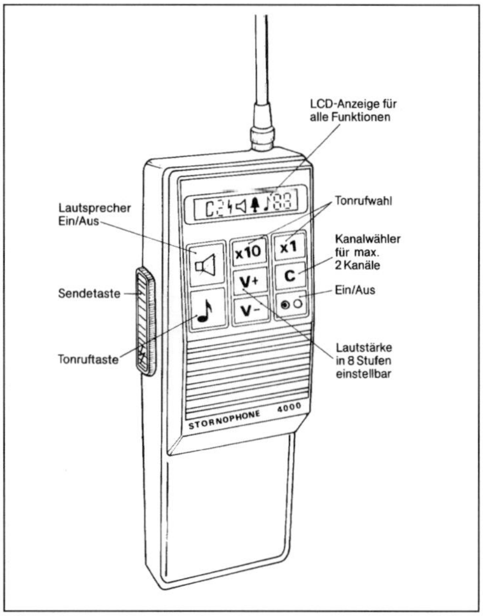

Bild 59:
Funksprechgerät mit eingebautem Fünftonfolgegeber und -auswerter

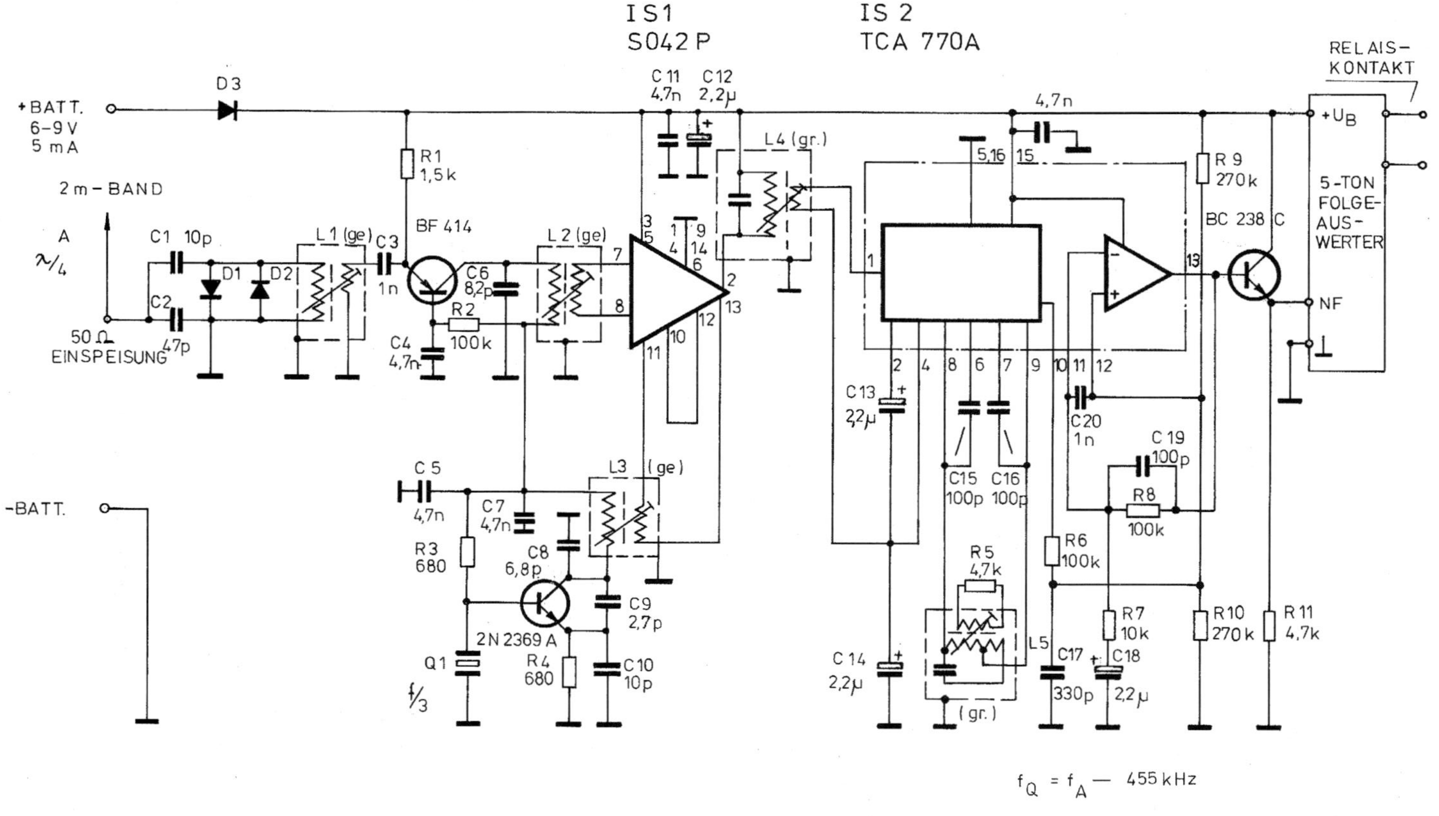

Bild 60: Funkrufempfänger mit Fünftonfolgeauswerter (2-m-Band)

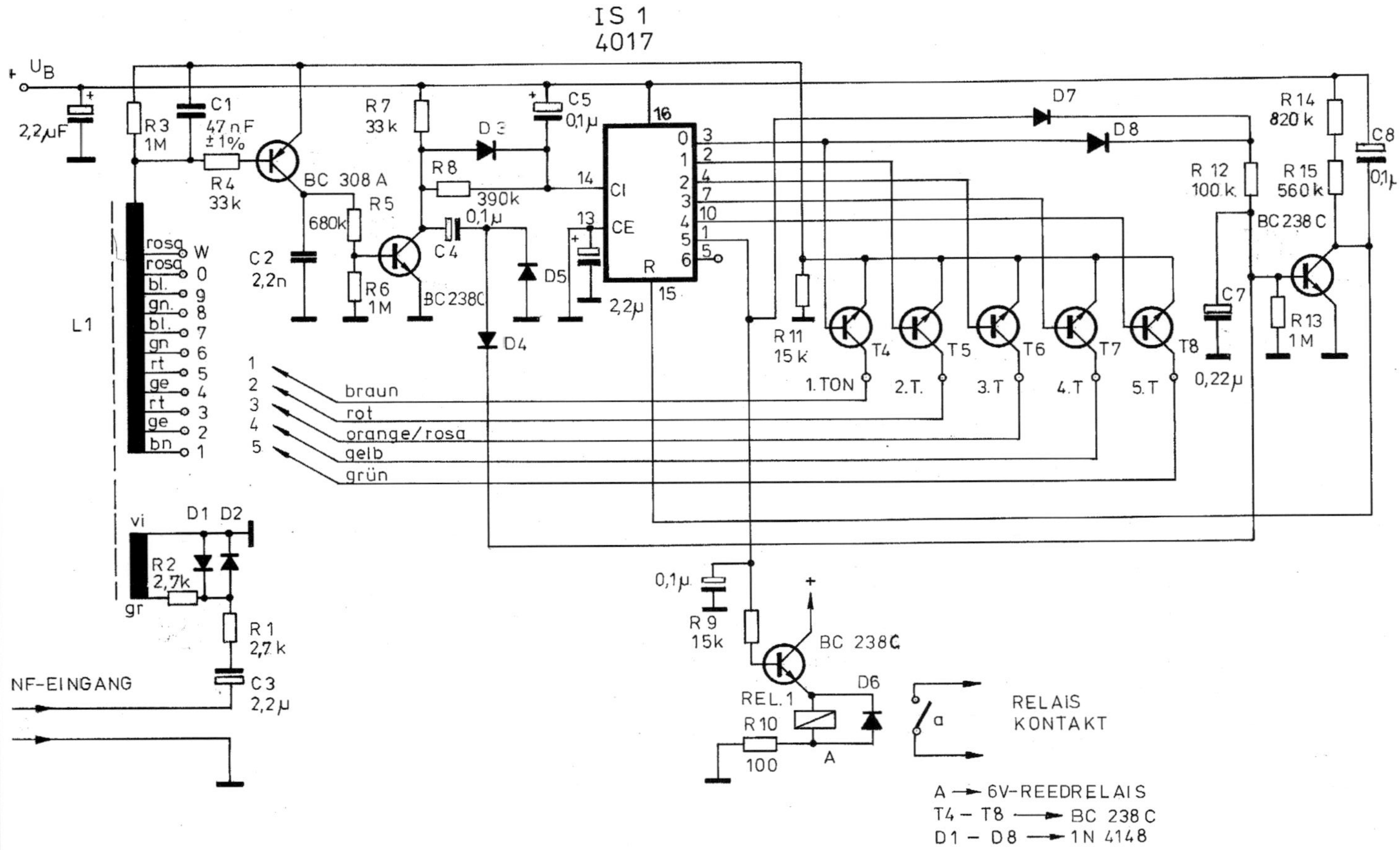

Bild 61: Fünftonfolge-Auswerteschaltung (Decoder) für Funkrufempfänger aus Bild 60

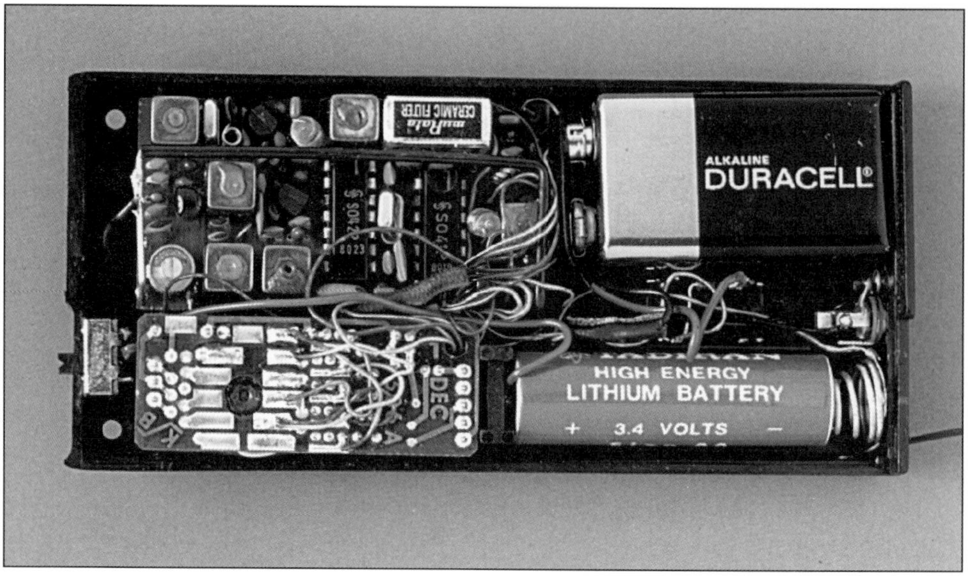

Bild 62: Funkrufempfänger bzw. Pager als Doppelsuper im 2-m-Band

trieb beispielsweise Hunderte von Pager-Besitzern gezielt angesprochen und um Rückruf gebeten werden. Die Funkrufteilnehmer müssen den Pager natürlich stets bei sich führen, um jederzeit erreichbar zu sein.

Wie die Bilder 60 und 61 offenbaren, birgt das Innenleben eines Pagers keine besonderen Geheimnisse. Die gezeigte Pager-Schaltung arbeitet im 2-m-Band als Einfach-Superhet. Eine HF-Vorstufe in Basisschaltung verstärkt das Empfangssignal. Anschließend wird es im Baustein S042 P mit dem Oszillatorsignal zur Gewinnung der Zwischenfrequenz gemischt. Der TCA 770 A demoduliert die ZF und verstärkt die demodulierte Fünftonfolge. Von dort wird das Signal auf den in Bild 61 gezeigten Fünftonfolgeauswerter bzw. Decoder gegeben. Im Decoder ist die zugewiesene Tonruffolge durch farblich gekennzeichnete Drahtbrücken einstellbar. Wird der Teilnehmer mit seiner Fünftonfolge gerufen, zieht das Relais an und betätigt mit seinem Kontakt einen akustischen Signalgeber. Bild 62 zeigt den gedrängten Aufbau eines Pagers nach Doppel-Superhet-Prinzip.

Applikationen zum Fünftonfolgeruf

Mit Fünftonfolgegebern und -auswertern lassen sich viele interessante Überwachungsaufgaben lösen. Da Geber und Auswerter nicht in allen Funkgeräten eingebaut sind, werden diese in den folgenden Applikationen extern zugeschaltet. Unter anderem dient dies auch dem besseren Verständnis der Funktionsweise.

VIP-Raumüberwachung

Zur Überwachung sicherheitsgefährdeter Personen eignet sich die Anordnung in Bild 63. Im Raum, in dem sich der VIP (= very important person, zu deutsch: sehr wichtige Person) aufhält, befindet sich eine meist versteckt angebrachte Notruftaste, bei deren Betätigung ein Fünftonfolgegeber ausgelöst wird. Gleichzeitig wird das Funkgerät hochgetastet. Im Auswerteraum wird das Fünftonfolgesignal empfangen, decodiert und ein akustischer Alarmgeber aktiviert. Im Notfall kann nun die Aufsichtsperson dem VIP zu Hilfe eilen. Auf diese Weise könnte z.B. ein Staatsgast in ei-

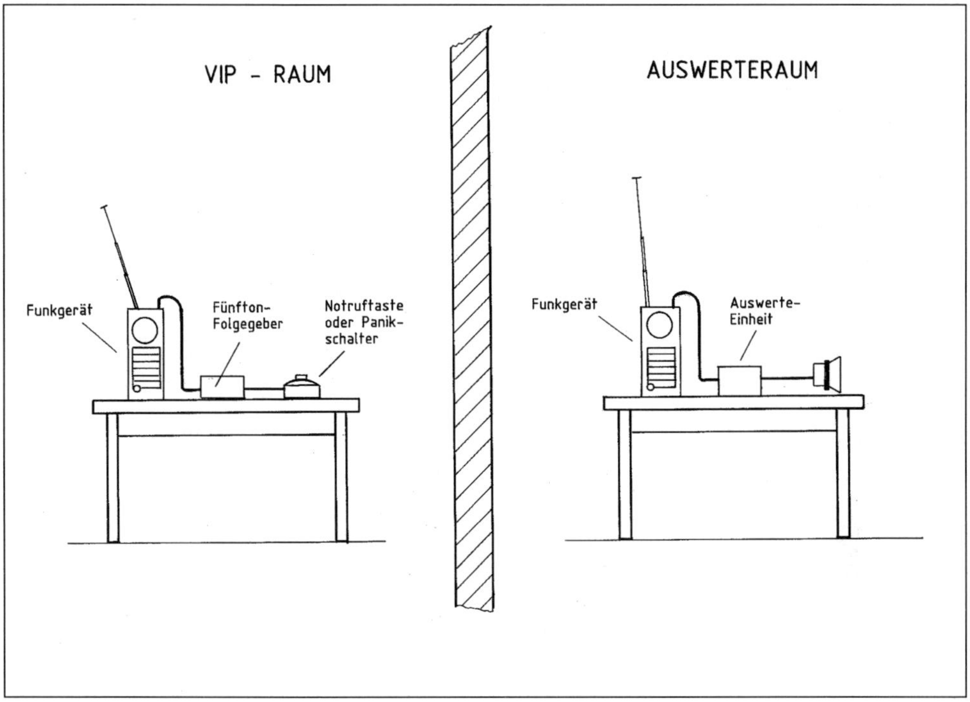

Bild 63: VIP-Raumüberwachung

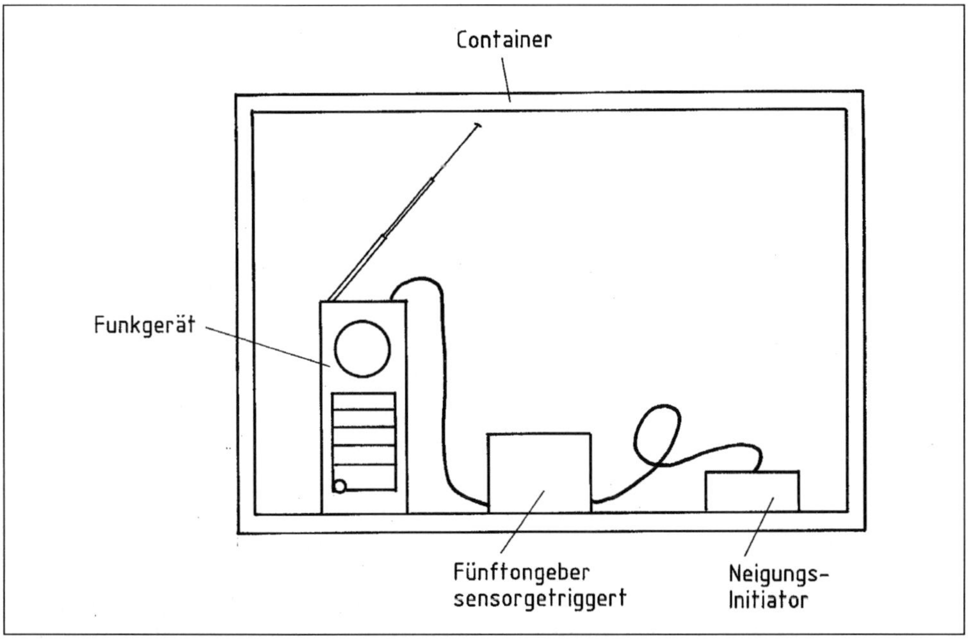

Bild 64: Neigungsmelder für Container

nem Hotel vor unliebsamen Überraschungen geschützt werden.

Container-Überwachung

Bild 64 gibt Aufschluß, wie mittels eines Neigungsinitiators der Diebstahl eines Containers signalisiert werden kann. Als Neigungsinitiator eignet sich z.B. ein Quecksilberschalter, der bei Änderung seiner Ruhelage einen Kontakt schließt.

Zutritts-Überwachung

Die gleiche Funktionsweise zeigt die Applikation in Bild 65. Bei Herunterdrücken der Türklinke wird ebenfalls ein Alarmruf ausgesendet. Da der Neigungsinitiator an der Türklinke etwas auffällig ist, kann entsprechend Bild 66 mit einem Magnet- bzw. Reed-Kontakt am Türrahmen gearbeitet werden.

KFZ-Überwachung

Was nützt in der Tiefgarage nachts um 3 Uhr die beste KFZ-Alarmanlage, wenn sie niemand hört? Hier eignet sich die Problemlösung aus Bild 67. Zusätzlich zur Alarmanlage wird ein Fünftonfolgegeber einschließlich eines Funkgerätes aktiviert. Der Funkruf löst dann z.B. im Hotelzimmer einen akustischen Alarm aus. Bei Sabotage- und Diebstahlsgefahr schützt diese Applikation vor unerfreulichen Überraschungen.

Kunstschätze-Überwachung

Durch eine entsprechende Ansteuerschaltung kann ein Fünftonfolgegeber auch mit einem Körperschallmikrofon ausgelöst werden. In Bild 68 wird ein wertvolles Gemälde drahtlos gegen Diebstahl geschützt.

Türschloß-Überwachung

Eine drahtlose Türschloßüberwachung mittels Körperschallmikrofon wird in Bild 69 gezeigt. Wer hier mit Nachschlüsseln oder Pick-Up-Öffnungspistolen versucht, die verschlossene Türe zu öffnen, wird plötzlich sehr unangenehm überrascht werden.

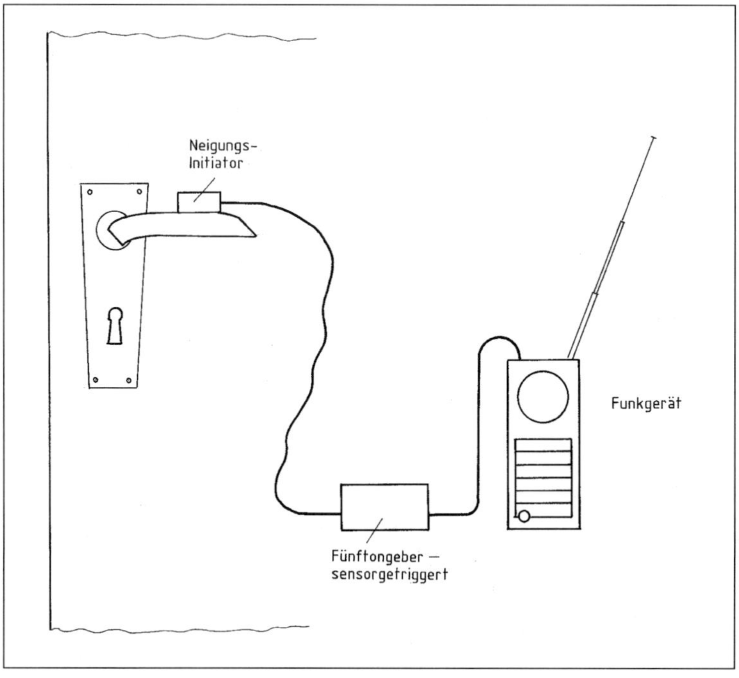

Bild 65: Türöffnungsmelder (Version 1)

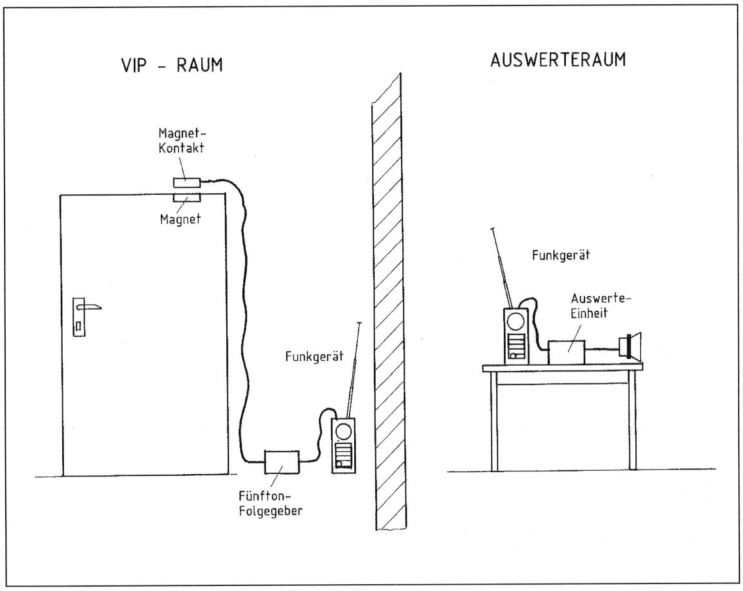

Bild 66: Türöffnungs-melder (Version 2)

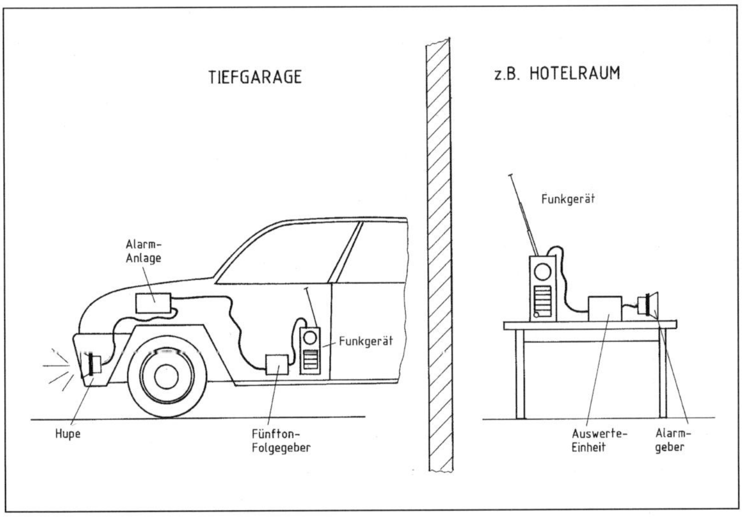

Bild 67: KFZ-Alarmge-ber

Fensterbruch-Überwachung

Mit Körperschallmikrofonen lassen sich noch eine ganze Anzahl Objekte absichern. In Bild 70 wird mittels Körperschallmikrofon und Fünftonfolgegeber ein Fenster gegen Einbruch abgesichert.

Im Bild 71 werden Einbruchsversuche an einer verschlossenen Schublade drahtlos signalisiert.

Tresor-Überwachung

Auf die gleiche Weise läßt sich ein Tresor in Bild 72 überwachen. Obwohl sich das Funkgerät im Innern des Tresors befindet und das Metallgehäuse des Tresors eine Abstrahlung des Funksignals verhindern müßte, ist dies nicht der Fall. Der Tresor wird quasi zur kapazitiv gekoppelten Sekundärantenne. Mehr als ein paar hundert Meter lassen sich mit dieser An-

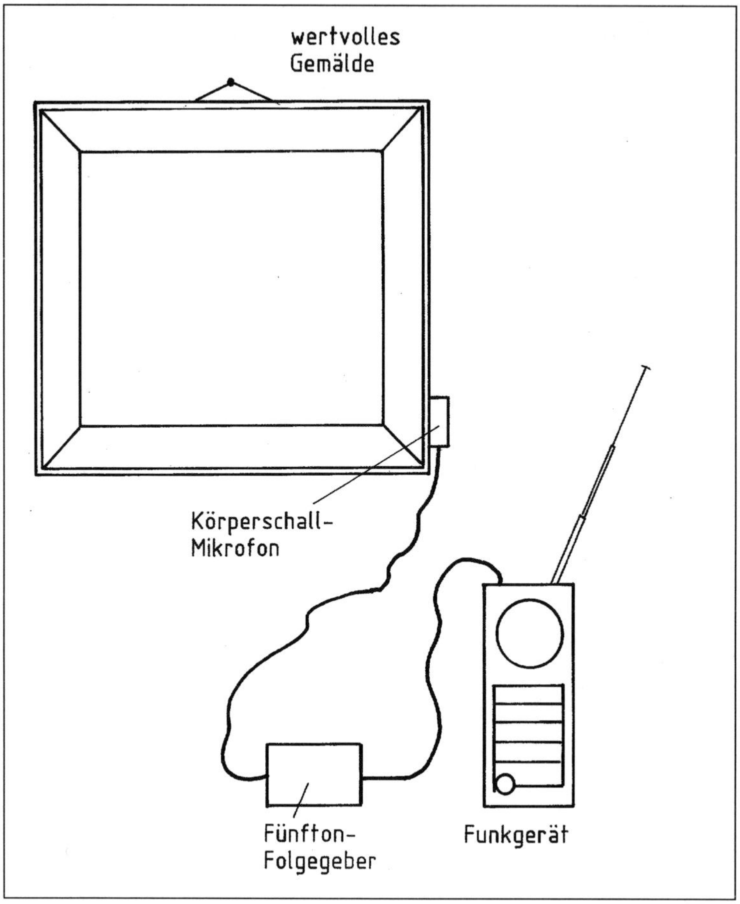

Bild 68: Körperschallmelder zur Sicherung von Kunstgegenständen

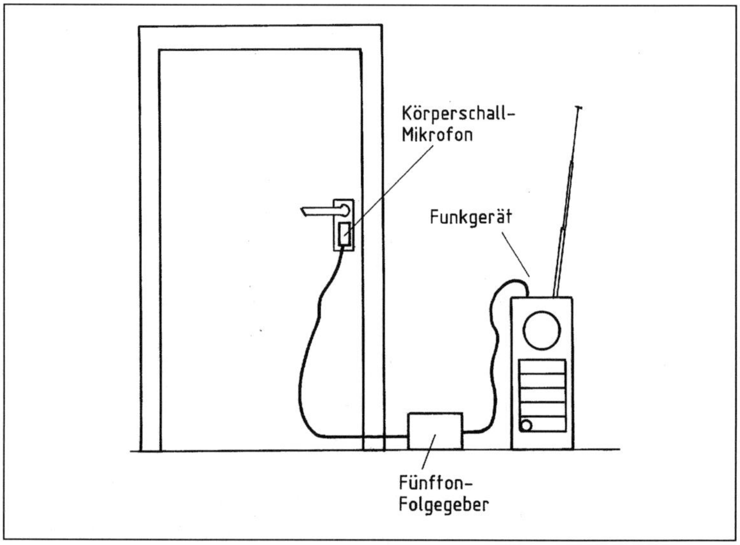

Bild 69: Türschloßüberwachung

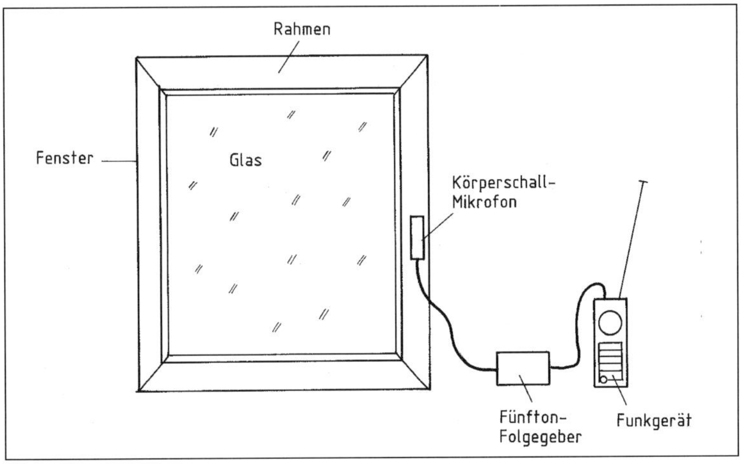

Bild 70:
Körperschall-melder zur Fenstersicherung

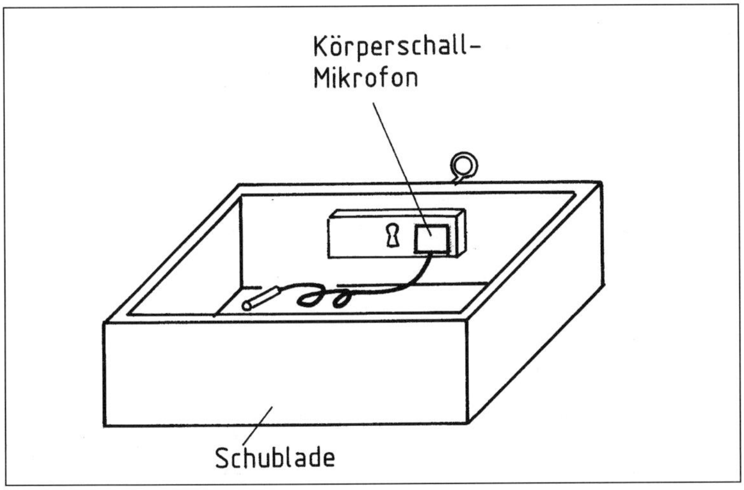

Bild 71:
Körperschall-melder zur Sicherung einer Schublade

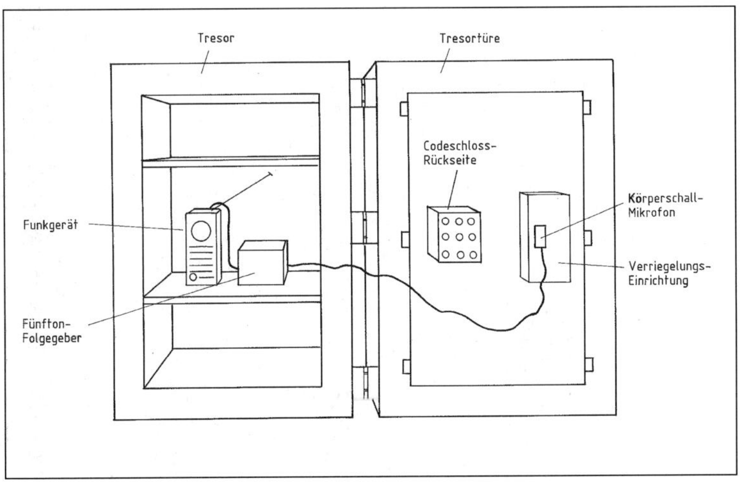

Bild 72:
Körperschall-melder zur Tresorüberwachung

ordnung allerdings nicht überbrücken. Wer es nicht glaubt, wird erstaunt sein, daß er in den meisten Fällen mit einem Handy aus einem metallisch geschlossenen Aufzug heraus telefonieren kann.

27-MHz-CB-Schmalband-FM-Sender (10 mW)

Das Motorola-IC MC 2833 P entsprechend Bild 73 eignet sich hervorragend zum Aufbau kleiner Schmalband-FM-Sender. Unter anderem kann das IC für drahtlose Mikrofone und Fernsteueranwendungen eingesetzt werden. Normalerweise wird das IC im VHF-Bereich betrieben. Es eignet sich jedoch auch für den CB-Frequenzbereich. In Bild 73 liefert der Baustein eine Ausgangsleistung von ca. 10 mW. Bei schlecht angepaßter Antenne sind damit etwa 100 m Reichweite zu erzielen. Mit dem unteren 100-kΩ-Trimmer kann die Mikrofonempfindlichkeit, mit dem oberen 100-kΩ-Trimmer der Frequenzhub eingestellt werden. Der Frequenzhub sollte für Schmalbandanwendungen nicht höher als 5 kHz eingestellt werden.

Zum Empfang eignet sich jedes FM-CB-Funkgerät. Der Quarz schwingt auf seiner Grundwelle von 9 MHz in Parallelresonanz. Die Ausgangsfrequenz wird durch Verdreifachung erzeugt.

Zum Abgleich werden alle veränderlichen Kapazitätstrimmer auf maximale HF-Ausgangsspannung an einem 50-Ω-Ausgangswiderstand einjustiert. Zum Abgleich eignet sich auch das Feldstärkemeßgerät eines Kontroll-

Bild 74: Aufbau des 27-MHz-CB-Schmalband-FM-Minisenders

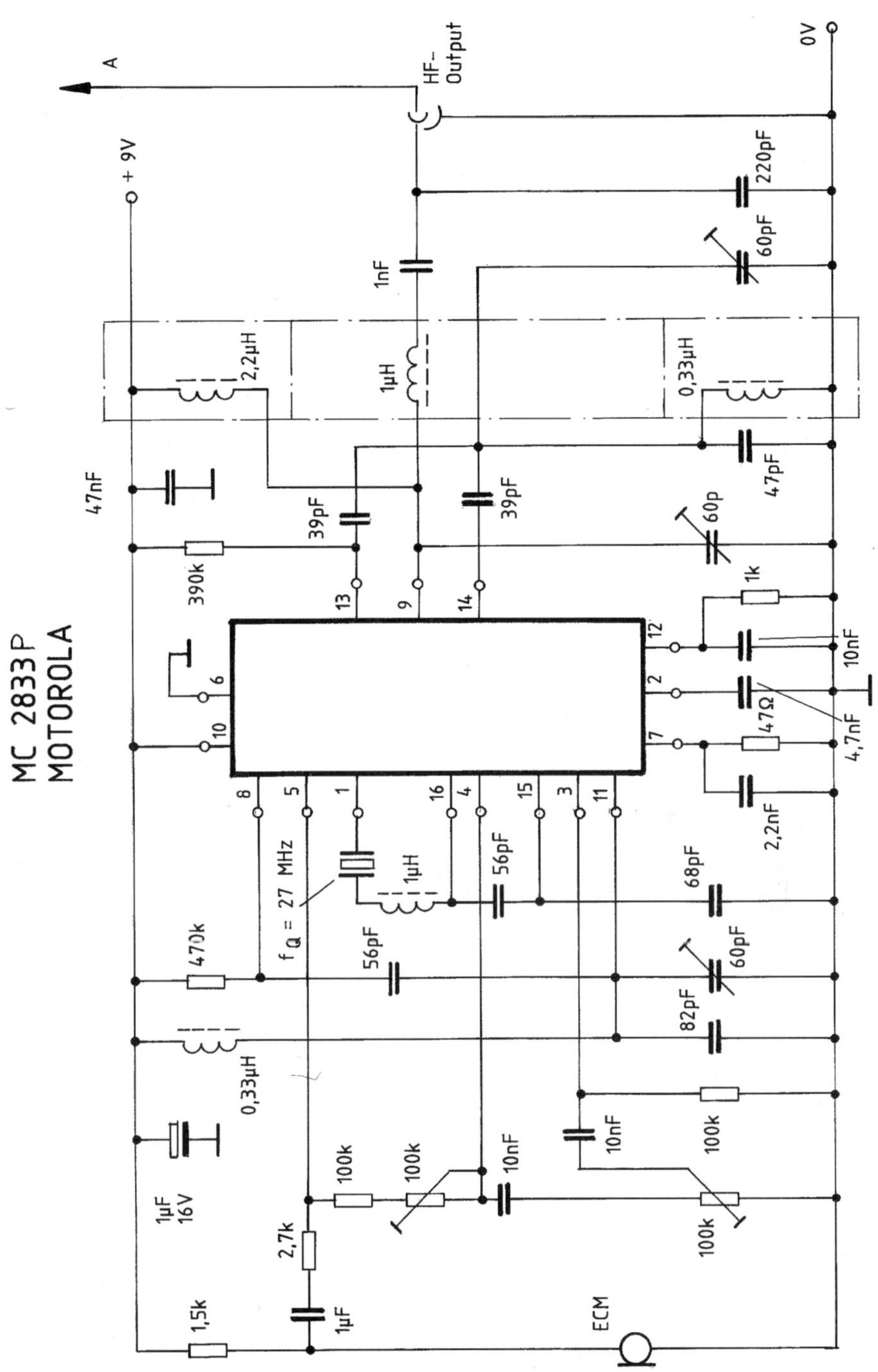

Bild 73: 27-MHz-CB-Schmalband-FM-Minisender (10 mW)

empfängers. Klingt die Übertragung verzerrt, sollte die Mikrofonverstärkung etwas heruntergedreht werden. Für kurze Übertragungsdistanz genügt eine Wurfantennenlänge von etwa 1 m. Bei 9 V Batteriespannung beträgt die Stromaufnahme etwa 7 mA. Bild 74 zeigt den Versuchsaufbau der Schaltung mit den Abschirmblechen.

27-MHz-FM-CB-Sender (0,5 Watt)

Eine frei, aber trotzdem sehr stabil schwingende Senderschaltung im Bereich von 26,5–28 MHz ist in Bild 75 angegeben. Die Oszillatorstufe wird mit einer Kapazitätsdiode frequenzmoduliert. Bei aufgedrehtem 10-kΩ-Trimmer erzeugt eine NF-Spannung von 1 V einen Frequenzhub von etwa 21,5 kHz. Die beiden Geradeausverstärkerstufen verstärken das Oszillatorsignal bis zu einer Ausgangsleistung von 0,5 W. Die Schaltung wurde bei Telefunken in Ulm entwickelt und funktioniert idiotensicher. Der Oszillator schwingt bereits bei 5 V an und bleibt bis ca. 13 V erstaunlich frequenzstabil.

27-MHz-CB-Gegentakt-Quarzoszillator (400 mW)

Ein moderner Gegentakt-Quarzoszillator mit Dual-Gate-Feldeffekttransistoren und AM-Modulation ist in Bild 76 zu sehen. Die Schaltung stammt von Dr. Ulrich Kunz. Zu den besonderen Vorteilen der Gegentakt-Oszillatorschaltungen zählen hohe Anschwingsicherheit, große Frequenzstabilität und hoher Wirkungsgrad. Normalerweise arbeiten Gegentaktoszillatoren ohne Quarz. Die hier angegebene Schaltung arbeitet mit einem 27-MHz-Quarz in einem der beiden Rückkopplungszweige. Der Quarz schwingt in Serienresonanz. Laut Entwickler sollen für die Spule 20 Windungen Kupferlackdraht (CuL) oder versilberter Kupferdraht (AgCu) auf einen Neosid-Spulenkörper (7 TIS) gewickelt werden. Für die Ankopplung der Antenne empfiehlt sich eine Koppelspule von 3–5 Windungen. Zur Leistungsabgabeüberprüfung empfiehlt sich zunächst der Anschluß eines Taschenlampenbirnchens.

Die Koppelspule wird entweder direkt auf die Schwingkreisspule gewickelt oder leicht verschiebbar zur Änderung des Koppelfaktors

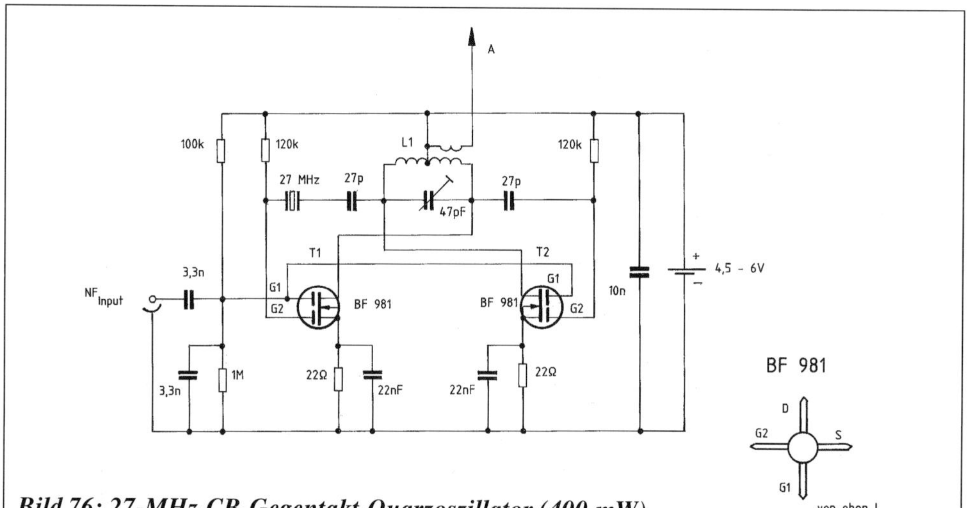

Bild 76: 27-MHz-CB-Gegentakt-Quarzoszillator (400 mW)

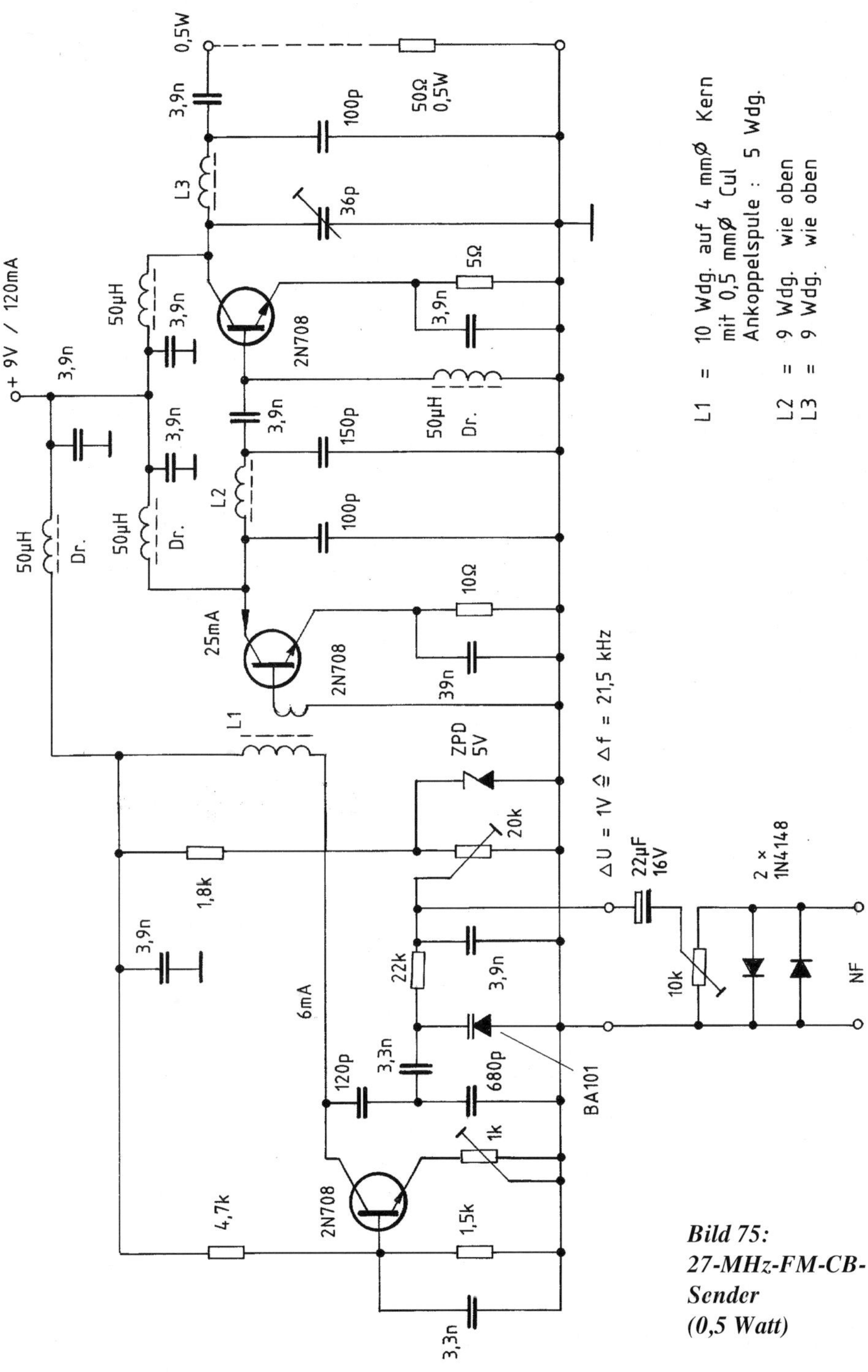

Bild 75: 27-MHz-FM-CB-Sender (0,5 Watt)

angeordnet. Mit einer Taschenlampenflachbatterie von 4,5 V, einer Stromaufnahme von 150 mA und einem geschätzten Wirkungsgrad von 60% dürfte etwa 400 mW HF-Leistung erzielbar sein. Bei höheren Batteriespannungen als 6V müssen die Gegenkopplungswiderstände (2 × 22 Ω) in den Sourceleitungen entsprechend erhöht werden, damit die FETs nicht überlastet werden.

27-MHz-Fernsteuersender (2,5 Watt)

In Bild 77 wird eine leistungsfähige 27-MHz-Senderschaltung gezeigt, welche bei 18 V eine Ausgangsleistung von ca. 1,5 W erzeugt. Wird die Betriebsspannung durch eine weitere 9-V-Batterie auf 27 V erhöht, gibt die Schaltung etwa 2,5 W Strahlungsleistung ab. Für den Oszillator und die HF-Verstärkerstufe finden die beliebten 2 N 3553-Transistoren von RCA Verwendung. Zur Leistungskontrolle und Antennenabstimmung kann in den Fußpunkt der Antenne ein Fahrradlämpchen geschaltet werden.

Wer diese Schaltung in ihrer Amplitude modulieren will, findet in Bild 78 einen entsprechenden Schaltungsvorschlag. Der Kollektorstrom des Endstufentransistors wird mittels des Transistors BD 136 im Takt der NF moduliert.

UKW-Mini-Peilsender

Ein einfacher, schnell zusammengeschalteter UKW-Mini-Peilsender findet sich in Bild 79. Die Schaltung stammt aus den USA und arbeitet mit zwei Zeitgeberbausteinen vom Typ 555. Der Taktzeitgenerator moduliert den Pfeiftongenerator. Das getaktete Pfeiftonsignal moduliert den UKW-Oszillator. Die Reichweite des Piepsignals dürfte ohne besondere Anten-

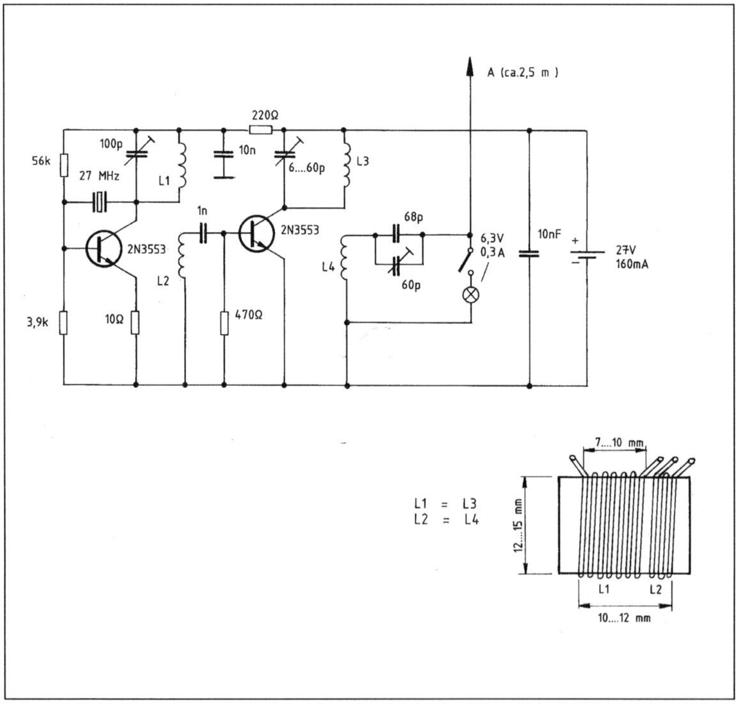

Bild 77: 27-MHz-Fernsteuersender (2,5 Watt)

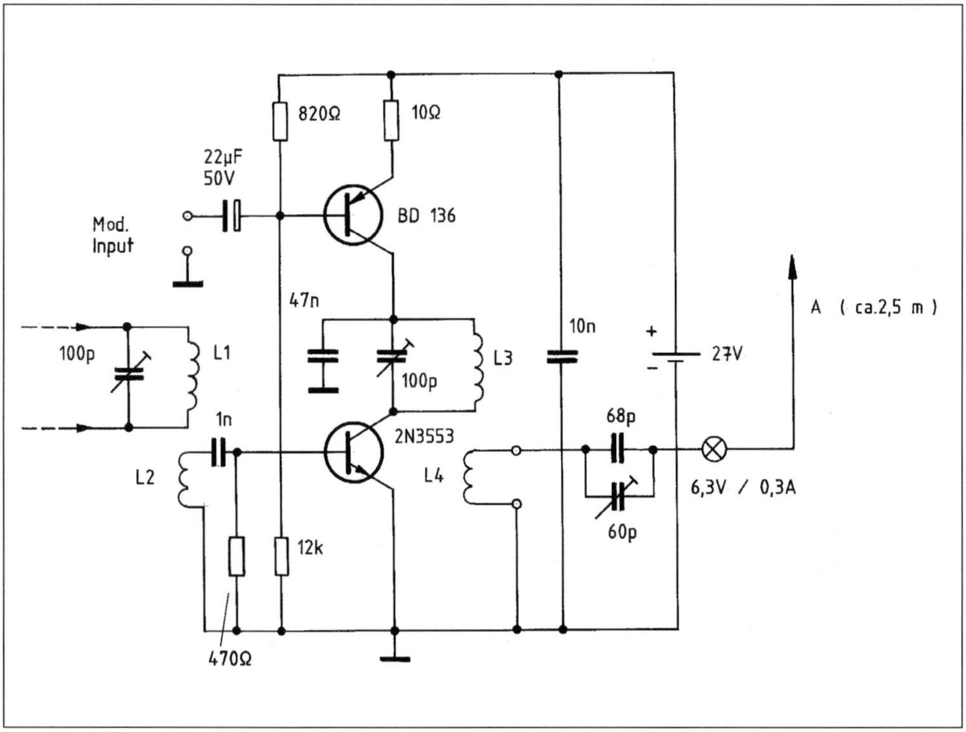

Bild 78: AM-Modulator für 27-MHz-Fernsteuersender

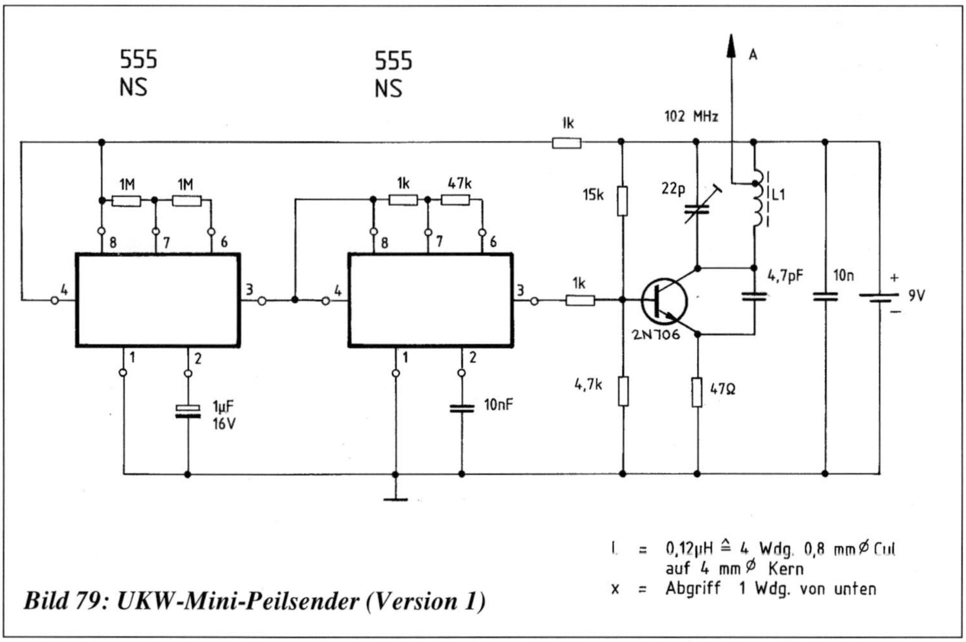

Bild 79: UKW-Mini-Peilsender (Version 1)

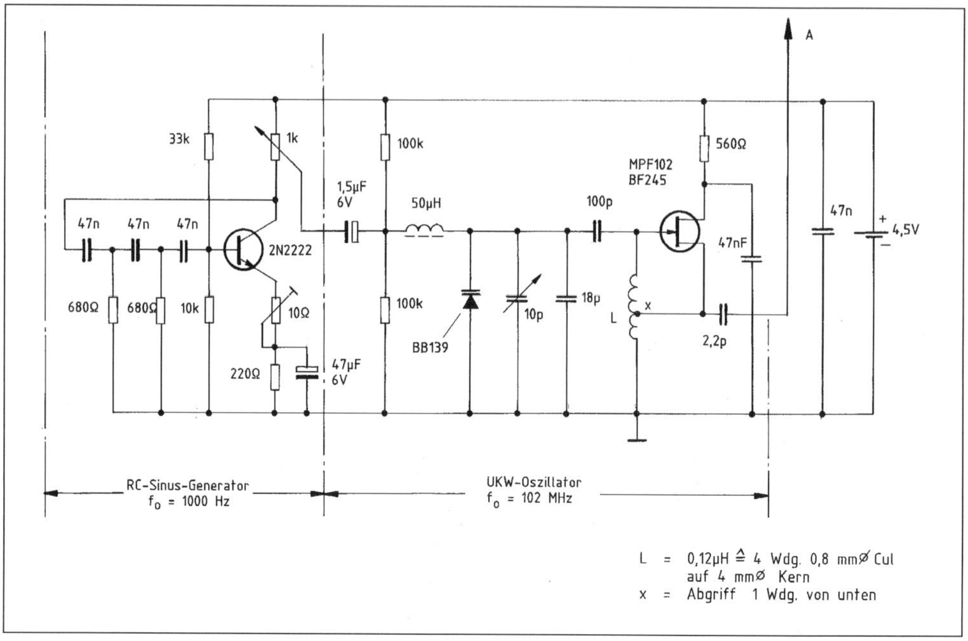

Bild 80: UKW-Mini-Peilsender (Version 2)

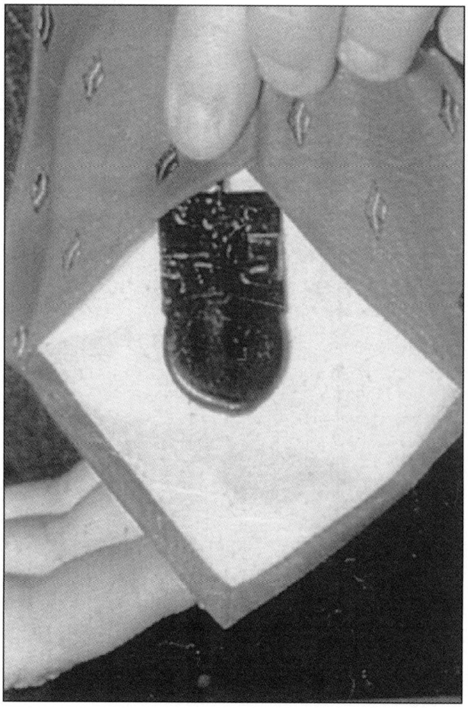

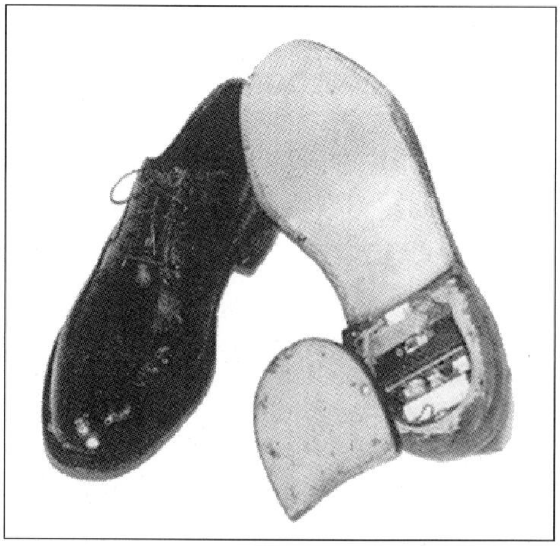

Bild 82:
Mini-Peilsender im Schuhabsatz

◄
Bild 81:
Mini-Peilsender in der Krawatte

ne nicht mehr als 200 m betragen. Durch Verkleinerung der Schwingkreiskomponenten läßt sich der Oszillator auch im 2-m-Band betreiben.

Ein weiterer UKW-Mini-Peilsender, der mit einem 1.000-Hz-Pfeifton moduliert wird, ist in Bild 80 dargestellt. Ein RC-Sinusgenerator erzeugt die 1.000-Hz-Modulationsspannung. Der UKW-FET-Oszillator wird mit einer UKW-Kapazitätsdiode in seiner Frequenz moduliert. Die Kapazitätsdiode (in der Originalschaltung aus den USA die TCG-610) soll bei einer Sperrspannung von 4 V etwa 6 pf Kapazität aufweisen. Ohne Antenne dürfte eine Reichweite von ca. 50 m möglich sein. Werden derartige Mini-Peilsender in SMD-Technik aufgebaut, passen sie durchaus in Gebrauchsgegenstände des täglichen Lebens, wie aus Bild 81 und 82 zu ersehen ist.

In Bild 81 kann die Sendeantenne genauso lang wie die Krawatte gemacht werden. Dadurch werden mit einem empfindlichen Empfänger durchaus Reichweiten von 500 – 1000 m erreicht. Der gezeigte Krawattenpeilsender hat eine Lebensdauer von 1.600 Stunden. Die Antenne des Schuhabsatzpeilsenders ist in der Sohle verlegt. Da die meisten Absätze ohnehin hohl sind, ist es kein besonderes Pro-

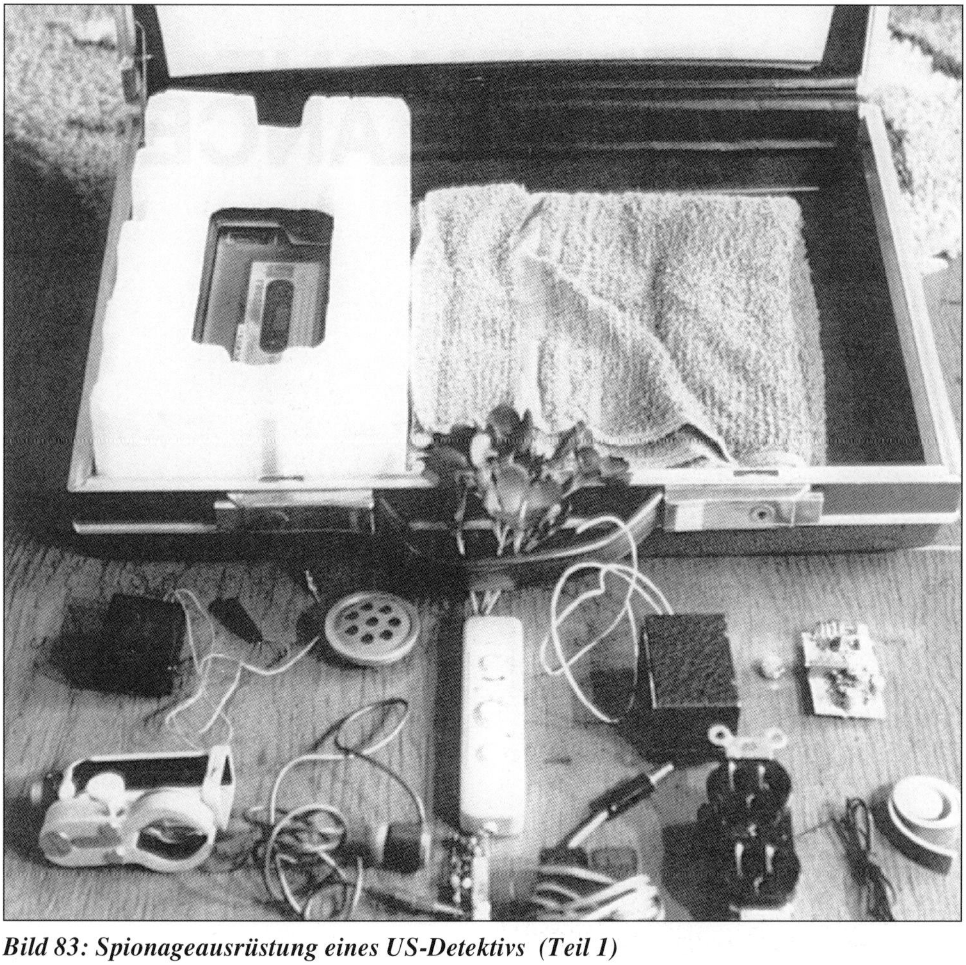

Bild 83: Spionageausrüstung eines US-Detektivs (Teil 1)

Bild 84: Spionageausrüstung und Schloßöffnungswerkzeug eines US-Detektivs (Teil 2)

blem, diese bei Mister Minit mit Peilsendern auszurüsten. Die Abdecksohle in Bild 82 ist drehbar gelagert, so daß sowohl die Batterie als auch die Frequenz gewechselt werden kann. Bei Bestellungen muß die Schuhgröße angegeben werden. Die Lieferung erfolgt nur in der Einheitsfarbe schwarz. Der Preis: 479,– $.

Die beiden folgenden Fotos (Bilder 83 und 84) zeigen die Spionageausrüstung eines amerikanischen Detektivs. Es würde zu weit führen, die Geräte einzeln durchzusprechen. Alle Komponenten, außer den Schloßöffnungsvorrichtungen, werden in den Minispion-Bänden des Beam- und VTH-Verlages beschrieben.

Mini und Micro-Fernsteuersender und -empfänger

Micro-Fernsteuersender HX 1000

Kleine Fernsteuersender auf der zugelassenen UHF-Frequenz von 433,92 MHz werden heute vielseitig eingesetzt. Besonders bekannt ist in diesem Zusammenhang der elektronische Autoschlüssel, mit dem die Autotüren per Funksignal aufgeschlossen werden können. Bild 85 zeigt den HF-Teil eines Micro-Fernsteuersenders, während Bild 86 die Gehäusebauform des Hybrid-Bausteins wiedergibt. Der Hybrid-Baustein sendet auf der Frequenz 433,92 MHz und wird mit einem Datensignal amplitudenmoduliert. Das IC stammt von der Firma RF-Monolithics aus den USA.

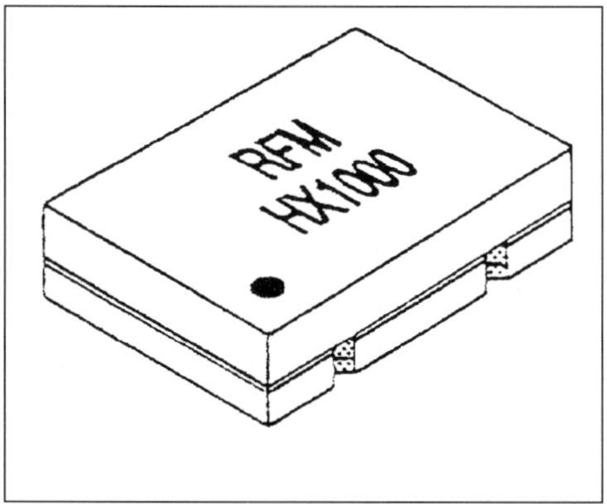

◀ *Bild 86: Gehäusebauform des Micro-Fernsteuersenders HX 1000*

HF-Micro-Fernsteuersender MX 1005

Von derselben US-Firma stammt das MX 1005-IC, welches auf der gleichen Frequenz sendet. Dieser Baustein arbeitet von 6V bis 10V und bringt ein etwas stärkeres Ausgangssignal. Er hat mit 18 mA bei 9 V allerdings eine mehr als doppelt so hohe Stromaufnahme. Im Stand-by-Betrieb liegt die Stromaufnahme nur bei 10 µA. In Bild 87 ist die Grundschaltung angegeben.

Micro-Fernsteuerempfänger RX 1000

Das Gegenstück zu den Fernsteuersendern, der RX 1000-Empfänger, wird in Bild 88 gezeigt. Der Hybrid-Empfänger arbeitet nicht nach dem Superhet-Prinzip, das heißt, er ist passiv und enthält keinen HF-Oszillator. Die Versorgung erfolgt wie bei den Sendern mit einer 3V-Lithium-Batterie. Die externe Beschaltung des

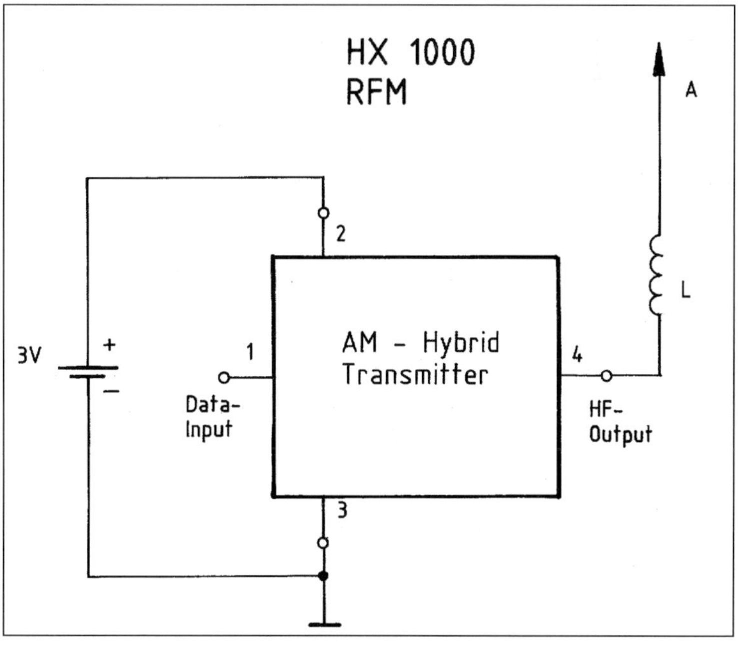

Bild 85: Hybrid-Fernsteuersender HX 1000

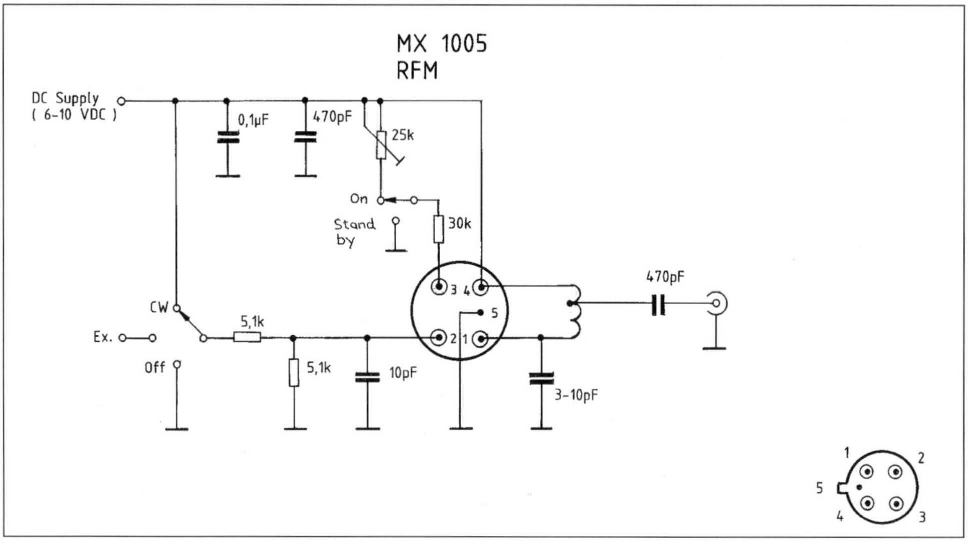

Bild 87: Micro-Fernsteuersender MX 1005

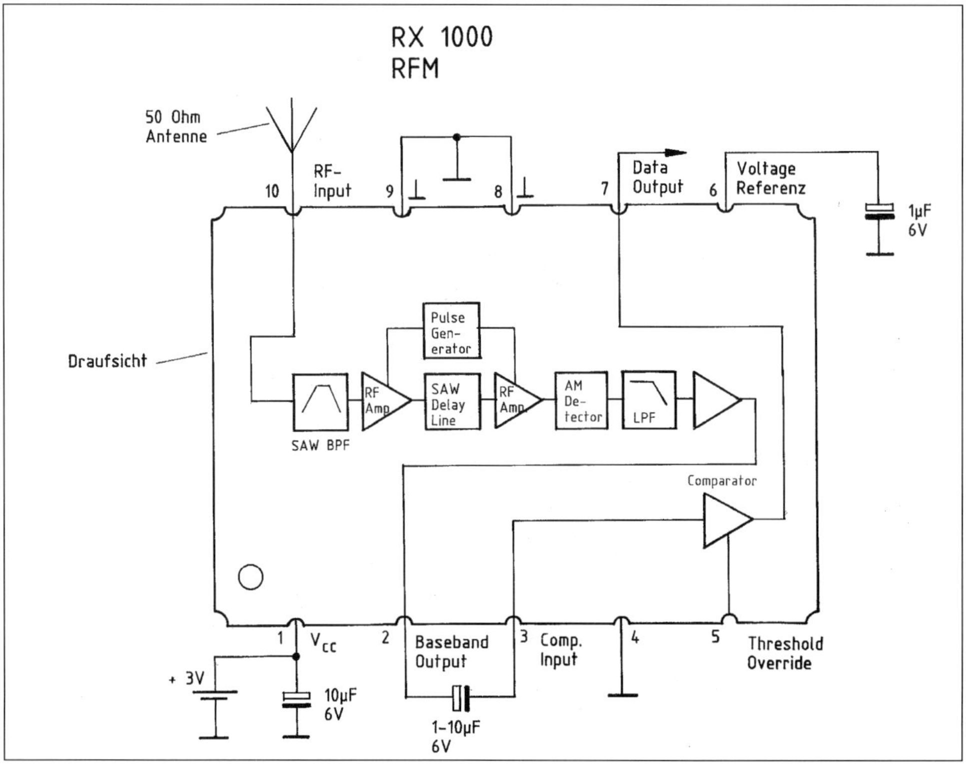

Bild 89:
Blockschaltbild und äußere Beschaltung des Micro-Fernsteuerempfängers RX 1000

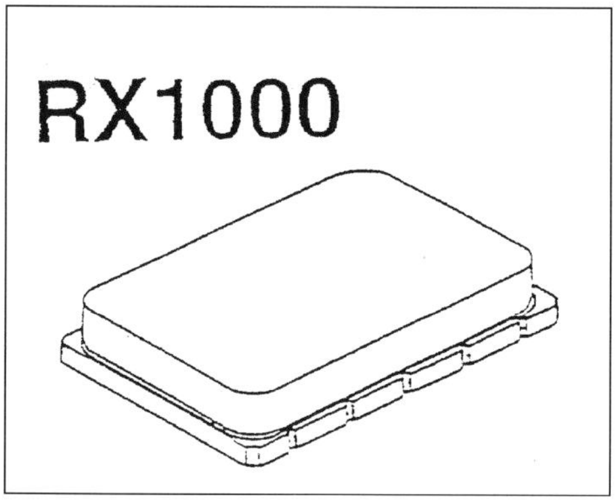

Bild 88:
Gehäusebauform des Micro-Fernsteuer-empfängers RX 1000

Hybrid-Senderbausteins geht aus Bild 89 hervor. Die komplette Empfängerschaltung mit dem Decoder-Schaltkreis MC 145028 ist in Bild 90 wiedergegeben. In der gezeigten Applikation wird der Empfänger zu Alarmzwekken verwendet.

Mini-Fernsteuersender mit Encoder TMS 3637

Hauptanwendungszweck der in Bild 91 gezeigten Schaltung ist die drahtlose Fernsteuerung von Autotürschlössern (Zentralverriegelung). Mit dem Encoder-Baustein TMS 3637 wird ein kleiner UHF-Dreipunktsender getaktet. Der Encoder verfügt über 4 Millionen Co-

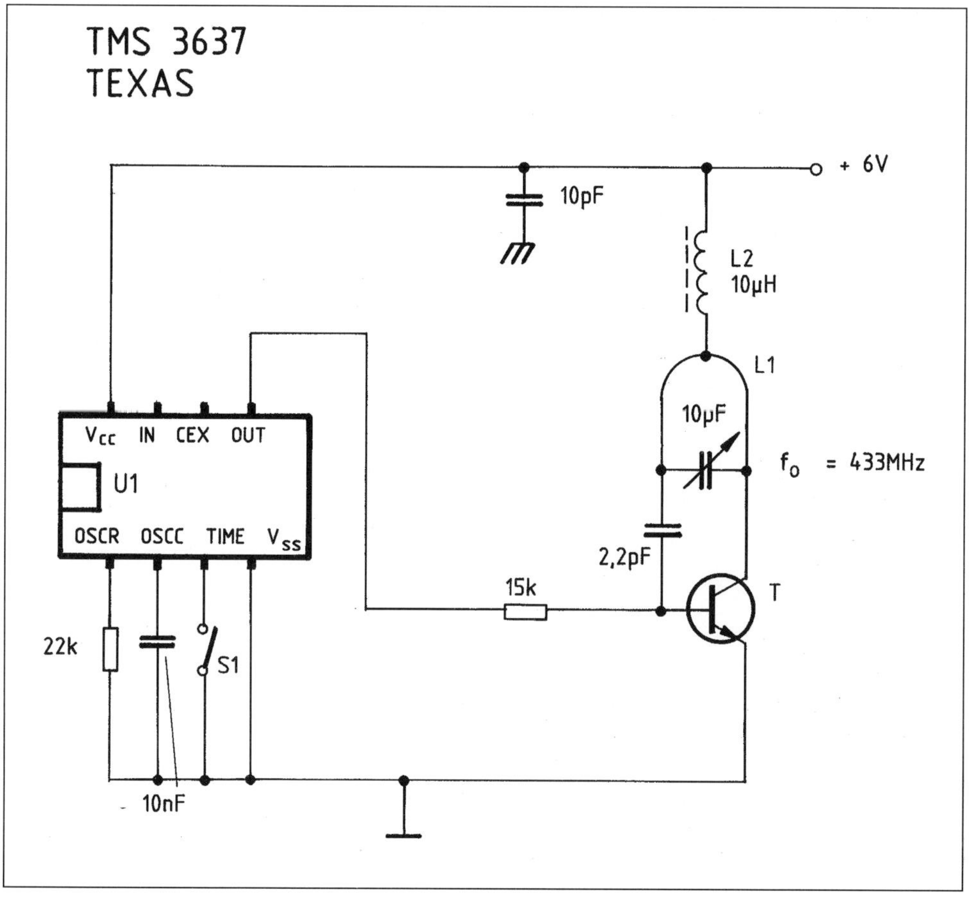

Bild 91: Mini-Fernsteuersender mit Encoder TMS 3637

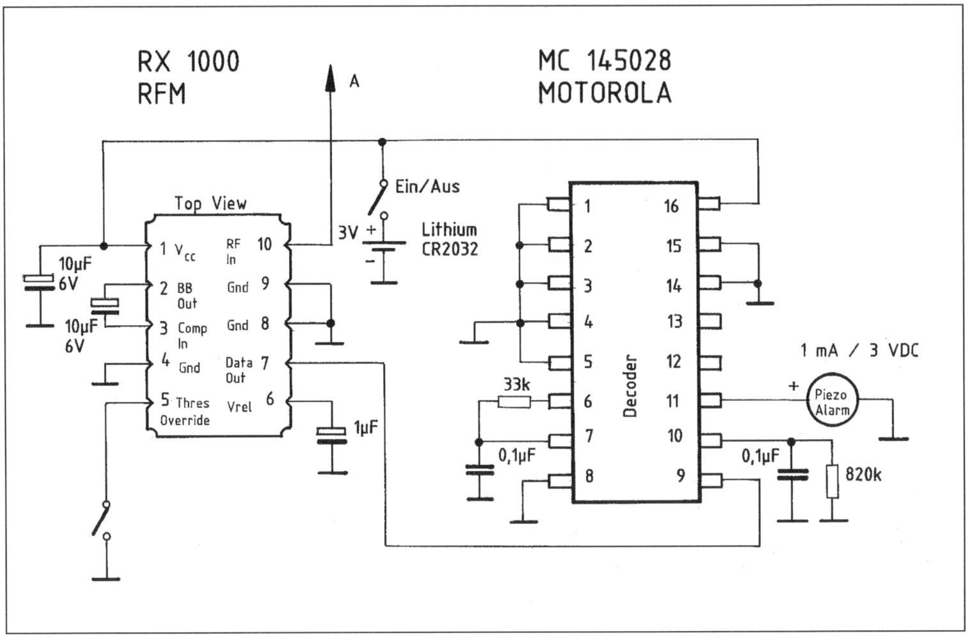

Bild 90: Micro-Fernsteuersender RX 1000 mit Decoder MC 145028

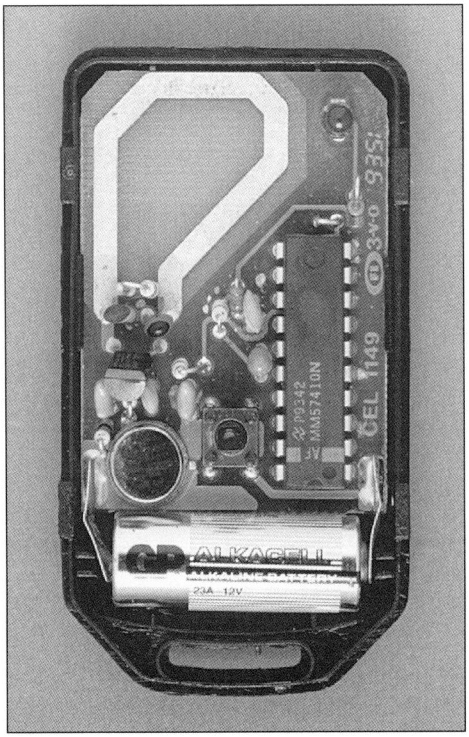

dierungsmöglichkeiten. In Bild 92 wird die praktische Ausführung und in Bild 93 das Innenleben eines Schlüsselbundsenders (Conrad Electronic) gezeigt. Die Innenschaltung dieses Fernsteuersenders ist allerdings nicht mit der Schaltung in Bild 91 identisch.

Pendelempfänger mit Decoder TMS 3637

Aus Bild 94 geht hervor, daß sich der Baustein TMS 3637 auch als Decoder einsetzen läßt. Die Applikation stammt von der Firma Texas Instruments. Trotzdem bestehen hinsichtlich der Pendlerschaltung erhebliche Zweifel, ob diese so funktionieren kann. Wer die Schaltung hobbymäßig aufbauen möchte, sollte sich lieber an der Pendlerschaltung in Bild 95 orientieren und diese auf 433 MHz umdimensionieren.

◀

Bild 93:
Innenleben des Fernsteuersenders zur Türentriegelung am Auto

Bild 92: Micro-Fernsteuersender zur KFZ-Türentriegelung

Bild 94: Pendelempfänger mit Decoder TMS 3637

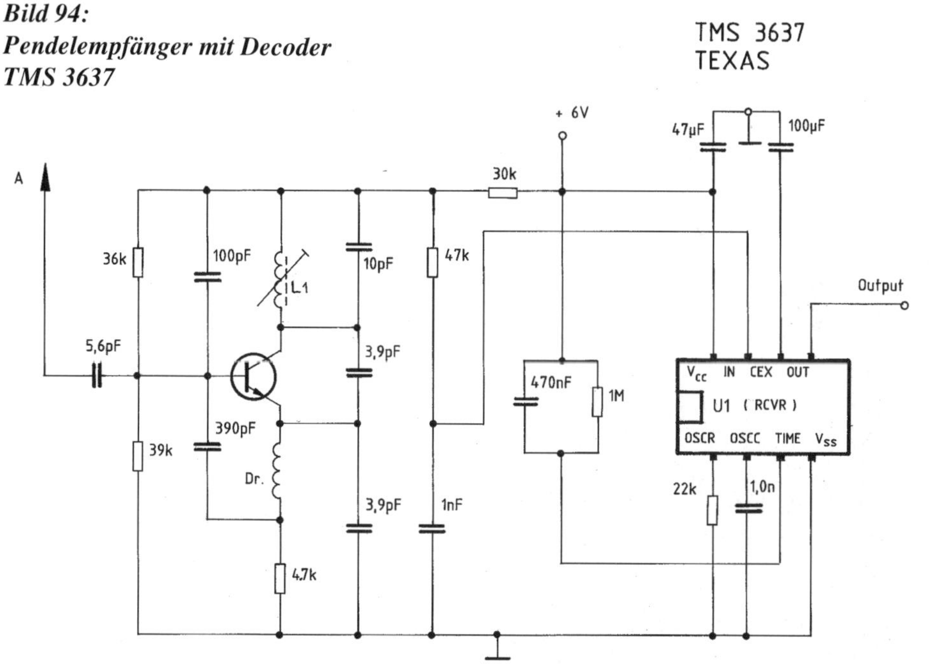

UKW-Pendelempfänger

In Bild 96 ist eine erprobte UKW-Pendelempfängerschaltung angegeben. Wie bei allen VHF- und UHF-Schaltungen ist auch hier wieder auf extrem kurze Leitungsführung zwischen den einzelnen Bauelementen zu achten. Der zweite Transistor im Anschluß an die reine Pendlerschaltung dient ausschließlich zur NF-

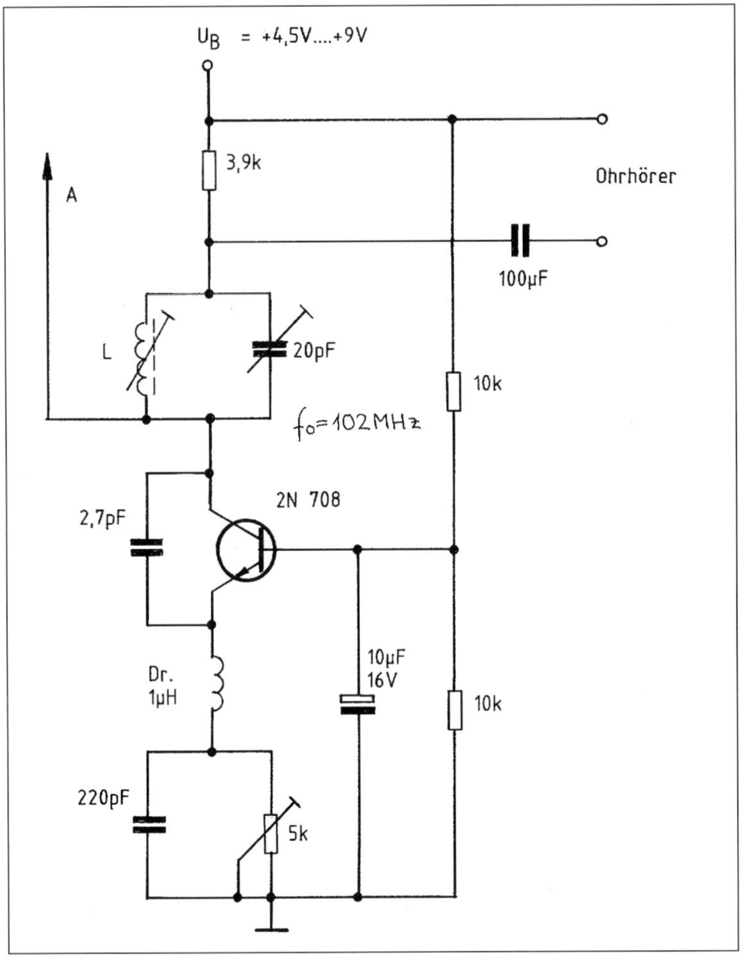

Bild 95: UKW-Pendelempfänger-Grundschaltung

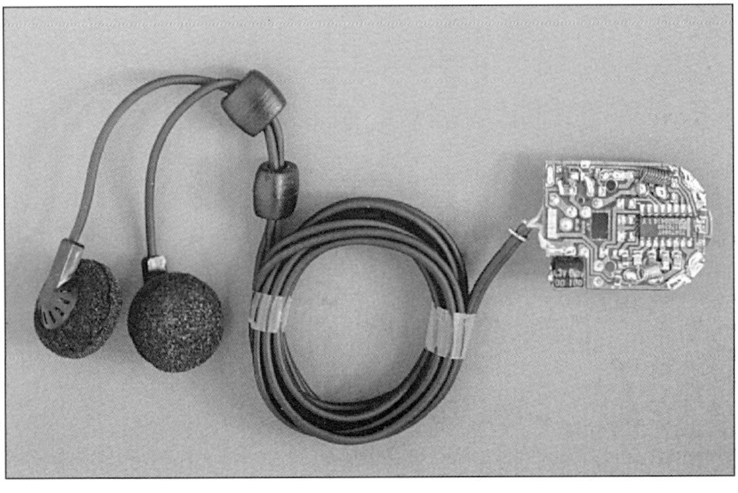

Bild 98: Innenansicht des Mini-UKW-Empfängers von Westfalia Electronica in Hagen

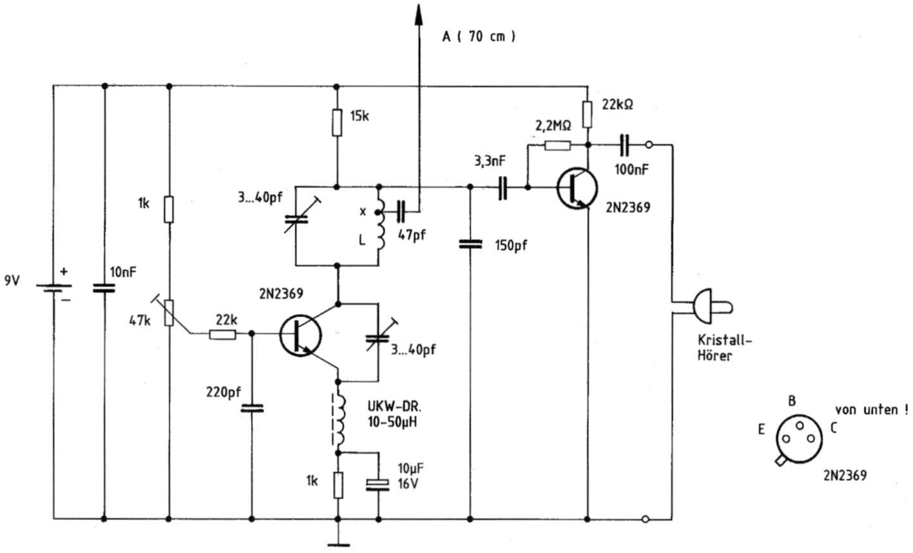

Bild 96:
Erprobter UKW-Pendelempfänger

◀
Bild 97:
Mini-UKW-Empfänger von Westfalia Electronica

Verstärkung des demodulierten Signals. Durch die Fortschritte in der IC-Technik ist es heute möglich, extrem kleine, hochempfindliche und billige FM-Empfänger herzustellen, so daß es sich auch hinsichtlich des Miniaturisierungseffektes nicht mehr lohnt, Miniaturempfänger selbst zu bauen. Ein typisches Beispiel ist der UKW-Miniaturempfänger des Typs „Funny" in Bild 97. Er kann über Westfalia Electronica oder Völkner Electronic für ca. 10,– DM bezogen werden. Das erstaunlich empfindliche Gerät verfügt sogar über einen Sendersuchlauf (Seek). Bild 98 zeigt einen Blick auf die Platine im Innern des Mini-Empfängers.

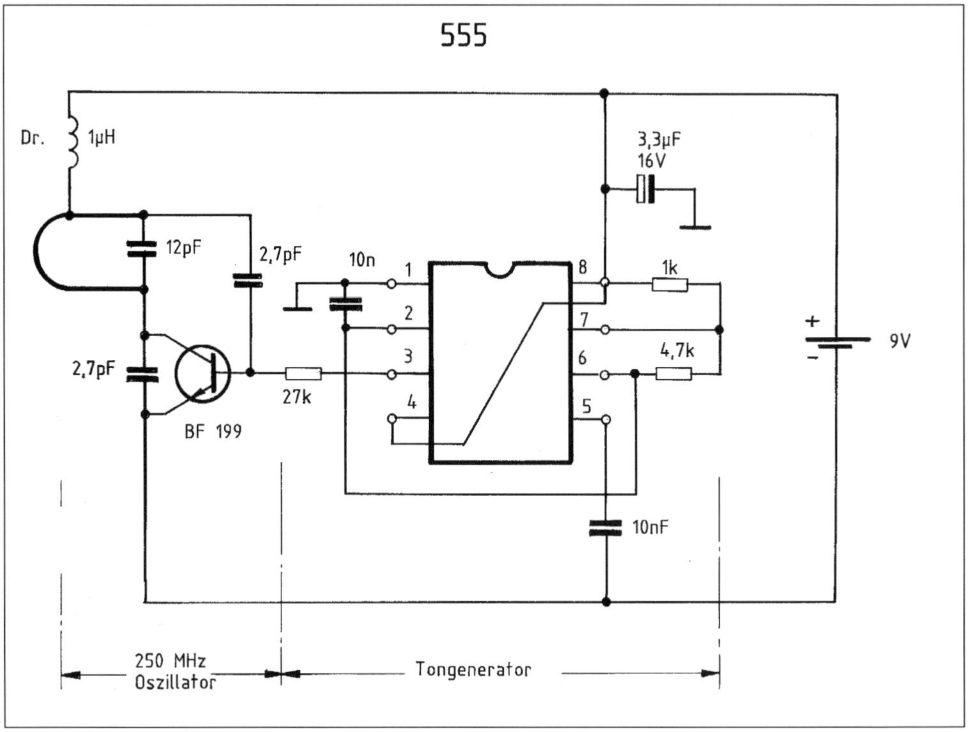

Bild 99: Mini-Fernsteuersender

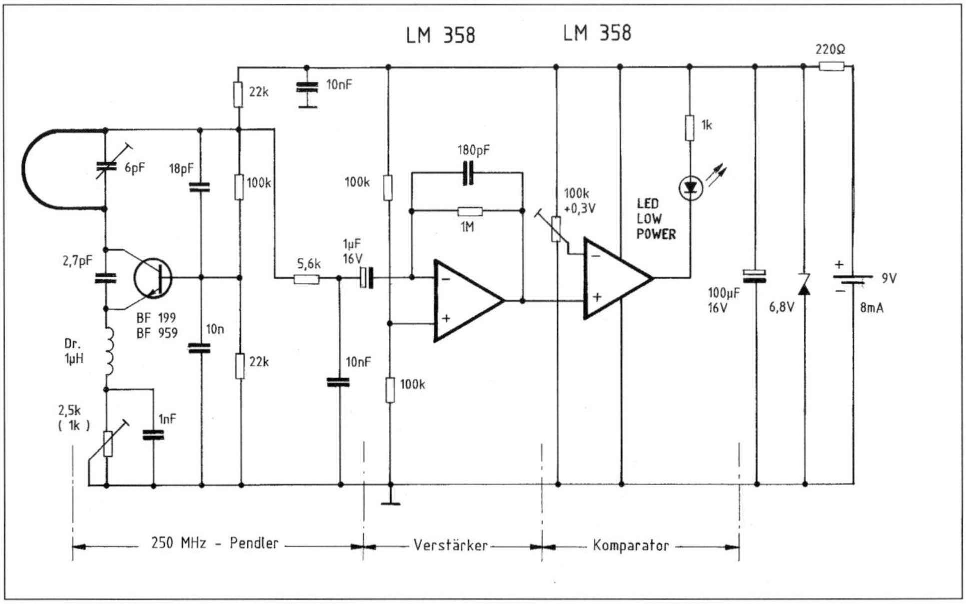

Bild 101: Mini-Fernsteuerempfänger mit Komparator

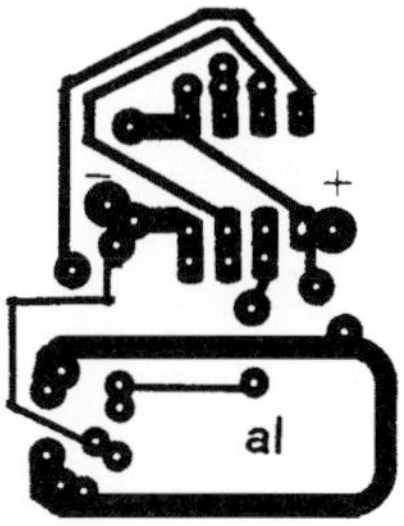

Platinen-Layout zum Mini-Fernsteuersender entsprechend Bild 99

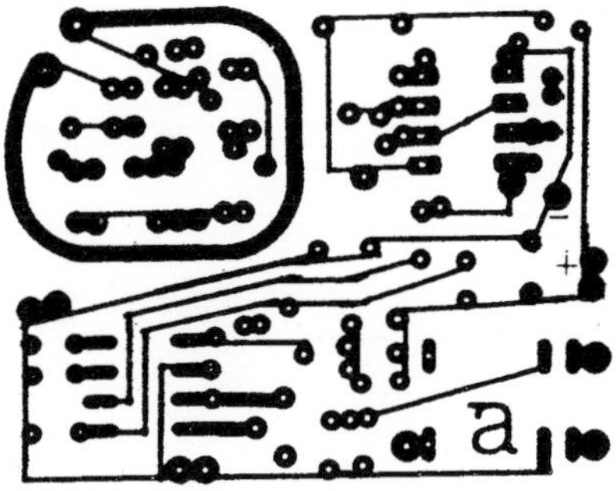

Platinen-Layout zum Mini-Fernsteuerempfänger mit tonselektiver Schaltstufe entsprechend Bild 102

Mini-Fernsteuersender und -empfänger

Wer Ambitionen hat, sich eine Mini-Fernsteuerung mit etwa 50 m Reichweite selbst zu bauen, kann sich an den Schaltungen der Abbildungen 99 bis 103 orientieren. Bild 99 zeigt die Senderschaltung. Für 50 m Reichweite ist keine Sendeantenne erforderlich. Der senderseitige Schaltungsaufbau ist aus Bild 100 zu entnehmen.

Die einfachste Schaltung, mit der das Sendesignal empfangen werden kann, ist in Bild 101 angegeben. Da diese Empfangssschaltung mitunter auch auf Störsignale reagiert, emp-

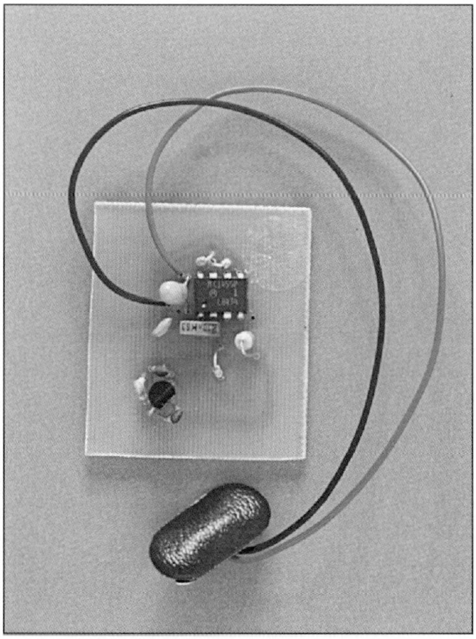

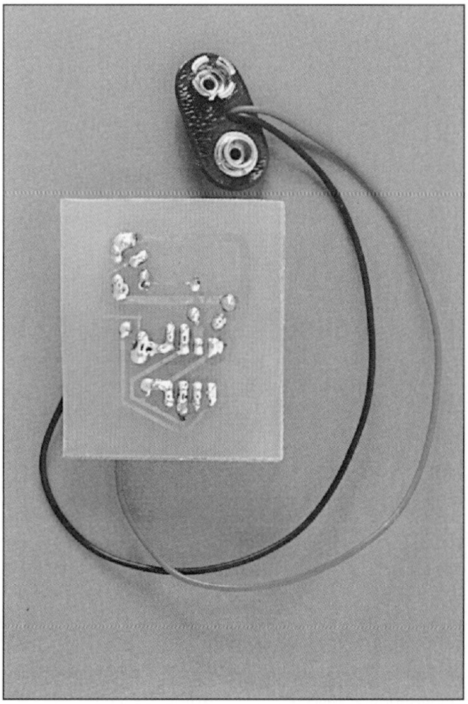

***Bild 100:* ▲ ▶**
Aufbau des Mini-Fernsteuersenders

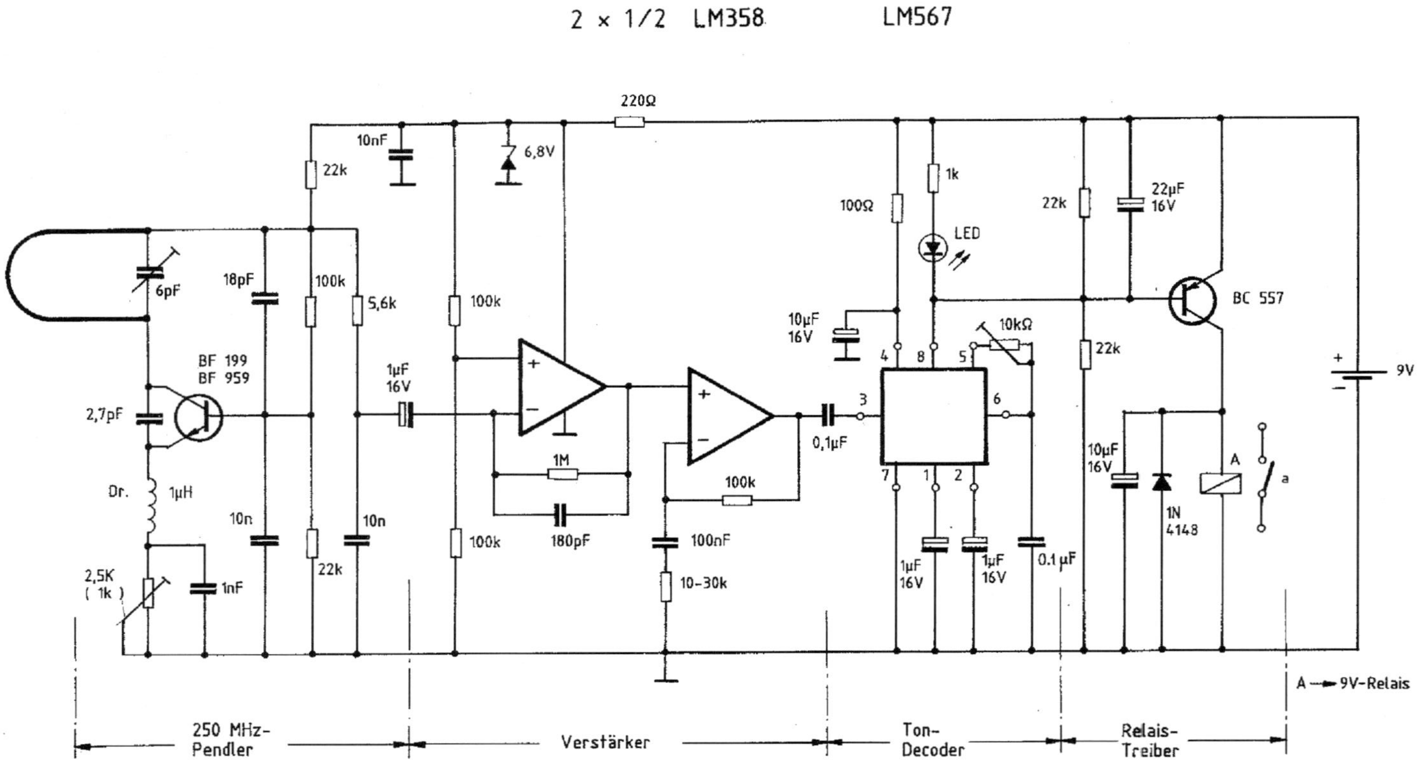

Bild 102:
Mini-Fernsteuerempfänger mit tonselektiver Schaltstufe

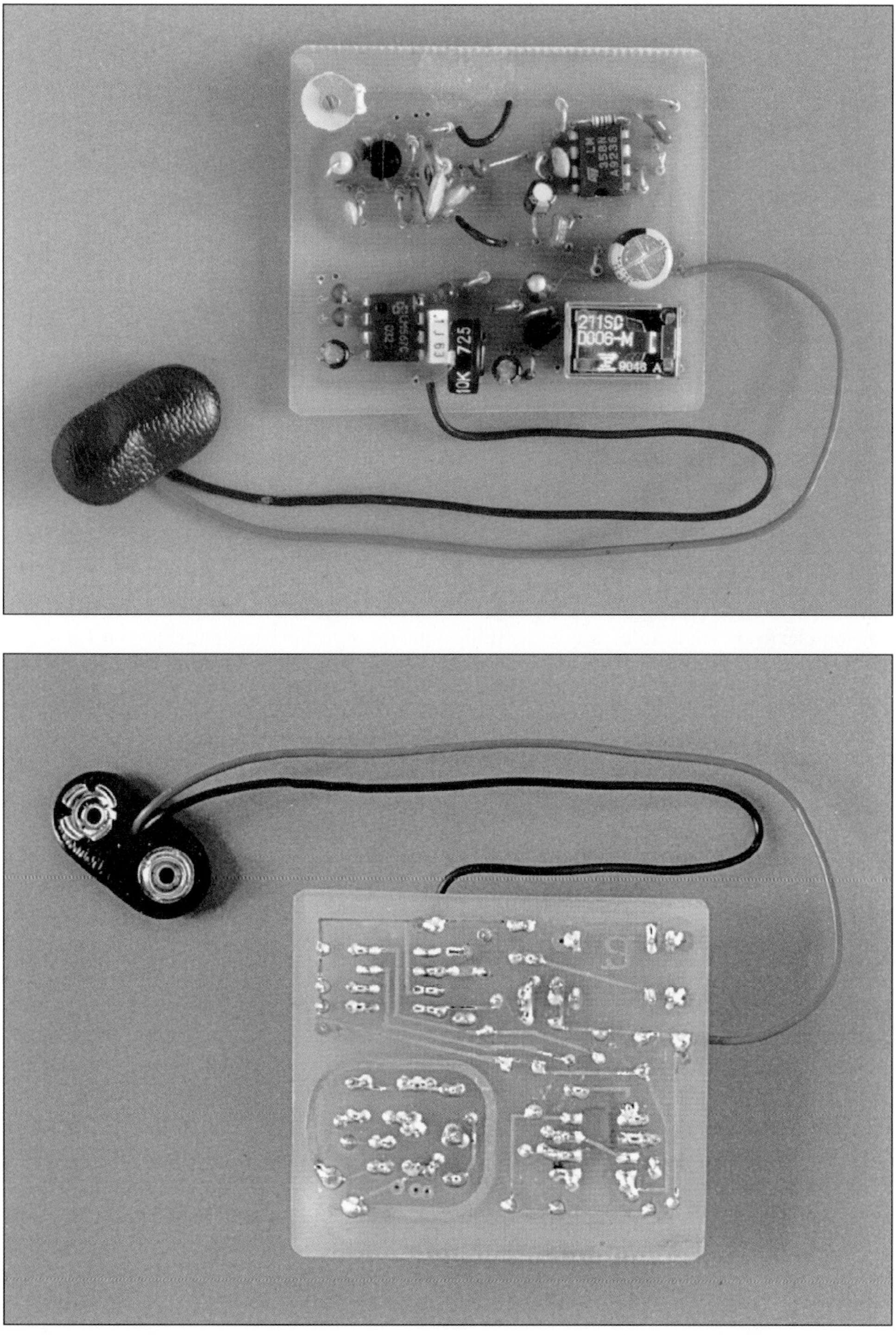

Bild 103: Aufbau des Mini-Fernsteuerempfängers mit tonselektiver Schaltstufe

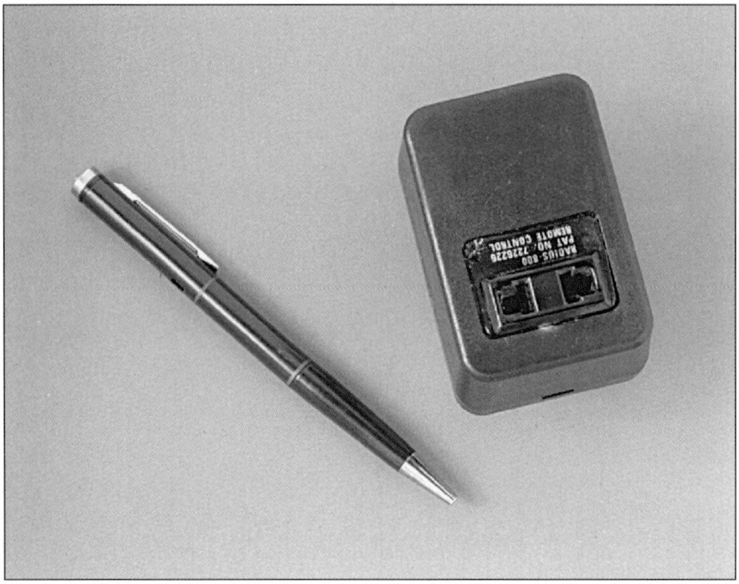

Bild 104: Garagentoröffner im Kugelschreiberformat

fiehlt sich die Verwendung eines Empfängers mit tonselektiver Schaltstufe, wie er in Bild 102 gezeigt wird.

Bild 103 stellt den Aufbau des Mini-Fernsteuerempfängers mit Ton-Decoder vor. Mit den gezeigten Schaltungen lassen sich viele interessante Fernsteueraufgaben in Haus und Garten lösen. In Bild 104 ist ein Garagentoröffner im Kugelschreiberformat aus den USA zu sehen.

Minispion-Aufspürgeräte

Aufspürgerät mit Tunneldiode

In Bild 105 ist eine USA-Applikation zum Thema Aufspürgeräte zu sehen. Das Gerät soll sehr empfindlich sein. Es arbeitet nach dem Rückkopplungsprinzip. In der Nähe eines verborgenen Minispions reagiert das Gerät mit einem Heulton. Die Spule in Reihenschaltung mit der Tunneldiode sollte in ihrer Eigenresonanz in der Mitte des zu überprüfenden Frequenzbandes liegen. Einfache Aufspürgeräte wie z.B. der in Bild 106 gezeigte „Spy-Killer" (20–1.000 MHz) sind über den Fachhandel beziehbar.

Aufspürgerät (1,8–150 MHz)

Die Schaltung aus Bild 107 stammt aus der früheren DDR und soll von 1,8 MHz bis 150 MHz arbeiten. Die Schaltung enthält zwei Breitband-Vorverstärkerstufen. Statt des FETs BF 245 kann auch die Motorolatype MPF 102 verwendet werden. In der Originalversion des Aufspürgeräts wurden statt der 2 N 708-Typen die Transistoren 2 N 5179 eingesetzt, die bis 1.000 MHz arbeiten. Etwas undurchsichtig erscheint die Funktion des Doppellochkern-HF-Trafos. Wer sich unter einem Doppellochkern nichts vorstellen kann, findet in Bild 108 ein

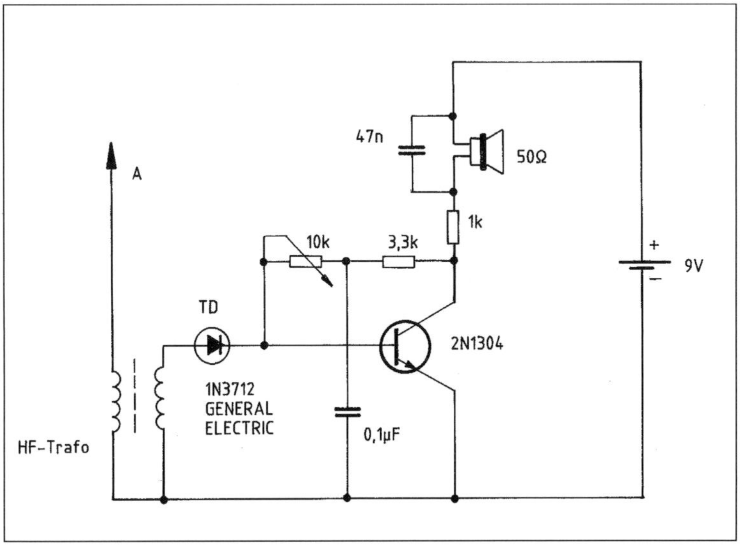

Bild 105: Minispion-Aufspürgerät mit Tunneldiode

Bild 106:
„Spy-Killer" der Firma LC-Elektronik

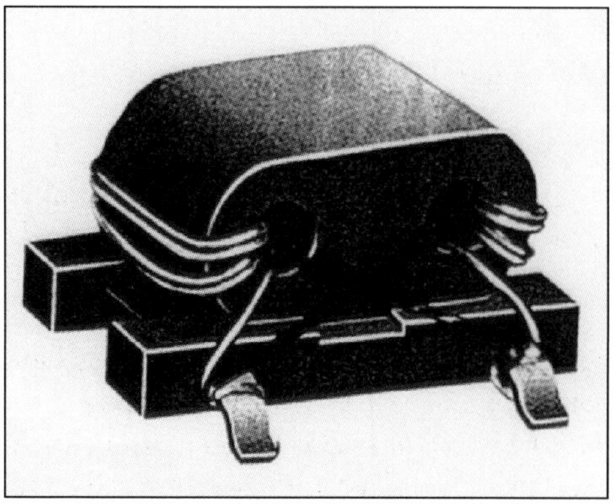

Foto. Mit den Germaniumdioden wird die detektierte Hochfrequenz gleichgerichtet und zur Anzeige auf ein empfindliches µA-Meßgerät gegeben.

HF-Breitband-Vorverstärker MAR 6 für Aufspürgeräte

Die zuvor beschriebenen diskret aufgebauten HF-Breitband-Verstärkerstufen sind nicht mehr aktuell. In Bild 109 wird das Breitbandverstärker-IC vom Typ MAR 6 von der Firma Mini-Circuits gezeigt. Das IC hat eine Verstärkung von 20 dB von Gleichspannung bis 1.000 MHz. Die Dimensionierung der Drossel ist unkritisch. Sie kann im Bereich von 10–100 µH liegen.

Aufspürgerät (10 MHz–2 GHz)

Aufspürgerät mit Operationsverstärker TLC 271

Die erprobte Schaltung eines Aufspürgeräts mit einem MAR 6 als HF-Verstärkervorstufe und einem Operationsverstärker als Gleichspannungsverstärker wird in Bild 110 gezeigt. Nach Gleichrichtung des verstärkten HF-Signals folgt ein maximal 1.000fach verstärkender Operationsverstärker. Mit dem 100-kΩ-Trimmer kann die Gleichspannungsverstärkung den Erfordernissen angepaßt werden. Mit dem 25-kΩ-Offset-Trimmer kann die Ausgangsspannung bzw. der Ausgangsstrom bei auf Masse kurzgeschlossenem Antenneneingang auf Null justiert werden. Zur weiteren Einstellung der Empfindlichkeit kann man den Meßinstrumentvorwiderstand von 10 kΩ durch einen Trimmer ersetzen.

◀ ***Bild 108:***
Doppellochkern als HF-Übertrager (Balun-Trafo)

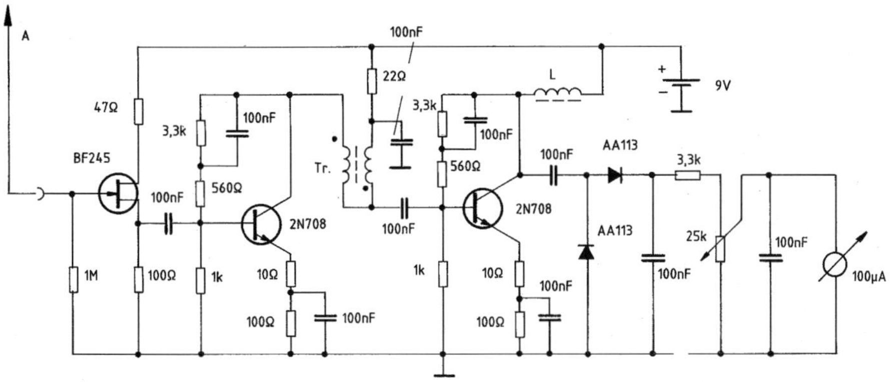

Bild 107: Minispion-Aufspürgerät (1,8–150 MHz)

Tr. → Breitband-Überträger 2 × 10 Wdg., 0,4 mmØ CuL bifilar auf Doppellochkern

L → 15 Wdg. 0,4 mmØ CuL auf Doppellochkern

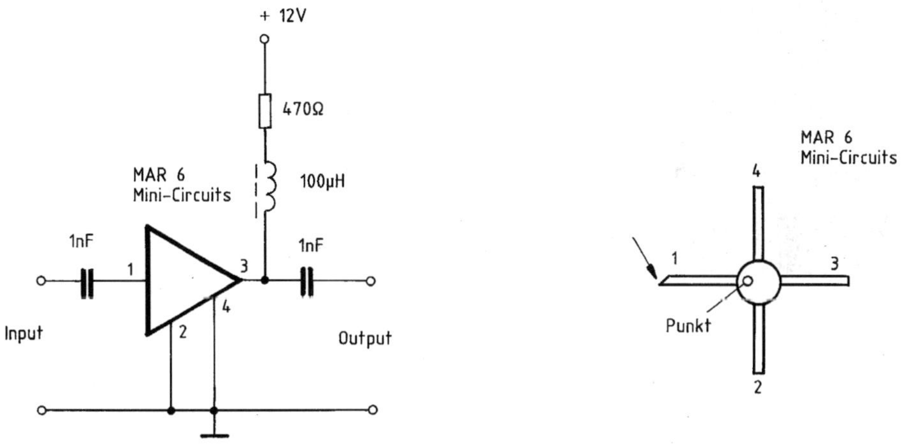

Bild 109: HF-Vorverstärker MAR 6 für Minispion-Aufspürgeräte

Aufspürgerät mit LED-Leuchtbalkenanzeige

Die Schaltung eines anspruchsvollen Aufspürgerätes ist aus Bild 111 zu ersehen. Das Gerät verfügt über zwei HF-Vorverstärkerstufen, eine HF-Detektordiode FH 1100 (Forward-Biased Hot Carrier Diode) und eine LED-Leuchtbalkenanzeige-IC vom Typ LM 3915 N.

Das Gerät kann auf 60 cm Entfernung einen 1-mW-Minispion detektieren. Je näher die Suchantenne dem Minispion kommt, desto mehr LEDs der Leuchtbalkenanzeige leuchten auf. Dies erleichtert die genau Lokalisierung. Das LM 3915 N-Leuchtbalkentreiber-IC hat einen logarithmischen Ausgang. Jedes LED-Segment stellt einen 3-dB-Schritt dar. Ein pro-

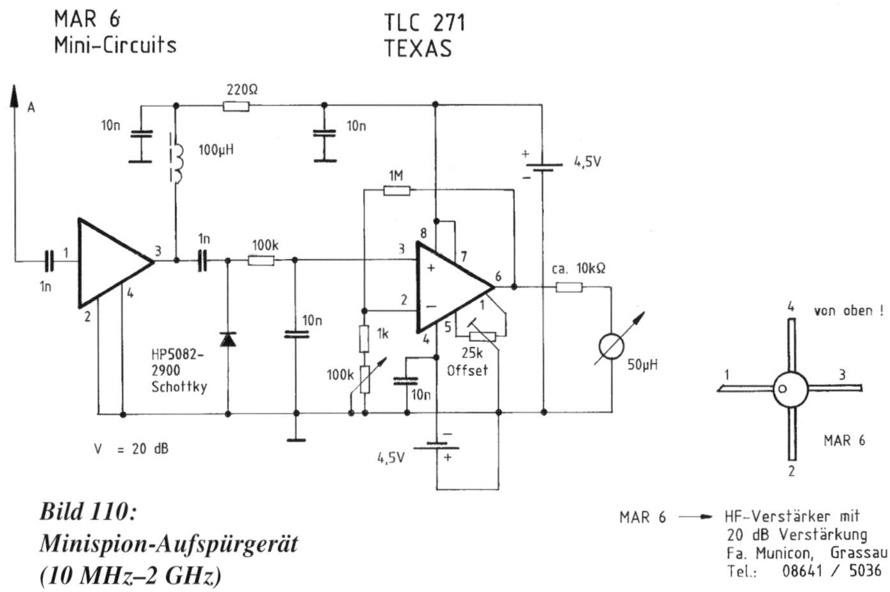

Bild 110:
Minispion-Aufspürgerät
(10 MHz–2 GHz)

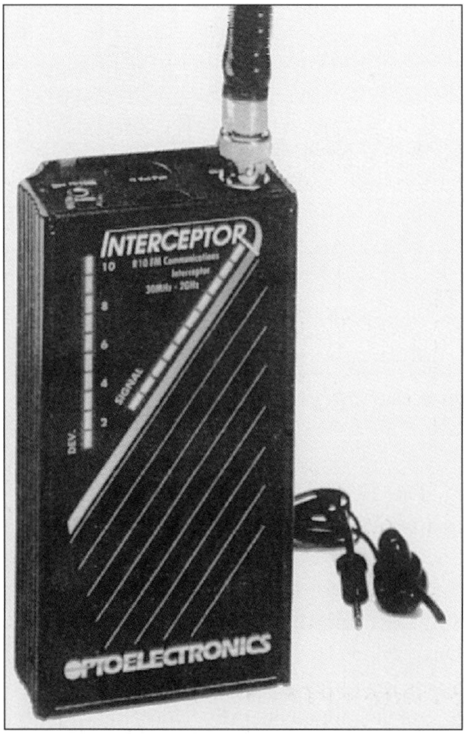

◀
Bild 112:
Minispion-Aufspürgerät der US-Firma Optoelectronics (auch in Deutschland erhältlich)

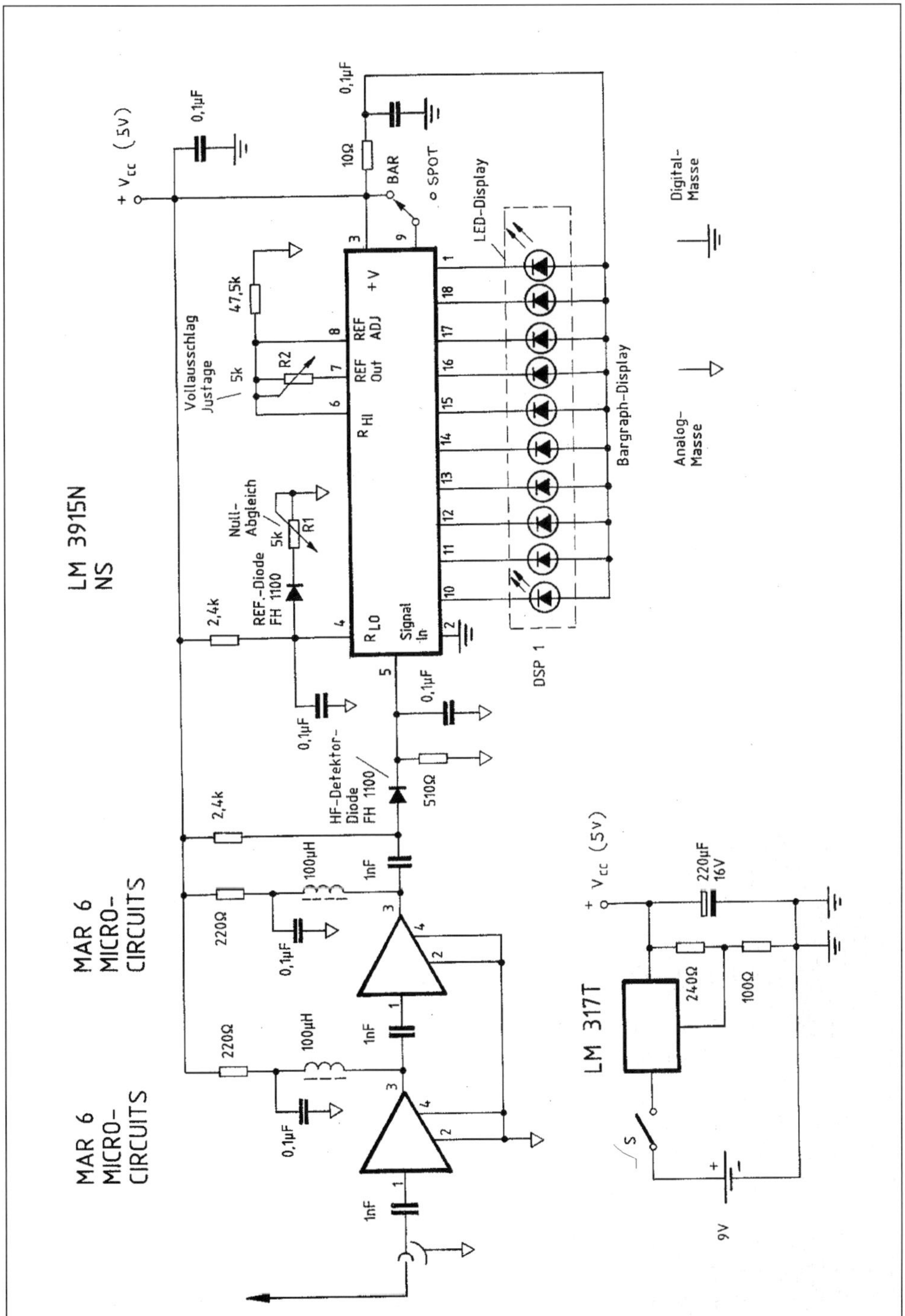

Bild 111: Minispion-Aufspürgerät (10 MHz–2 GHz) mit LED-Display

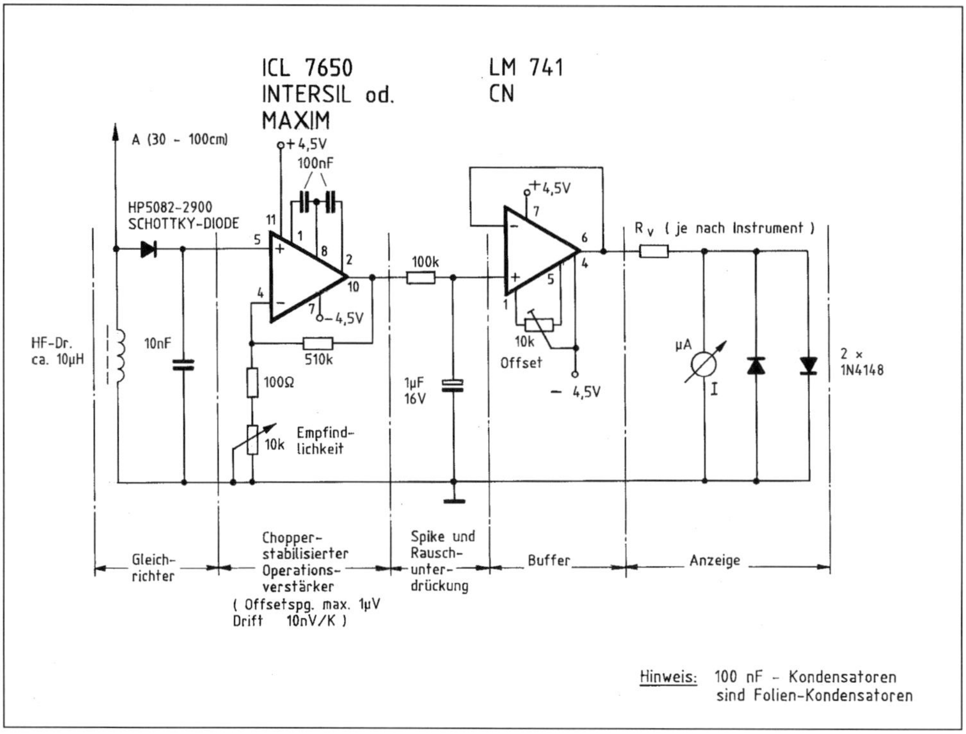

Bild 113: Minispion-Aufspürgerät (10 MHz–2 GHz)

fessionell ausgeführtes Gerät dieser Bauart mit der Bezeichnung „Interceptor“ wird in Bild 112 gezeigt.

Aufspürgerät mit chopperstabilisiertem Operationsverstärker ICL 7650

Eine einfache, aber hochempfindliche Schaltung eines Aufspürgerätes ist in Bild 113 angegeben. Durch die ultrahohe Spannungsverstärkung des ICL 7650 können auch sehr leistungsschwache Minispione noch zuverlässig detektiert werden. Ein RC-Glied zwischen Gleichspannungsverstärker und Buffer sorgt für eine wirksame Spike- und Rauschunterdrükkung und damit für einen stabilen Meßinstrument-Nullpunkt. Mit dem 10-kΩ-Offset-Trimmer kann die Nadel des Meßinstruments bei kurzgeschlossenem Antenneneingang auf Null gedreht werden. Die beiden 1 N 4148-Dioden dienen als Überlastungsschutz für das Meßinstrument. Der Vorwiderstand R_v liegt bei einem 50-µA-Meßwerk bei ca. 10 kΩ. Er sollte justierbar sein. Um die Suche nach Minispionen zu erleichtern, sind in Bild 114 Versteckmöglichkeiten angegeben.

Aufspürgerät mit Zero Biased Schottky Diode HSCH 3486

Hohe Aufspürempfindlichkeit wird auch mit der Schaltung in Bild 115 erreicht. Der Operationsverstärker OPA 111 von Burr-Brown erlaubt hohe Verstärkung ohne Offset-Nullabgleich.

Aufspürgerät (1 MHz–2 GHz)

In Bild 116 wird ein etwas aufwendiger Selbstbauvorschlag vorgestellt. Das Antennensignal wird vom BFR 90 mit 10 dB verstärkt, anschließend gleichgerichtet und mit dem ersten Operationsverstärker verstärkt. Die Spannung an Pin 1 wird auf einen spannungsgesteuerten NF-Oszillator gegeben. Dessen Ausgangsspannung führt über einen Buffer (v = 1) auf die Transistorendstufe. Bei Annäherung der Antenne an einen Minispion erhöht sich die Ausgangsspannung am Pin 1 des ersten Operationsverstärkers. Diese Spannungserhöhung moduliert den NF-Oszillator in seiner Tonhöhe, das heißt, je näher man dem Minispion kommt, um so höher wird der Alarmton am Lautsprecher. Bild 117 zeigt das fertige Suchgerät, Bild 118 den Innenaufbau.

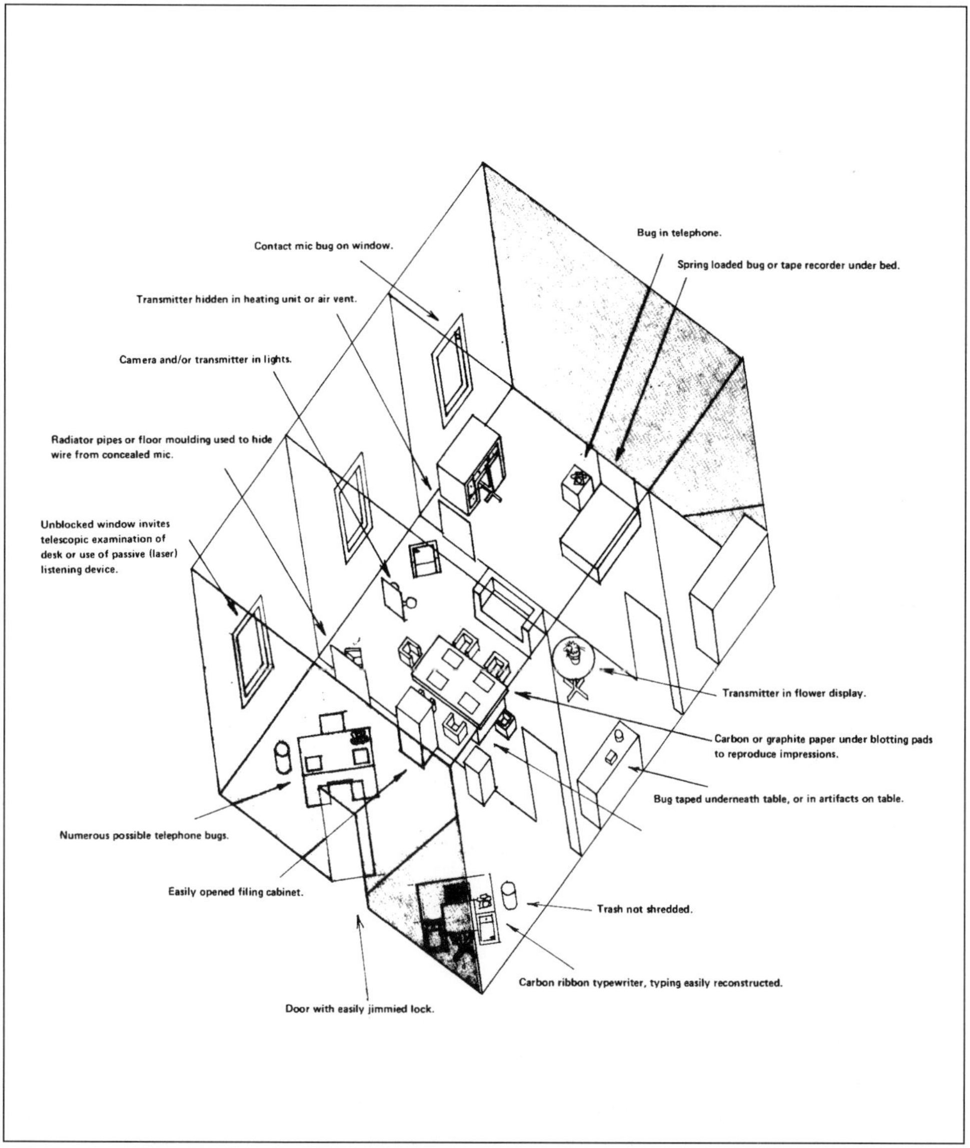

Bild 114: So kann man Minispione verstecken.

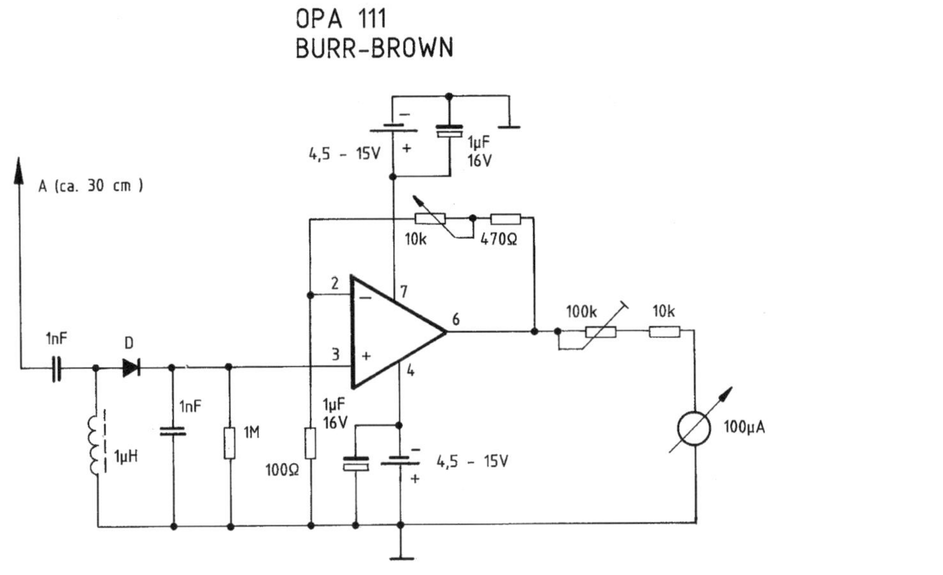

Bild 115:
Minispion-Aufspürgerät
(10 MHz–2 GHz)

D → ZERO BIAS SCHOTTKY DIODE
HEWLETT PACKARD
TYP HSCH 3486

Bild 118:
Blick ins Innere des Minispion-Aufspürgeräts (1 MHz–2 GHz)

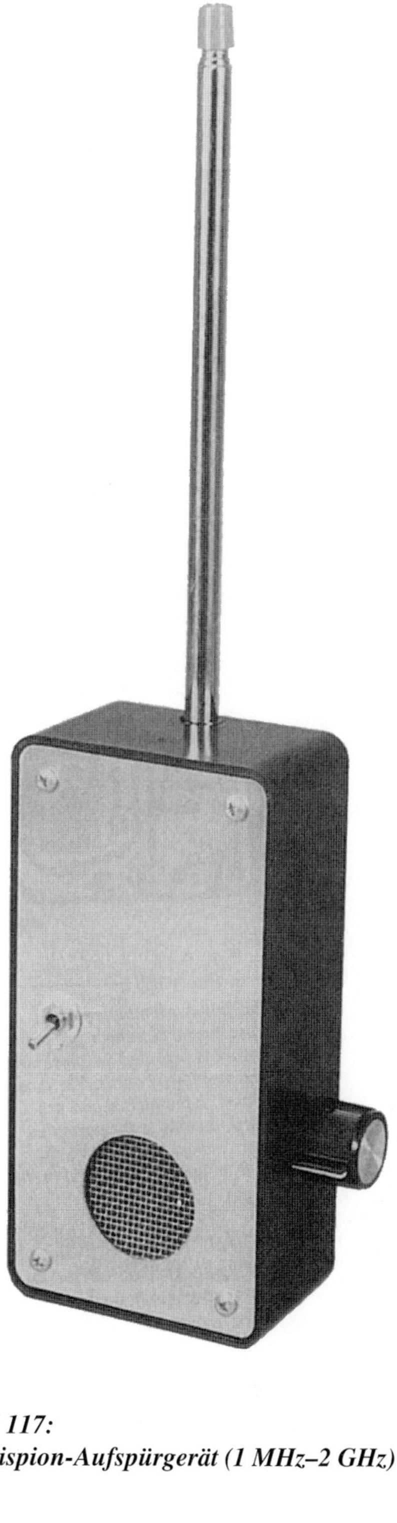

Bild 117:
Minispion-Aufspürgerät (1 MHz–2 GHz)

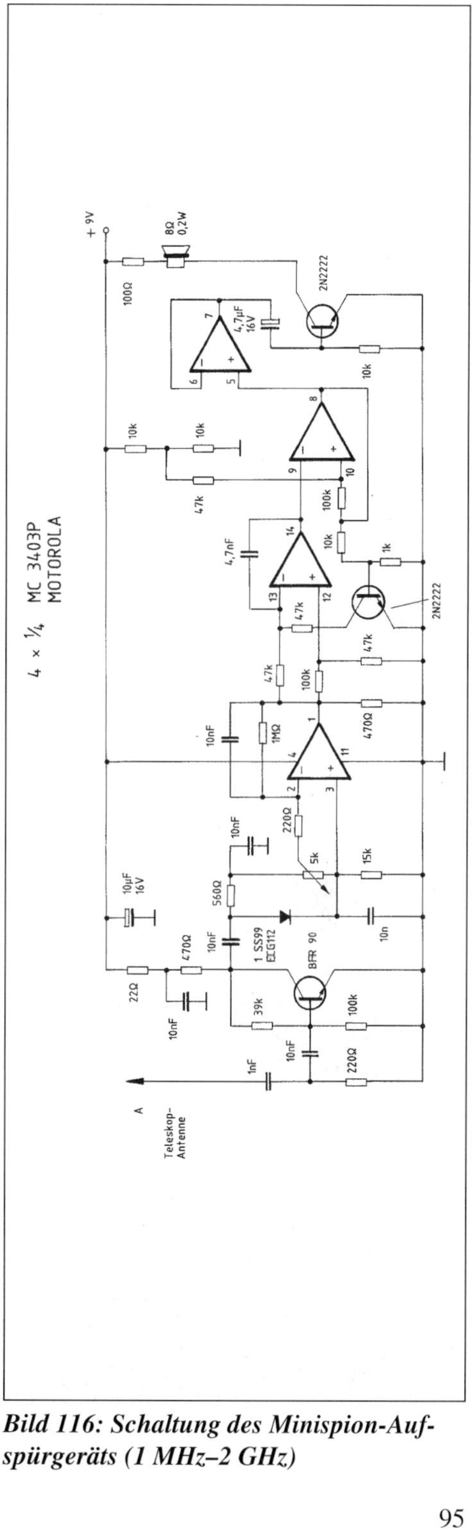

Bild 116: Schaltung des Minispion-Aufspürgeräts (1 MHz–2 GHz)

Optoelektronische Abhöranlagen

Laserabhöranlage

Im folgenden Abschnitt wird gezeigt, daß es neben der Wanzeninstallation auch elegantere Wege gibt, einen Raum abzuhören. Dazu wird entsprechend Bild 119 ein Laserstrahl auf das Fenster des „heißen Raumes" gerichtet und der reflektierte Strahl mit einem Laserempfänger ausgewertet. Die Schallwellen im Innern des Raumes regen die Fensterscheiben zu schwachen Vibrationen an. Der reflektierte Laserstrahl wird von diesen Vibrationen moduliert und im Empfänger wieder demoduliert. Normalerweise wird diese Technik nur von High-Tech-Abhörexperten eingesetzt.

Wie aus Bild 119 ersichtlich ist, kann eine Laserabhöranlage auch von Hobby-Elektronikern mit einem Helium-Neon-Laser oder einem Halbleiter-Laser und einem billigen Laserempfänger, zusammengebaut werden. Anspruchsvolle Anwender können das System entsprechend Bild 120 mit einem Zielfernrohr ergänzen.

Grundsätzlich ist die Kommunikation mittels modulierter Lichtstrahlen keine sonderlich neue Idee. Bereits in den 80er Jahren des 19. Jahrhunderts experimentierte Graham Bell mit einem Versuchsgerät mit der Bezeichnung „Photophone". Dieses Gerät eignete sich zur Modulation eines Sonnenstrahls. Dazu hat das Gerät eine Art Mundstück mit verspiegelter Membrane. Beim Besprechen wurde der auf die Membrane gelenkte Sonnenlichtstrahl im Rhythmus der Sprachfrequenz ausgelenkt. Am Empfangsort des reflektierten Strahls konnte mittels einer Solarzelle und eines empfindlichen Kopfhörers die Stimme wieder hörbar gemacht werden. Die kommerzielle Nutzung dieses Kommunikationsverfahrens wurde jedoch durch den Einfluß der Sonnen- und Wolkenbewegung verhindert.

An Graham Bells Grundprinzip hat sich auch in modernen Zeiten nichts geändert. Die Aufgabe des Sonnenstrahls übernimmt nun ein Laserstrahl mit kohärentem Licht. Beim Empfang des an der Fensterscheibe reflektierten Laserstrahls können fremde Lichtquellen, wie z.B. Neonlampen, Quecksilberdampflampen, Natriumdampflampen, den Fototransistor im Empfänger übersteuern. Weiterhin können Luftbewegungen an windigen Tagen zu Geräuschüberlagerungen führen, die sich anhören, wie wenn man in ein Mikrofon bläst. Unabhängig von diesen möglichen Störeinflüssen können Laserabhörsysteme durch geschlossene Fenster hindurchhören – und das auf Entfernungen von einigen hundert Metern.

Professionelle Laserabhörgeräte enthalten Infrarot-Laserquellen. Infrarotlicht kann vom menschlichen Auge nicht wahrgenommen werden. Um auch auf große Entfernungen noch gute Abhörergebnisse zu erzielen, wird mit bis zu 35 mW Strahlungsleistung gearbeitet. Wer bei dieser Strahlungsleistung zufällig aus dem abgehörten Fenster in den Strahl schaut, kann schwere Augenschäden davontragen. Laserlicht, ob sichtbar oder unsichtbar, unterscheidet sich erheblich von normalem Licht. Das

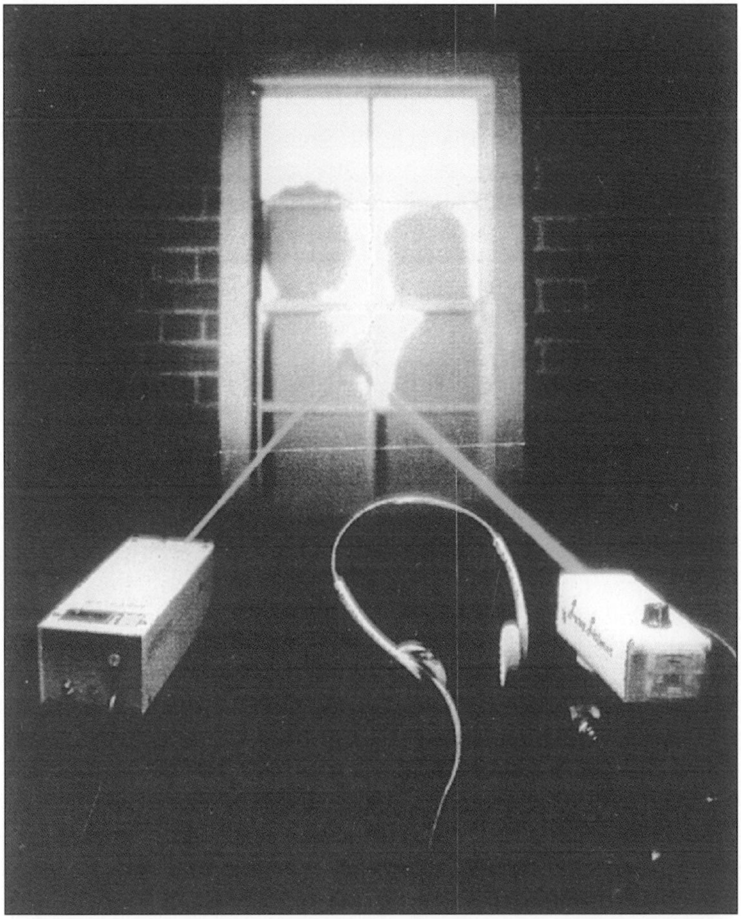

Bild 119:
Laserabhöranlage

Bild 120:
Für große Entfernungen werden der Laser und der Empfänger zu einer Einheit kombiniert. Dies erleichtert die Handhabung. Das Zielfernrohr erlaubt eine genaue Ausrichtung auf das Zielobjekt.

Licht einer Glüh- oder Leuchtstofflampe enthält ein weites Spektrum verschiedener Wellenlängen, wobei die Ausstrahlung spontan und zufällig in alle möglichen Richtungen stattfindet. Bei einer Laserlichtquelle geht die Strahlung nur in eine Richtung und beinhaltet nur eine einzige Wellenlänge. Dies gibt dem Strahl eine scharfe Bündelung und eine typische Farbe.

Wenn sich zwei Laserstrahlen gleicher Wellenlänge treffen, können sie sich entsprechend Bild 121 entweder auslöschen oder verstärken. Dieser Auslöschungs- oder Verstärkereffekt kann bei der Bewegung einer reflektierenden Oberfläche mittels eines Interferometers ausgewertet werden.

Die Funktionsweise eines Interferometers wird in Bild 122 gezeigt. An einem halbdurchlässigen Spiegel, dem sogenannten Beam-Splitter, wird ein Teil des auftreffenden Strahls umgelenkt. In einem Empfänger kann der Strahl aus der Quelle mit dem vom Zielreflektor kommenden Strahl phasen- bzw. amplitudenmäßig verglichen werden. Die Hauptprobleme bei diesem Interferenz-Abhörverfahren liegen in der Tatsache, daß durch den Strahlsplitter nur ein Teil der Laserenergie auf das Ziel gerichtet wird. Dies führt zu einer Begrenzung der Reichweite. Des weiteren reagiert das Interferometer nicht nur auf die Fenstervibrationen, sondern auch auf Vibrationen der Laserstrahlquelle und des Interferometers selbst. Aus diesem Grund wird bei professionellen Geräten die direkte Reflexion nach Graham Bells Photophone-Prinzip vorgezogen.

Die Laserstrahlquelle

Unabhängig vom Funktionsprinzip ist in jedem Fall eine Laserstrahlquelle erforderlich. Der Einfachheit halber wird in dieser Applikation ein Helium-Neon-Laser vom Typ ETS-4200 der Firma Heathkit verwendet. Ähnliche Laser können sehr preiswert bei der Firma ELV beschafft werden. Die Ausgangsleistung beträgt etwa 0,9 mW. In 70 m Entfernung projiziert der Laser einen Leuchtfleck von 35 mm

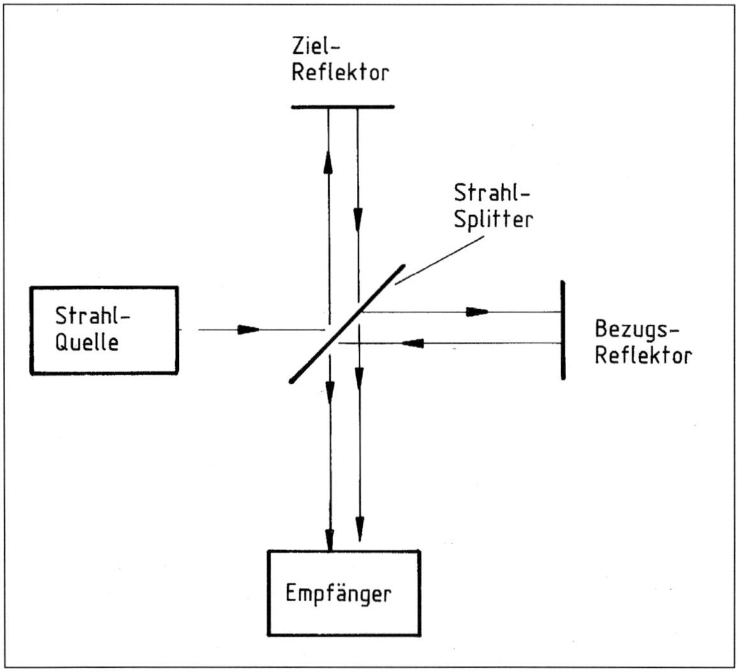

Bild 122: Der Nachteil des Interferometerprinzips ist, daß Erschütterungen des Interferometers und des Lasers zu Störsignalen führen.

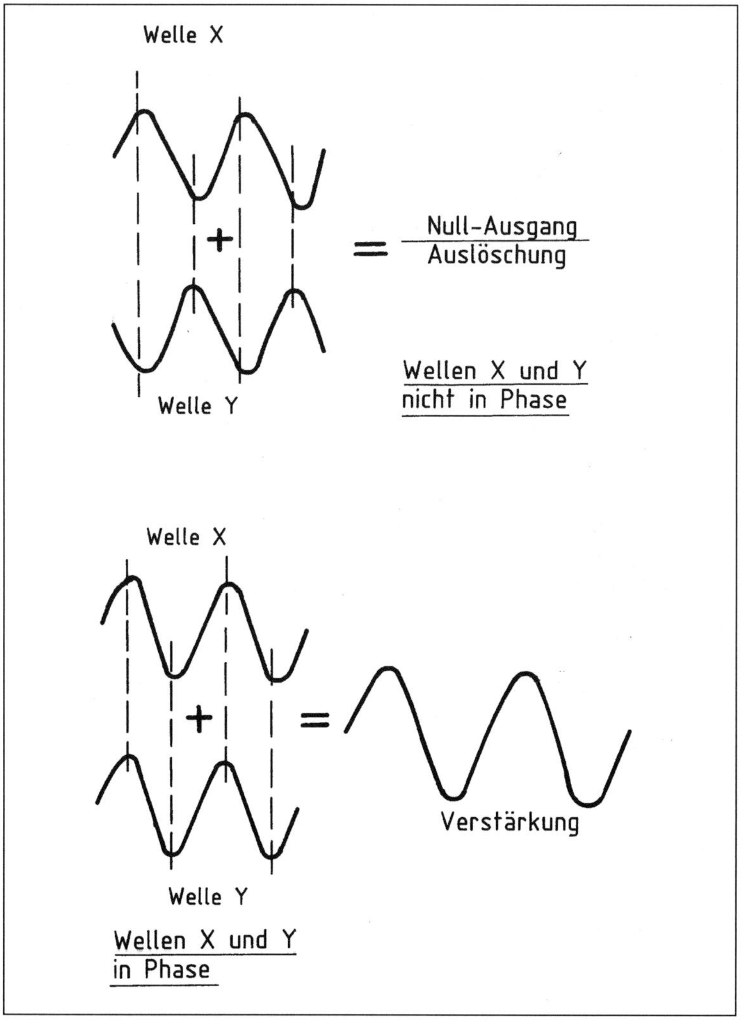

Bild 121:* *Bei kohärentem Laserlicht kann sowohl Auslöschung als auch Verstärkung eintreten.

Durchmesser auf ein Zielobjekt. Auch bei der geringen Strahlleistung von 0,9 mW sollte der Strahl nicht ins Auge treffen. Dies gilt auch für die Beobachtung des reflektierten Strahls mittels Zielfernrohr oder Fernglas. Nur wenn der Strahl auf einer nichtreflektierenden Fläche, wie z.B. einem weißen Blatt Papier, auftrifft, kann er gefahrlos beobachtet werden.

Der Laserempfänger

Der im folgenden beschriebene Laserempfänger ist relativ einfach zu bauen und einzustellen. Er ist zur Ansteuerung eines Kopfhörers von 4–20 Ω Impedanz konzipiert. Die Schaltung wird in Bild 123 gezeigt. Zum Empfang des reflektierten Strahls wird ein Fototransistor verwendet. Der Empfänger verfügt über ein Anzeigeinstrument, welches nur die Stärke der Amplitudenmodulation des reflektierten Strahls anzeigt. Die Anzeige wird vom Umgebungslicht und der relativen Strahlintensität nicht beeinflußt. Um den Fototransistor vor Übersteuerung durch zu starkes Umgebungslicht zu schützen, kann ein drehbares Po-

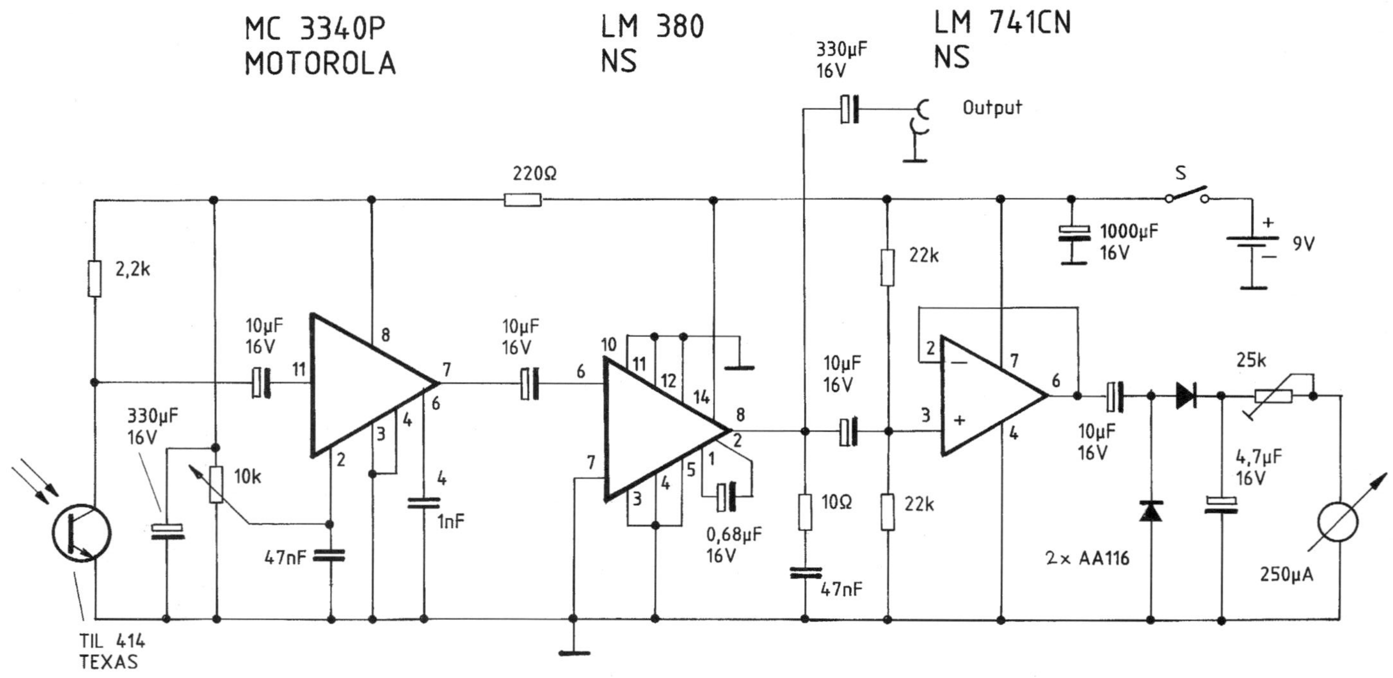

Bild 123: Laserempfänger-Schaltung

larisationsfilter vorgeschaltet werden. Der verwendete Fototransistor ist ein Billigbauteil, das normalerweise als Infrarot-Detektor zum Einsatz kommt. Versuche mit teureren Exemplaren ergaben keine besseren Ergebnisse. Die Basis des Fototransistors bleibt unbeschaltet, da das reflektierte Laserlicht den Kollektorstrom steuert. Das am Kollektor abgegriffene NF-Signal wird auf einen in seiner Verstärkung regelbaren NF-Verstärker gegeben. Mit dem 10-kΩ-Potentiometer kann die Verstärkung des MC 3340 P variiert werden. Der Verstärkerausgang des MC 3340 P führt auf den Eingang des Leistungsverstärkers LM 380. Der Verstärkerausgang des LM 380 geht einerseits zum Kopfhöreranschluß und andererseits auf einen Spannungsfolger mit der Verstärkung v = 1. Die NF-Wechselspannung am Ausgang des Spannungsfolgers wird mittels der Dioden gleichgerichtet und auf das Anzeigeinstrument gegeben. Das RC-Glied am Anzeigeinstrument soll die Vibrationen der Anzeigenadel etwas bedämpfen. Der Wert des 4,7-µF-Kondensators kann gegebenenfalls etwas erhöht oder verringert werden. Eine Erhöhung bringt eine ruhigere Anzeige, eine Verringerung eine flackernde Anzeige der Laserstrahlmodulation. Der Aufbau der Schaltung ist ziemlich unkritisch, solange Eingänge und Ausgänge nicht nahe nebeneinander geführt werden. Zur Befestigung des Fototransistors sollte kein Schnellkleber (Cyanoacrylat-3 Sekundenkleber) verwendet werden, da die Plastiklinse des Fototransistors dadurch matt werden könnte.

Optische Filter

Die mechanische Konstruktion der optischen Filter, welche vor den Fototransistor gesteckt werden können, ist der Phantasie des Hobbyisten überlassen. In Bild 124 wird eine mögliche Ausführung gezeigt. Im inneren Röhrchen sitzt der Fototransistor. Durch Aufstekken des dünnen Filterröhrchens wird ein gewisser Dämpfungsgrad erzeugt, der durch Aufstecken des dicken Filterröhrchens weiter verstärkt werden kann. Die dem reflektierten Laserstrahl zugewandte Frontseite des Gehäuses sollte mattweiß lackiert werden, so daß der Auftreff-Fleck des Strahls beobachtet werden kann. Beide Filterröhrchen werden mit Polarisationsfiltern ausgestattet. Die Filterscheibchen kann ein Optiker oder Glaser aus einer alten Sonnenbrille mit polarisierten Gläsern heraus-

Bild 124: Filtereinsätze

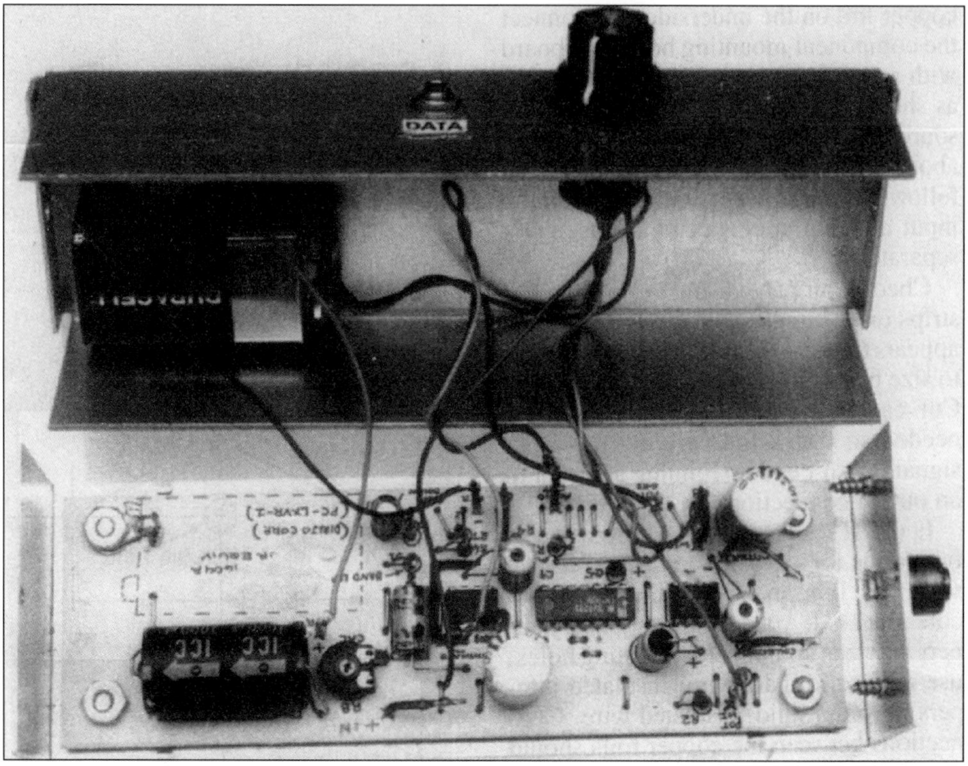

Bild 125: Aufbau des Laserempfängers

schneiden. Wenn beide Filterröhrchen aufgesteckt sind, kann durch Drehung am äußeren Röhrchen der Lichteintritt bis zur totalen Blokkade bedämpft werden. Diese Justiermöglichkeit ermöglicht die Verwendung des Laserempfängers für unterschiedliche Lichtintensitäten, so daß eine Übersteuerung des Fototransistors vermieden wird. Bild 125 zeigt den aufgeklappten Laserempfänger.

Praktischer Test

Falls keine Fehler in der Schaltung enthalten sind, hört man im Kopfhörer ein brutzelndes Geräusch, welches sich sofort verringert, wenn das auf den Fototransistor treffende Licht abgedeckt wird. Das 25-kΩ-Potentiometer am Anzeigeinstrument muß dann so justiert werden, daß sich die Anzeigenadel gerade aus der Nullage herausbewegt. Nachdem die Verstärkung des MC 3340 P zurückgedreht wurde, wird der Fototransistor auf eine 220-V-Glüh- oder Leuchtstofflampe gerichtet. Für die ersten Versuche eignet sich auch der im Kapitel „Telefon-Minispione" angegebene Infrarot-Telefon-Minispion, welcher zu diesem Zweck mit einem NF-Ton moduliert werden kann.

Derartige Lichtquellen erzeugen entweder ein starkes Brummgeräusch oder geben den aufmodulierten NF-Ton wieder. Wird der Infrarot-Telefon-Minispion mit einem Telefongespräch oder einer anderen NF-Quelle moduliert, muß diese Modulation im Kopfhörer deutlich und klar hörbar sein. Als nächster Schritt wird der Laser in Position gebracht und der Strahl entsprechend Bild 126 auf einen passenden vibrierenden Reflektor gerichtet. Der Laserempfänger muß dabei so ausgerichtet werden, daß der reflektierte Strahl auf den Fototransistor fällt. Als vibrierender Reflektor, der im Takt eines NF-Signals vibriert, eignet sich am besten die Membrane eines Lautsprechers, auf die ein kleiner Spiegel geklebt wird. Die Membranschwingungen des Lautsprechers übertragen sich somit auf den Spiegel und modulieren den reflektierten Laserstrahl.

Aufgrund der unterschiedlichen Reflexionseigenschaften und Abstände der Zielfenster kann die Intensität des reflektierten Laserstrahls sehr unterschiedlich sein. Deutlich wird dies bei der Messung der Kollektorspannung am Fototransistor. Beim Überschreiten eines bestimmten Helligkeitswertes fällt die Kollektorspannung stark ab, und das NF-Signal am Kopfhörer verschwindet. Um dies zu verhindern, wird das kleine Filterröhrchen auf den Fototransistor gesteckt. Falls noch mehr Lichtdämpfung erforderlich ist, wird auch noch das große Filterröhrchen auf den Fototransistor gesteckt und solange gedreht, bis sich optimale Wiedergabequalität am Kopfhörer einstellt.

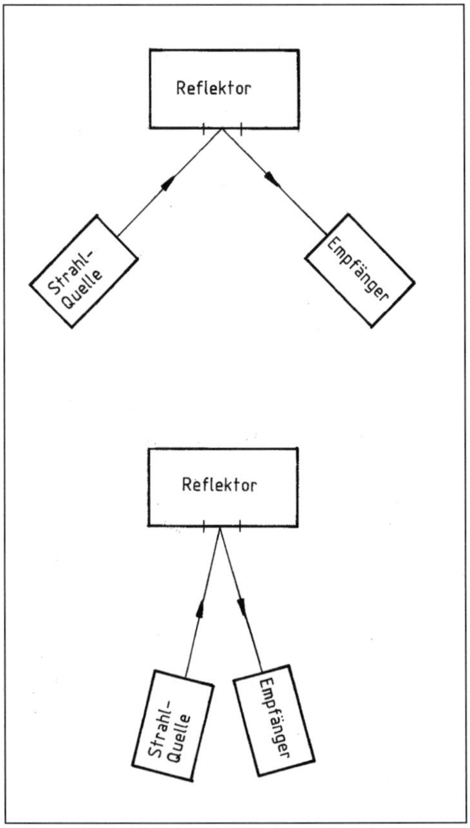

Bild 126:
Möglich sind verschiedene Reflexionswinkel, so daß Strahlquelle und Empfänger auch zu einer kompakten Einheit zusammengefaßt werden können.

Reflexionsflächen

Je dünner das Reflexionsmedium ist, um so sensibler reagiert es auf die Schallwellen und um so besser sind die Abhörergebnisse. Die meisten Fensterscheiben arbeiten zufriedenstellend. Dabei kann es nützlich sein, unterschiedliche Reflexionspunkte auf der Fensterscheibe abzutasten, um den Punkt mit der optimalen Übertragungsqualität zu finden. Für Testzwecke wird keine zusätzliche Optik für den Laserempfänger benötigt. Kleine Spiegel im Zentrum eines Lautsprechers oder kreisförmig aufgehängte silber- oder goldglänzende Folien wie in Bild 127 gezeigt sind für die ersten Versuche völlig ausreichend. Wird ein Radio oder Kassettenrecorder im gleichen Raum betrieben, muß das Sprach- oder Musiksignal im Kopfhörer deutlich hörbar sein. Zu weiteren Testzwecken kann der Laser mit einem 1-kHz-Ton moduliert werden (siehe Applikation im ELV-Katalog). Ein Assistent muß dann den Zielreflektor in die Position mit dem besten Empfangsergebnis bringen. Je größer der Ausschlag des Anzeigeinstruments, desto besser das Empfangsergebnis. In der rauhen Wirklichkeit ist die anvisierte Fensterscheibe natürlich kein justierbares Zielobjekt. Der Operator ist nach Art eines Heckenschützen gezwungen, sich in eine so günstige Zielposition zu begeben, daß der reflektierte Strahl mit dem Laserempfänger empfangen werden kann. Wenn die Bedingungen gut sind, kann dies aus Hunderten von Metern Entfernung bewerkstelligt werden. Es ist dabei empfehlenswert, die Grundeinstellungen mit einem modulierten Strahl vorzunehmen. Anschließend wird die

Modulation abgeschaltet und der Raum abgehört. Doppelscheibenfenster und sturmsichere dicke Fensterscheiben verschlechtern zwangsläufig das Abhörergebnis. In derartigen Fällen kann es sinnvoll sein, ein spiegelndes Objekt im Innern des Raumes anzuvisieren. Hier eignet sich beispielsweise das Abdeckglas eines Wandbildes oder eine Glasvitrine. Der reflektierte Laserstrahl wird von derart schwingfähigen Gebilden normalerweise moduliert.

Bild 127: Für Experimentierzwecke kann ein kleiner Spiegel auf den Membranmittelpunkt eines Lautsprechers geklebt werden (Mitte). Links ist ein Reflektor aus Mylar-Metallfolie und rechts einer aus Glas zu sehen.

Bild 128: Bei großen Entfernungen erlaubt ein Zielfernrohr das genaue Ausrichten des Empfängers auf den Leuchtfleck am Fenster. Der gezeigte Empfänger wird später mit dem Laser zu einer Einheit entsprechend Bild 120 kombiniert.

Größere Zielentfernungen

Bei größeren Entfernungen als 30 m zum Zielfenster oder wenn das Umgebungslicht den reflektierten Strahl überlagert, muß der Laserempfänger mit besonderer Sorgfalt auf den reflektierten Strahl ausgerichtet werden. Wie Bild 128 zeigt, kann der Leuchtfleck auf der Fensterscheibe mit einem Zielfernrohr anvisiert werden.

Die mechanische Kombination von Laserempfänger und Laserstrahlquelle auf einem Dreibeinstativ ergibt ein kompaktes Abhörsystem entsprechend Bild 120. Die Montage der Laserstrahlquelle muß extrem stabil sein. Außerdem sollten Justierschrauben zur Höhen- und Seitenausrichtung des Laserstrahls am Dreibeinstativ vorhanden sein. Zielfernrohre haben serienmäßig Rändelschrauben zur Höhen- und Seitenkorrektur. Die Ausrichtung des Lasers auf das Zielfernrohr geschieht in zwei Stufen. Als erster Schritt wird der Abstand des Laserstrahl-Austrittspunktes zur optischen Achse des Zielfernrohrs gemessen und als Abstand A auf die Zielscheibe in Bild 129 übertragen. Die Zielscheibe sollte aus mattem weißem Karton angefertigt werden, wobei die Maße B und C nach praktischen Gesichtspunkten gewählt werden können. Als nächster Schritt wird die Zielscheibe in einer Entfernung von ca. 15 m an eine Wand geklebt. Nun richtet man den Laserstrahl auf das untere Markierungskreuz. Beim Blick durch das Zielfernrohr muß dessen Fadenkreuz mit dem oberen Markierungskreuz zur Deckung gebracht werden. Dabei muß sichergestellt sein, daß der Laserstrahl-Auftreffpunkt stabil auf dem unteren Markierungskreuz stehen bleibt. Anschließend wird die Einstellung fixiert. Durch die diffuse Reflexion des Laserstrahls am Karton kann die Visierung mittels Zielfernrohr nicht zu Augenschäden führen.

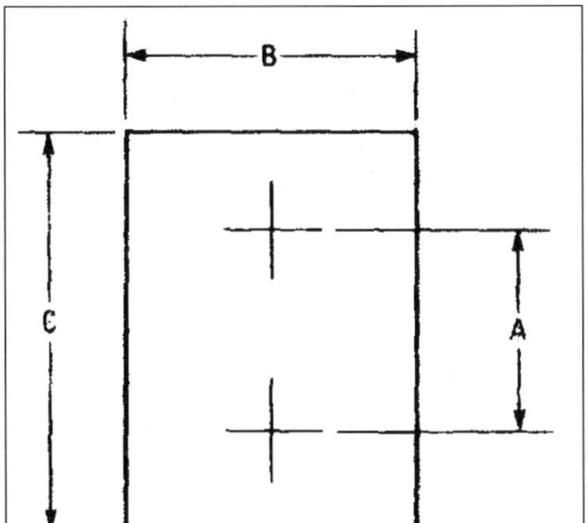

Bild 129:
Die Zielkreuze für die Justierung des kombinierten Aufbaus aus Bild 120.

Mit dieser Eichung können Fensterscheiben aus mehr als 100 m Entfernung abgehört werden. Bei kürzeren Entfernungen muß der Achsenfehler zwischen Laserstrahl und der optischen Achse des Zielfernrohrs korrigiert werden. An dieser Stelle sei ausdrücklich davor gewarnt, den reflektierten Laserstrahl mit dem Zielfernrohr zu beobachten. Dies kann zu Augenschäden führen!

Wer mit unsichtbaren Infrarot-Laserstrahlquellen arbeiten will, findet in Bild 130 eine passende Laserempfangsschaltung. Statt eines Infrarotfilters kann der Fotodiode auch ein Interferenzfilter vorgeschaltet werden. Interferenzfilter sind schmalbandige optische Filter, die nur die Wellenlänge des Laserquelle passieren lassen und Störlicht anderer Wellenlänge ausfiltern. Interferenzfilter gibt es von 100,– DM aufwärts, z.B. bei der Firma Laser Components, München.

Infrarot-Minispion, FM-moduliert

Ein einfacher frequenzmodulierter Infrarot-Minispion ist in Bild 131 angegeben. Eine Mikrofonverstärkerstufe moduliert einen auf 80 kHz schwingenden astabilen Multivibrator. Eine Emitterfolgerstufe steuert schließlich zwei parallelgeschaltete BC 550 C an, in deren Kollektorkreis sich eine Infrarot-LED befindet.

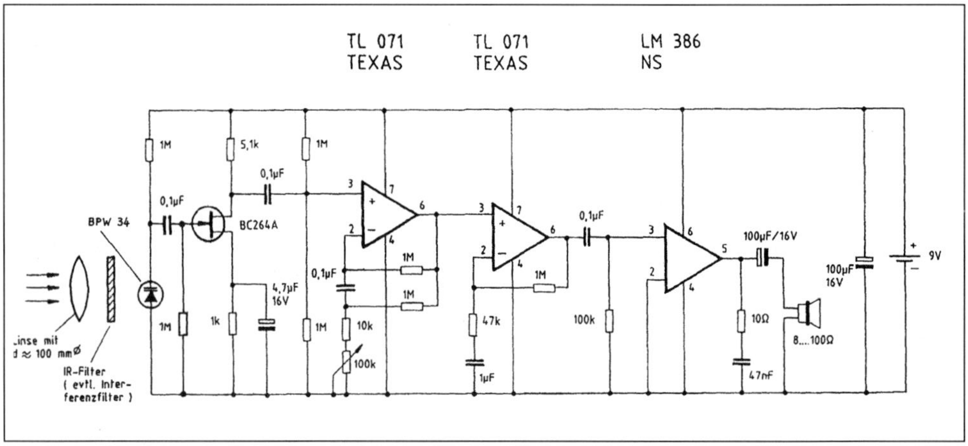

Bild 130: Ausführung eines Laserempfängers für Infrarot-Laserquellen

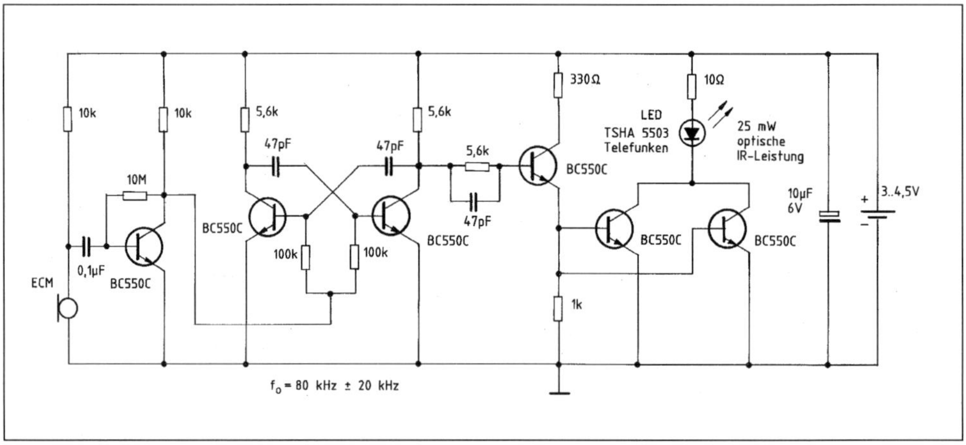

Bild 131: Infrarot-Minispion, FM-moduliert

Wird das Gerät an einer Vorhangschiene mit freier Sicht zum Fenster hinaus befestigt, lassen sich problemlos Entfernungen von einigen hundert Metern überbrücken.

Infrarot-Abhörempfänger für FM-Demodulation

In Bild 132 wird gleich das Gegenstück zum Infrarot-Minispion gezeigt. Mit der Fotodiode (FD) wird das Infrarotsignal empfangen, mehrstufig verstärkt und zur Demodulation auf einen monostabilden Multivibrator mit anschließendem Integrator gegeben. Das zurückgewonnene NF-Signal wird mit dem NF-Leistungsverstärker LM 386 auf Lautsprecherpegel weiter verstärkt.

Nun zu den schaltungstechnischen Details: Die Drossel L am Eingang des Feldeffekttransistors soll die Schaltung für Gleichlichteinflüsse weitgehend unempfindlich machen. Für die Wechsellichtschwankungen des Sendesignals ist die Drossel hochohmig. Um 50 Hz/

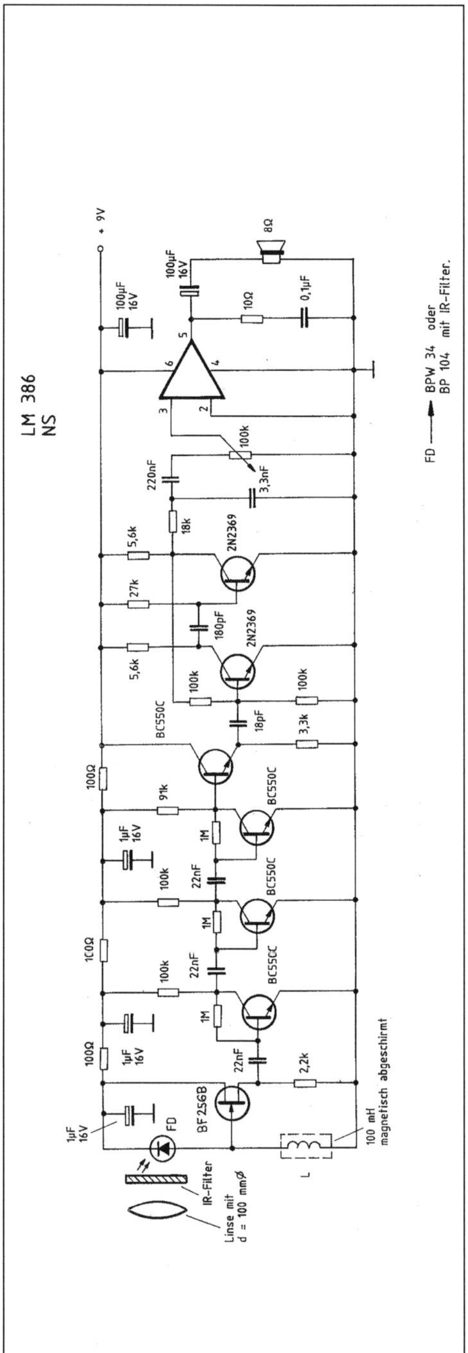

Bild 132:
Infrarot-Abhörempfänger für FM-Demodulation

100-Hz-Störsignal-Einstreuungen zu vermeiden, sollte die Drossel gut geschirmt werden. Die einzelnen Verstärkerstufen sind mit jeweils nur 22 nF gekoppelt. Dadurch werden niederfrequente Störsignale zusätzlich unterdrückt. Der monostabile Mulitvibrator mit den beiden Transistoren 2 N 2369 macht aus den frequenzmodulierten Impulsfolgen Rechtecksignale mit konstanter Impulsdauer. Im Anschluß daran sorgt ein Integrierglied (18 kΩ/3,3 nF) für die Wiedergewinnung des NF-Signals. Der integrierte NF-Leistungsverstärker LM 386 macht das Signal schließlich am Lautsprecher hörbar.

Infrarot-Minispion, AM-moduliert

Die im folgenden beschriebene Applikation wurde der Fachzeitschrift „Mega" entnommen. Bei der in Bild 133 gezeigten Schaltung handelt es sich um einen kleinen AM-modulierten Infrarotsender bzw. einen Infrarot-Minispion. Mit einer entsprechenden Optik lassen sich Entfernungen bis zu 300 m überbrücken. Im rechten Teil von Bild 133 wird mit einem astabilen Multivibrator ein 30-kHz-Rechtecksignal erzeugt und über einen Treibertransistor auf eine Infrarot-Sendediode wie z.B. die LD 241 gegeben. In der Anodenleitung der Diode liegt der Modulationstransistor, dessen Emitter im unmodulierten Zustand mittels des 2,2-kΩ-Trimmers auf 4,5 V gegen Masse eingestellt wird. Mit einem 2,5-kΩ-Trimmer kann der für verzerrungsfreie Modulation notwendige NF-Pegel abgegriffen werden. Der 10-nF-Kondensator soll hochfrequente Störsignale kurzschließen.

Infrarot-Abhörempfänger für AM-Demodulation

Die zum AM-modulierten IR-Minispion zugehörige Abhörempfängerschaltung wird in Bild 134 gezeigt. Im Empfänger wandelt die wieder in Sperrichtung betriebene Infrarot-Fotodiode die Infrarotlichtimpulse in elektrische Impulse um, die von zwei Verstärkerstufen verstärkt werden.

Mit einer Germaniumdiode werden die amplitudenmodulierten Impulsfolgen gleichgerichtet und das aufmodulierte NF-Signal zurückgewonnen. Nach Verstärkung des NF-Signals und Ausfilterung des 30-kHz-Trägersignals mittels des 0,1-µF-Kondensators wird das verbliebene NF-Signal wieder auf Lautsprecherpegel weiterverstärkt. Starkes Tageslicht oder gar Sonnenlicht kann die Empfindlichkeit der Fotodiode stark herabsetzen, so daß der Vorsatz eines Infrarotfilters empfehlenswert ist. Im übrigen gibt es Fotodioden, die ein eingebautes Filter besitzen.

Bei starkem Sonnenlicht hilft nur der Einbau in eine Röhre, die seitliches Licht abschirmt. Angeblich läßt sich durch sende- und empfangsseitige Sammellinsen die Reichweite auf bis zu 300 m steigern.

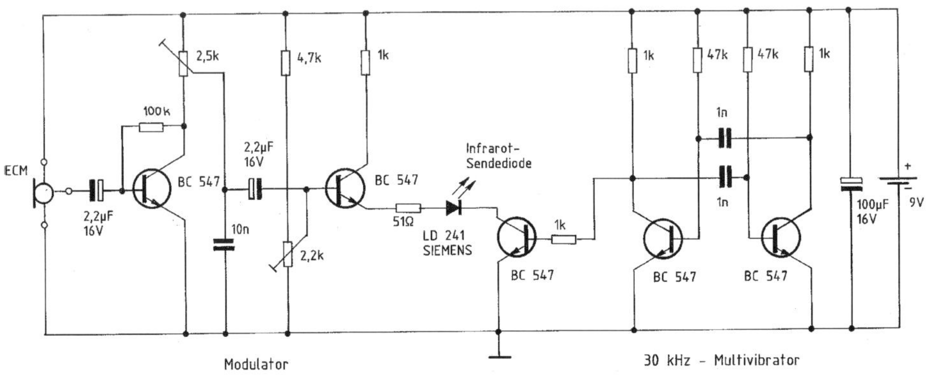

Bild 133: Infrarot-Minispion, AM-moduliert

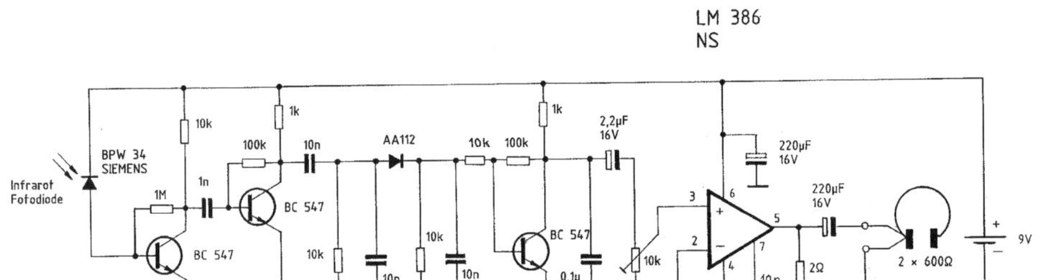

Bild 134: Infrarot-Abhörempfänger für AM-Demodulation

Sprachverfremder und -scrambler

Einfacher Sprachverfremder

Bild 135 zeigt eine einfache Schaltung aus den USA, mit der es möglich ist, die eigene Stimme zu verfremden. Dies kann z.B. bei anonymen Anrufern nützlich sein, die dann irritiert den Telefonhörer wieder auflegen, wenn sie ihr spezielles Opfer am anderen Ende der Leitung nicht antreffen. Doch nun zur Funktion der Schaltung: Der Zeitgeberbaustein 555 arbeitet hier als astabiler Tongenerator. Das Rechtecksignal am Ausgang von Pin 3 wird mittels des 100-kΩ-Widerstands und des 0,1-µF-Kondensators in ein Dreiecksignal umgeformt. Die Stimmlage, also die Tonhöhe der Stimme, kann mit dem 270-kΩ-Trimmer verändert werden. Als Transistor kann irgendeine Germanium-Kleinleistungstype, z.B. auch der

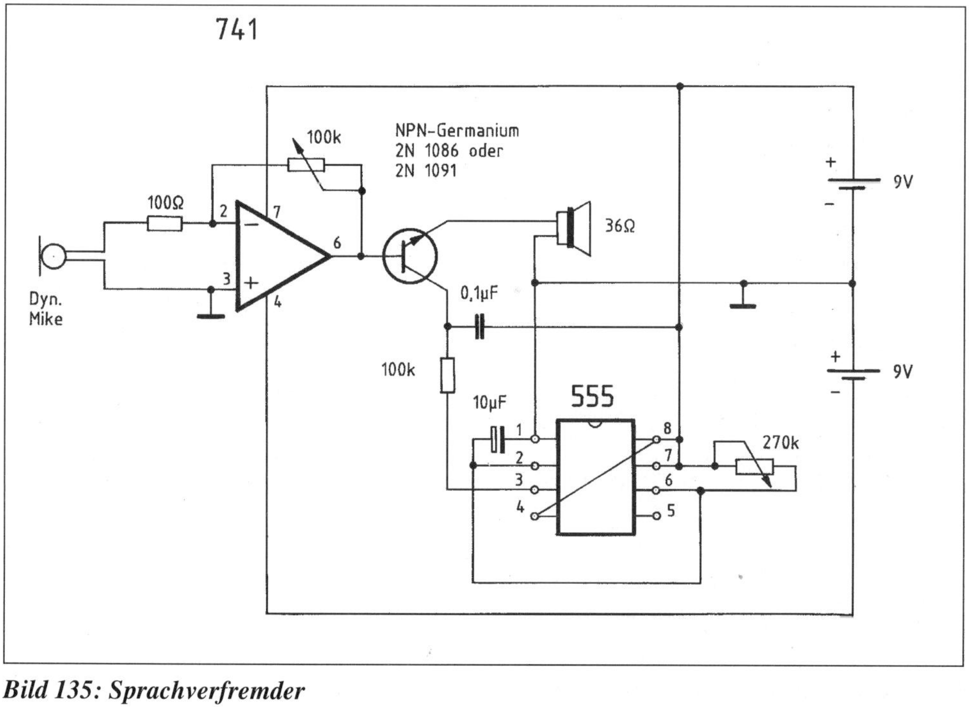

Bild 135: Sprachverfremder

Uralt-Typ AC 122, verwendet werden. Der Operationsverstärker 741 verstärkt das Mikrofonsignal, wobei der 555-Baustein den Transistor in die Sättigung treibt. Wenn der Transistor im Sättigungszustand ist, kann das Dreiecksignal den Lautsprecher erreichen, wodurch die „neue“ Stimme gehört wird.

In Bild 136 ist ein im Handel erhältlicher Telefon-Stimmverfremder gezeigt. Das Gerät wird mit der Gummiringöffnung auf die Sprechmuschel gedrückt und dann ganz normal besprochen. Mittels Drucktasten stehen zwei Verfremdungskanäle zur Verfügung.

Sprachverfremder mit Ringmischer

Eine anspruchsvollere Sprachverfremderschaltung ist in Bild 137 angegeben. Die Schaltung beinhaltet zwei Ringmischer, mit denen ein trägerloses Zweiseitenbandsignal erzeugt wird. Anschließend wird der Träger wieder eingefügt, allerdings mit einer nun unterschiedlichen Frequenz. Dies führt zu einer künstlichen Verfremdung des Audioeingangssignals. Das Sprachsignal bleibt zwar verständlich, die Originalstimme des Sprechers ist jedoch auch mit entsprechenden Einstellungen nicht mehr zu identifizieren. Die beiden Operationsverstärker 1/4 LM 324 arbeiten als Wienbrücken-Oszillatoren und können im Frequenzbereich von 2 bis 3,5 kHz abgestimmt werden. Dies geschieht mit den beiden 10-kΩ-Potentiometern.

Professioneller Sprachverfremder

In Bild 138 wird das Blockschaltbild eines professionellen Sprachverfremders gezeigt, der ohne die Ringmischer der vorigen Schaltung arbeitet und damit ohne die lästigen Tontransformatoren auskommt. Auch diese Schaltung verschiebt das ganze Sprachfrequenzspektrum zu höheren oder niedrigeren Werten. Sie eignet sich ebensogut zum Verfremden von Telefonstimmen. Gespräche mit derart verfremdeten Stimmen bleiben vertraulich, das heißt, die Originalstimme ist auf einfache Weise nicht mehr zu restaurieren. So kann man u.a. mit einer veränderten Stimme viele Späße mit Freunden treiben. Des weiteren ist es möglich, eingehen-

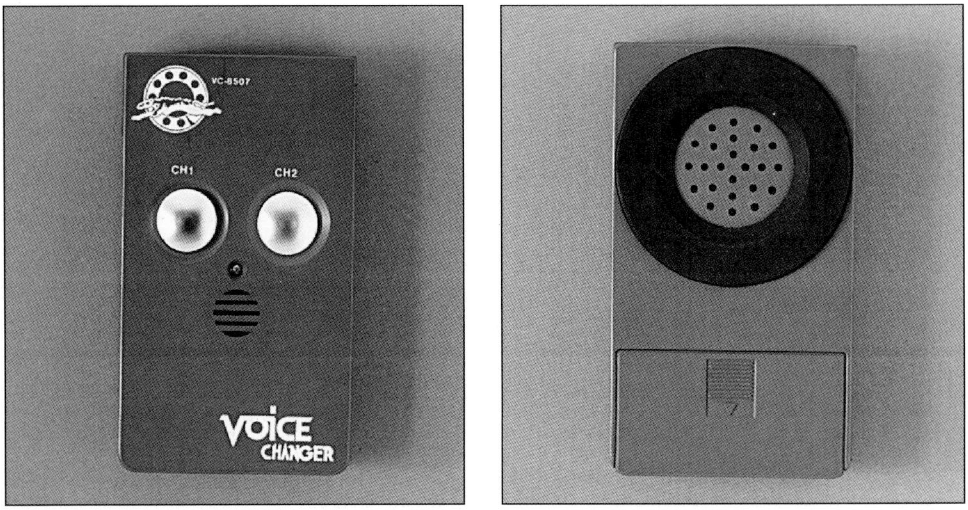

Bild 136: Einfacher Sprachverfremder für das Telefon (Voice Changer)

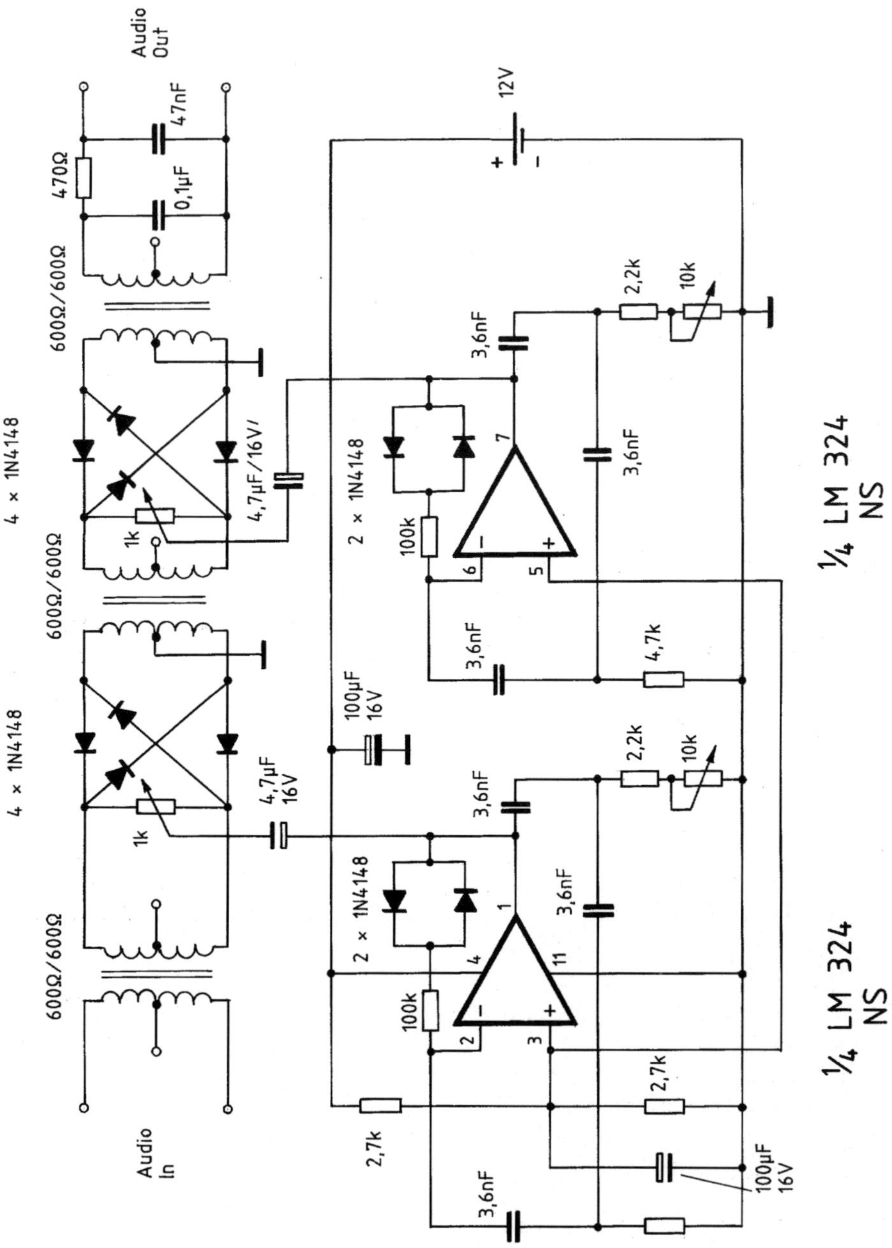

Bild 137:
Sprachverfremder mit Ringmischer

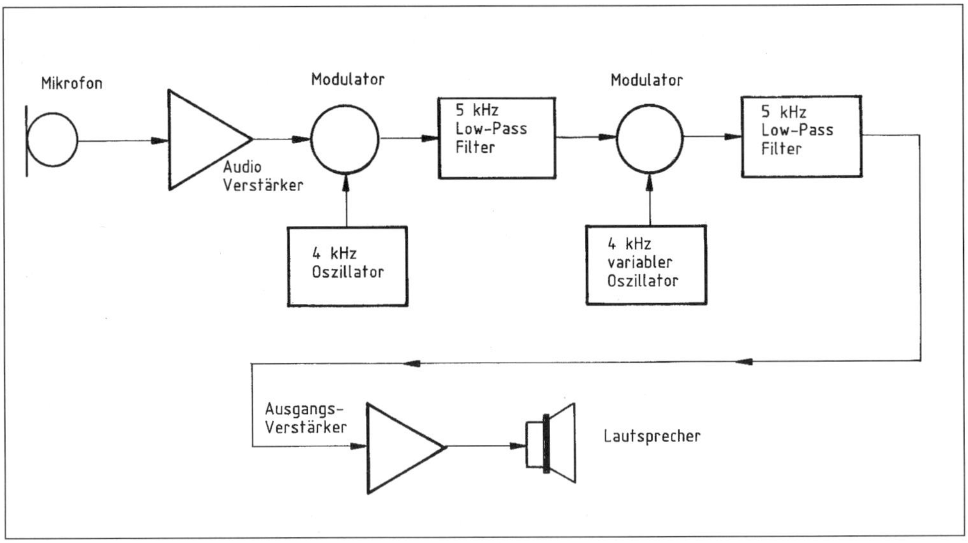

Bild 138: Blockschaltbild eines professionellen Sprachverfremders

de Telefonanrufe mit einer fremden Stimme zu beantworten, um so seine Anonymität zu wahren.

Das Audiosignal des Mikrofons wird von einem Audioverstärker auf einen brauchbaren Pegel angehoben. Von dort gelangt das Signal zum ersten Modulator, wo es mit dem Ausgangssignal des ersten 4-kHz-Oszillators frequenzmoduliert wird. Das Mischsignal wird anschließend über ein 5-kHz-Tiefpaßfilter geführt, so daß die über 5 kHz liegenden Frequenzanteile ausgefiltert werden. Das gefilterte Signal wird nun im zweiten Modulator wieder mit einem in der Frequenz variablen Oszillatorsignal frequenzmoduliert. Der Ausgang des zweiten Modulators führt über einen Tiefpaß auf den Ausgangsverstärker.

Doch nun zu den Schaltungsdetails in Bild 139 und 140. Der zweistufige Mikrofonverstärker ist so ausgelegt, daß er die Sprachfrequenzen oberhalb von 5 kHz stark abdämpft. Das verstärkte Sprachsignal führt dann auf den ersten Modulator, bestehend aus 2 × 1/4 4016 und 2 × 1/4 MC 3403. Das Ausgangssignal des mit 2 × 1/6 4069 aufgebauten 4-kHz-Oszillators wird auf den Trägereingang des ersten Modulators geführt. Die erste Oszillatorfrequenz kann mit dem 10-kΩ-Potentiometer in Bild 139 justiert werden. Das Modulator-Ausgangssignal – ein Zweiseitenbandsignal mit unterdrücktem Träger auf 4 kHz – wird dann über den 5-kHz-Tiefpaß mit dem 1/4 MC 3403 geführt, wodurch das obere Seitenband ausgefiltert wird. Das Sprachfrequenzspektrum ist nun invertiert, das heißt, die niedrigen Frequenzen sind nach oben und die hohen Frequenzen nach unten verschoben. Dies bedeutet, daß der Modulationsprozeß umgekehrt wird und das Sprachsignal nun wiedergewonnen und verständlich gemacht werden muß.

Um dies zu bewerkstelligen, wird der Ausgang des ersten Tiefpasses auf einen zweiten Modulator, bestehend aus 2 × 1/4 4016 und 1/6 4069, geführt, wo das Signal mit dem zweiten Trägeroszillatorsignal frequenzmoduliert wird. Der zweite Trägeroszillator enthält 3 × 1/6 4069 und kann wieder mittels eines 10-kΩ-Potentiometers abgestimmt werden. Der Ausgang des zweiten Modulators wird auf den Eingang des zweiten Tiefpasses, bestehend aus 1/4 MC 3403 und einigen Zusatzkomponenten, geführt. Nach der Filterung wird das Signal mit dem

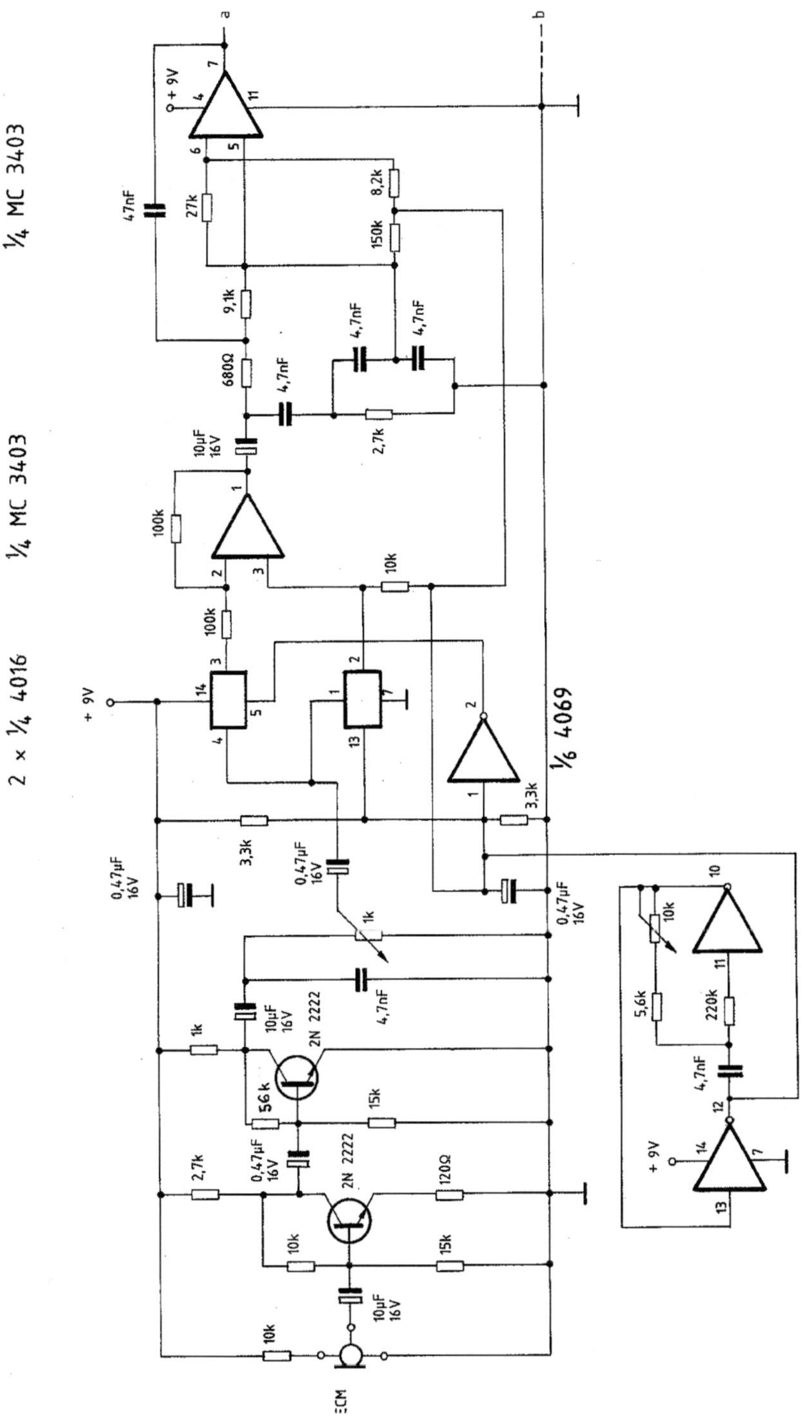

Bild 139: Professioneller Sprachverfremder

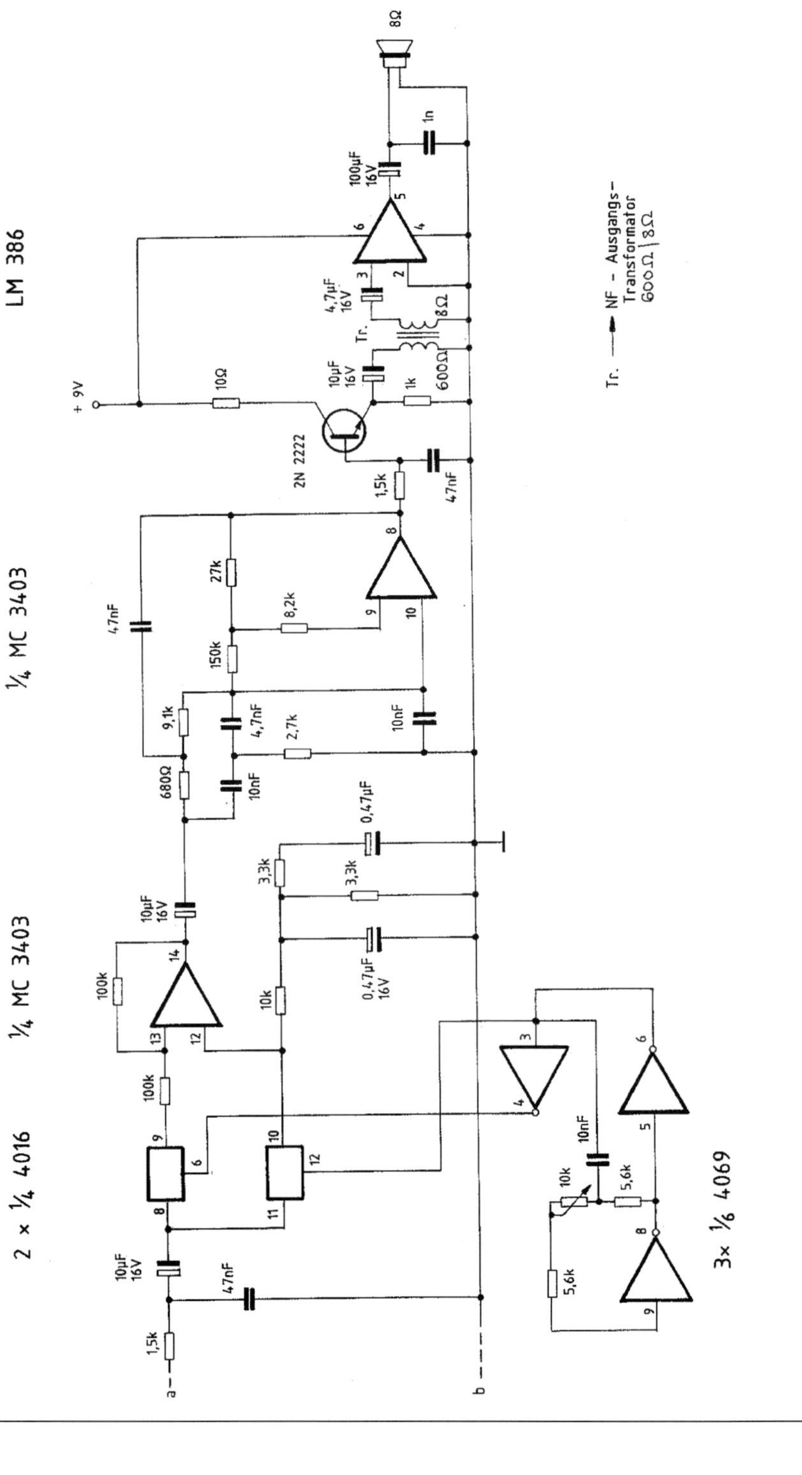

Bild 140: Professioneller Sprachverfremder

2 N 2222-Transistor verstärkt und mit einem kleinen Anpassungstrafo auf den LM 386-Endverstärker gegeben.

Für reinen Telefonbetrieb ist der LM 386 nicht erforderlich. In diesem Fall kann am Ausgang des Trafos direkt ein kleiner 4- bis 8-Ω-Lautsprecher angeschlossen werden. Wenn im praktischen Einsatz beide Trägerfrequenzoszillatoren auf dieselbe Frequenz abgestimmt sind, ist das Sprachsignal aus dem Lautsprecher das exakte Duplikat der Mikrofonstimme. Wenn die Frequenz des zweiten Oszillators jedoch variiert wird, verschiebt sich die Grundfrequenz des Sprachsignals am Lautsprecherausgang. Je nach Frequenzeinstellung ändert sich also die Stimmlage des Sprechers in höhere oder niedrigere Tonlagen.

Bild 141 zeigt den Sprachverfremder mit abgesetztem Mikrofon. Für Telefonbetrieb ist es jedoch wesentlich sinnvoller, Mikrofon und Lautsprecher mit geringstmöglicher akustischer Rückkopplung entsprechend Bild 136 gemeinsam im Gehäuse einzubauen.

Sprachscrambler und Descrambler

Eine interessante Sprachscrambler-Schaltung, die sich gleichzeitig als Descrambler für Funkgeräte eignet, ist in Bild 142 angegeben. Es handelt sich wieder um das altbekannte Invertierungsverfahren.

Der PLL-Decoder-IC LM 567 arbeitet als Spiegelfrequenzoszillator und schwingt im Bereich zwischen 2,5 bis 3,5 kHz.

Die Oszilatorfrequenz kann mit dem 25-kΩ-Trimmer auf den gewünschten Wert eingestellt werden. Der Mischerbaustein NE 602 erhält seine Signale an Pin 6 und Pin 1.

Das Mischprodukt wird mit dem Leistungsverstärker LM 386 auf Lautsprecherpegel verstärkt.

Das Mischer-IC NE 602 wird von Philips in Hamburg vertrieben. Das Gerät kann auch als Descrambler am Ohrhörerausgang eines Funkscanners angeschlossen werden.

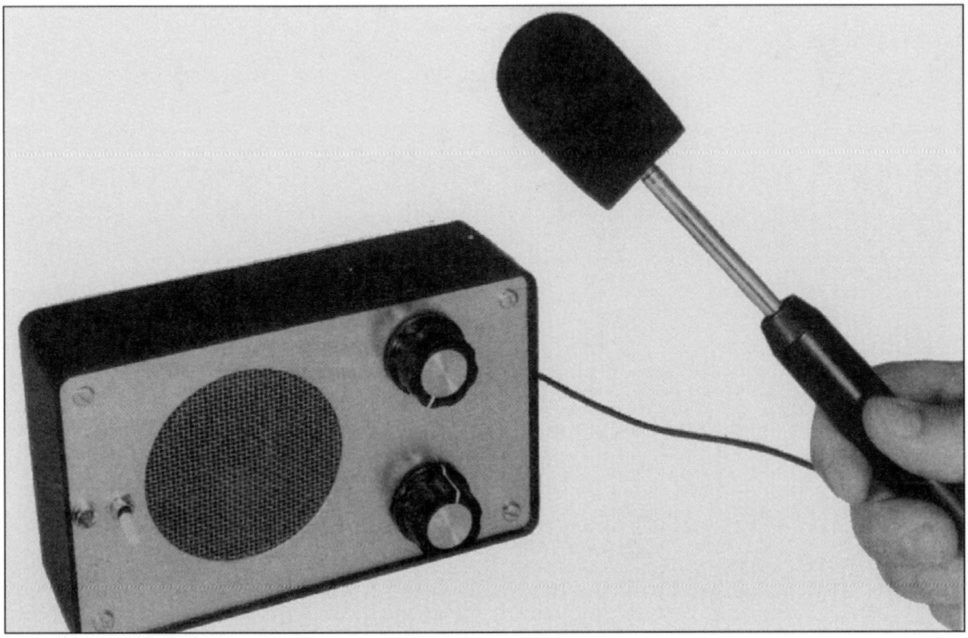

Bild 141: Gehäuse des Sprachverfremders

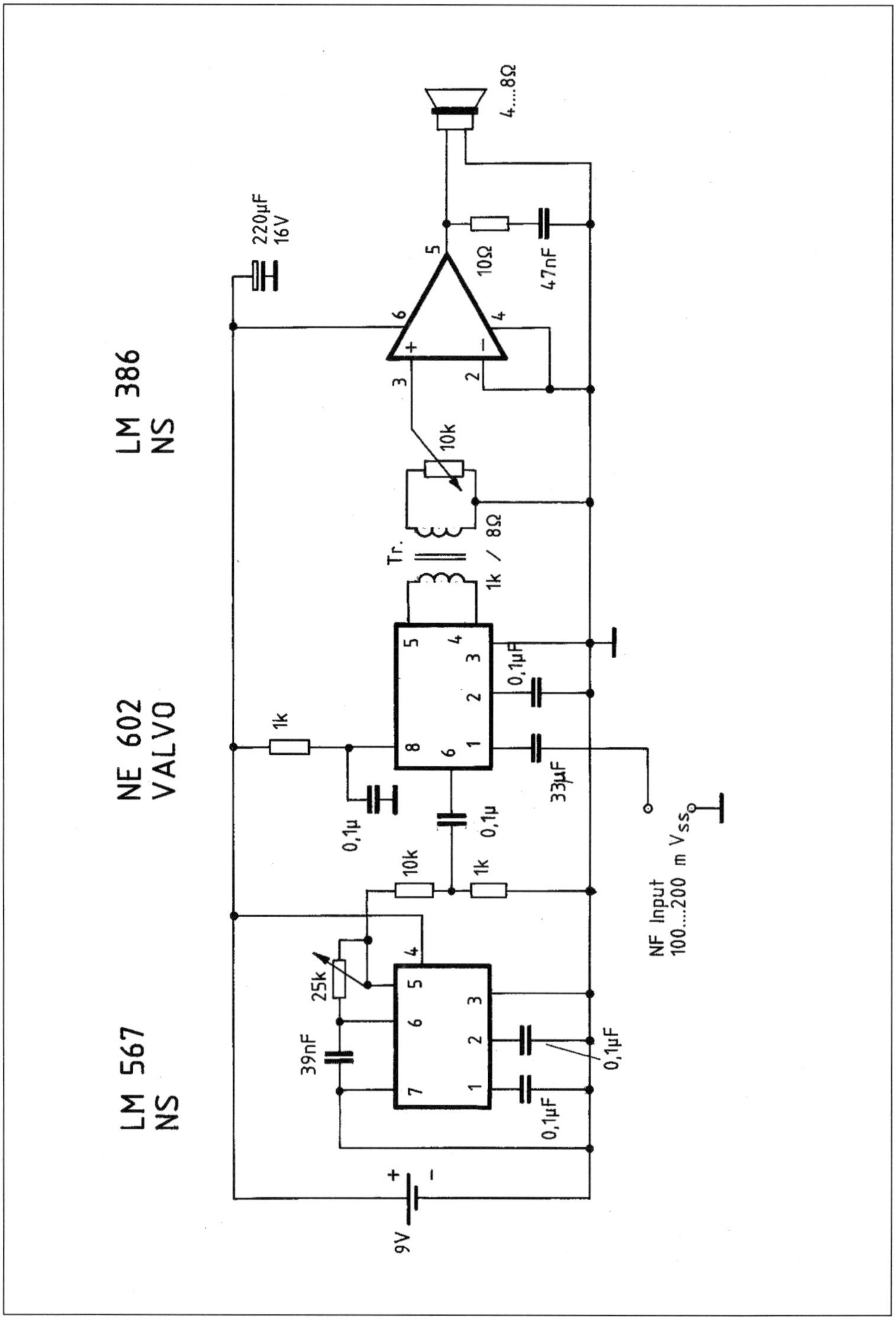

Bild 142: Sprachscrambler und Descrambler

CML Semiconductor Products

PRODUCT INFORMATION

FX118 Duplex Frequency Inverter for Cordless Telephones

Publication D/118/2 February 1993
Provisional Issue

Features/Applications

- **Frequency Inversion Scrambling**
- **Full-Duplex Operation**
- **High Baseband and Carrier Rejection**
- **Audio Lowpass and Bandpass Filtering On-Chip**
- **Xtal Oscillator Stabilty**
- **Low Power Requirement** *(3.0 Volt Minimum)*
- **Cordless Telephones**
- **Base and Handheld Applications**
- **Input Gain Adjustment**
- **Plastic DIL and S.O.I.C. Package Styles**

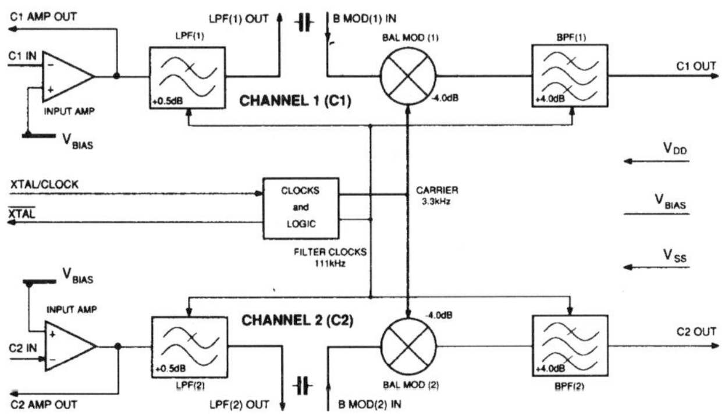

Fig.1 FX118 Duplex Frequency Inverter

FX118

Brief Description

The FX118 is a low-power, full-duplex frequency inverter available to provide voice privacy for cordless telephone systems by mixing the incoming audio with an internally produced carrier frequency (3.3kHz).

This chip contains two completely separate audio channels (C1 and C2) each comprising a "component-adjustablè" input amplifier, a 10th-order lowpass filter, a balanced modulator and a 14th-order bandpass filter output.

The on-chip modulation process has the properties of high baseband and carrier frequency rejection which when combined with high-order output filtering, produces a high-quality recovered voiceband audio.

The frequency stability of the FX118 is achieved by an on-chip oscillator employing an external 4.433619MHz Xtal or clock input to produce the common carrier frequency and the sampling clocks for the switched capacitor low and bandpass filters.

This microcircuit has a low power requirement of 3.0 volts (min.) and is encapsulated in either 16-pin DIL or small outline SMD (S.O.I.C.) plastic packages both of which are of a physical size suitable for either base or handset type telephone instruments as well as battery-portable and mobile communications systems.

Bild 143: Eigenschaften des Sprachscramblers FX118

Scrambler- und Descrambler-IC FX118

Die Firma CML Semiconductor Products hat in ihrem IC-Programm ein interessantes Scrambler- und Descrambler-IC, das ebenfalls nach dem Invertierungsprinzip arbeitet. Es wurde hauptsächlich für schnurlose Telefone entwickelt und arbeitet in beiden Richtungen (Duplex). Bild 143 zeigt die erste Seite des Datenblattes und Bild 144 die Zweikanalschaltung mit den Bauteilangaben. Die vom Quarz heruntergeteilte Spiegelfrequenz liegt bei 3,3 kHz. Aufgrund der geringen Stromaufnahme und Versorgungsspannung eignet sich der FX118 hervorragend für tragbare Geräte mit Batteriebetrieb. Das IC kostet bei Conrad-Electronic nur knapp DM 30,–.

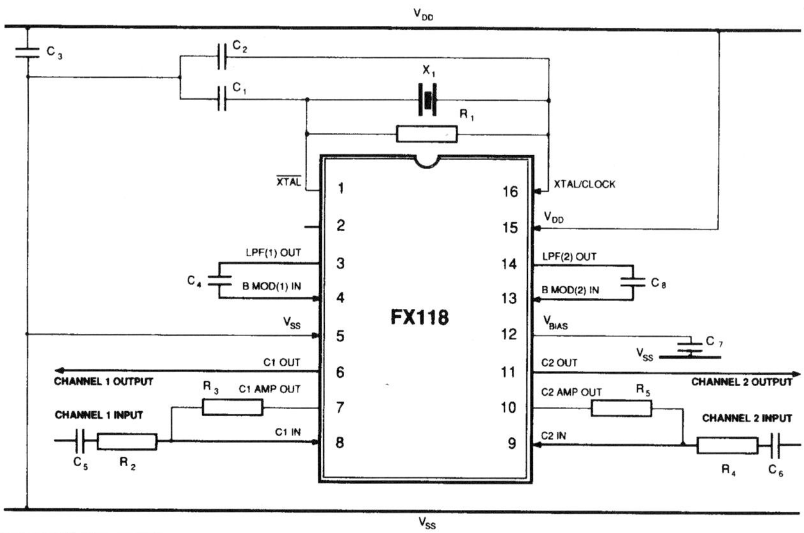

Component		Value						
R_1	=	1.0MΩ	C_2	=	33pF	C_7	=	1.0μF
$R_2 R_3 C_5$		See Note	C_3		0.47μF	C_8		1.0μF
$R_4 R_5 C_6$		See Note	C_4		1.0μF	X_1		4.33619MHz
C_1		47pF						

Tolerances *C = ±20% R = ±10%*

NOTES 1. Configurations R_2, R_3, C_5 and R_4, R_5, C_6 should be chosen with respect to the specific application.
2. Operation of any CML microcircuit without a Xtal or clock input may cause device damage. To minimise damage in the event of a Xtal/drive failure, it is recommended that the power rail (V_{DD}) is fitted with a current limiting device (resistor or fast-reaction fuse).

Fig.2 Recommended External Components

Bild 144: Schaltung und Dimensionierung des FX118

Annäherungs-, Erschütterungs- und Bewegungssensoren

Annäherungssensor mit CMOS-Inverter 4049

In Bild 145 wird eine einfache Annäherungssensorschaltung gezeigt. Zwei 1/6 4049-Inverter sind zu einem RC-Oszillator zusammengeschaltet. Die frequenzbestimmenden Bauelemente sind die beiden 60-pf-Trimmer und der 47-kΩ-Widerstand. Solange der Oszillator schwingt, steht eine Gleichspannung am 100-kΩ-Widerstand bzw. am Eingang des dritten Inverters. Durch die Invertierung ist die Ausgangsspannung 0 V am Pin 6. Der Piezo-Tongeber gibt also kein Alarmsignal. Nun werden die beiden 60-pf-Trimmer so justiert, daß die als Sensorantenne wirkende Metallfläche auf eine Handannäherung mit 8–13 cm Abstand reagiert und der Alarmton ausgelöst wird. Vor dem Einschalten und Justieren des Gerätes sollen die Kapazitätstrimmer auf Mitte stehen. Nach dem Einschalten sollte der Oszillator schwingen und kein Alarmton zu hören sein.

Unter Verwendung eines Kunststoffschraubenziehers werden dann nacheinander die bei-

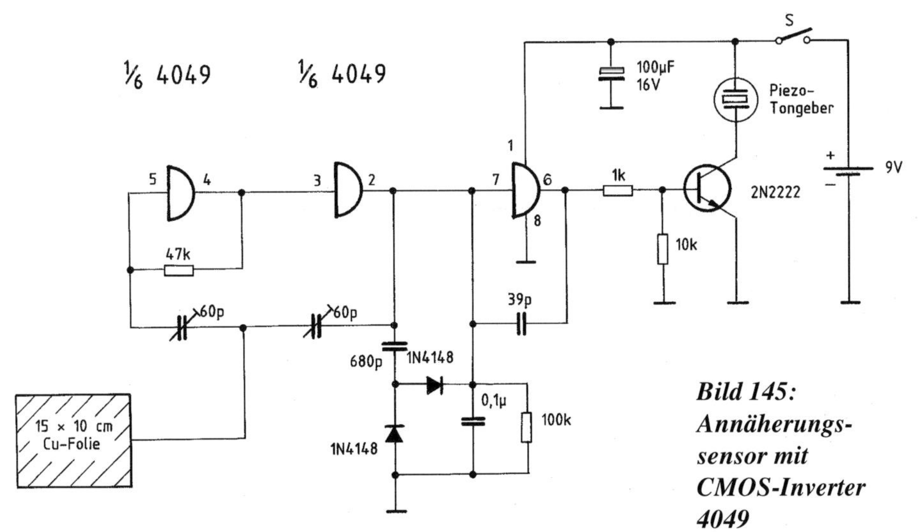

Bild 145: Annäherungssensor mit CMOS-Inverter 4049

den Trimmer immer mehr zu niedrigeren Kapazitätswerten gedreht, bis die Schwingung abreißt und der Piezo-Tongeber Alarm gibt. Nun wird die Kapazität beider Trimmer wieder ein kleines Stück hochgedreht, bis der Oszillator wieder anschwingt – dies ist die empfindlichste Einstellung des Sensors.

Annäherungssensor mit Langwellenoszillator

In der Schaltung in Bild 146 wird nicht die kapazitive Verstimmung eines Oszillators ausgenutzt, sondern der Energieentzug eines Oszillators über eine Antenne. Der Oszillator schwingt auf etwa 300 kHz. Der 5-kΩ-Trimmer wird so eingestellt, daß der Oszillator gerade anschwingt. Ein Objekt wie beispielsweise eine Hand oder ein Schraubenzieher in Antennennähe entzieht dem Oszillator Energie und stoppt die Schwingungen. Dadurch verschwindet die gleichgerichtete HF-Spannung am Gleichrichter, so daß der Relaistreibertransistor durchschaltet und das Relais anzieht. Mit dem a-Kontakt kann dann ein beliebiger Alarmsignalgeber aktiviert werden.

Annäherungssensor mit großer Schleifenantenne

Eine banale Schaltung zur Detektion von Personen ist in Bild 147 dargestellt. Mit den angegebenen Spulenwerten schwingt der emittergekoppelte Oszillator irgendwo zwischen 7 und 30 MHz.

Sobald eine Person in die Nähe der Schleife kommt, führt dies zu starken Frequenzschwankungen. Wenn diese Schwankungen mit einem Resonanzdetektor ausgewertet werden, verfügt man über eine hervorragende Annäherungskontrolle für Personen. In der Praxis bietet es sich an, die Spule im Türrahmen zu verlegen, um so bereits im Vorfeld vor Einbrechern zu warnen.

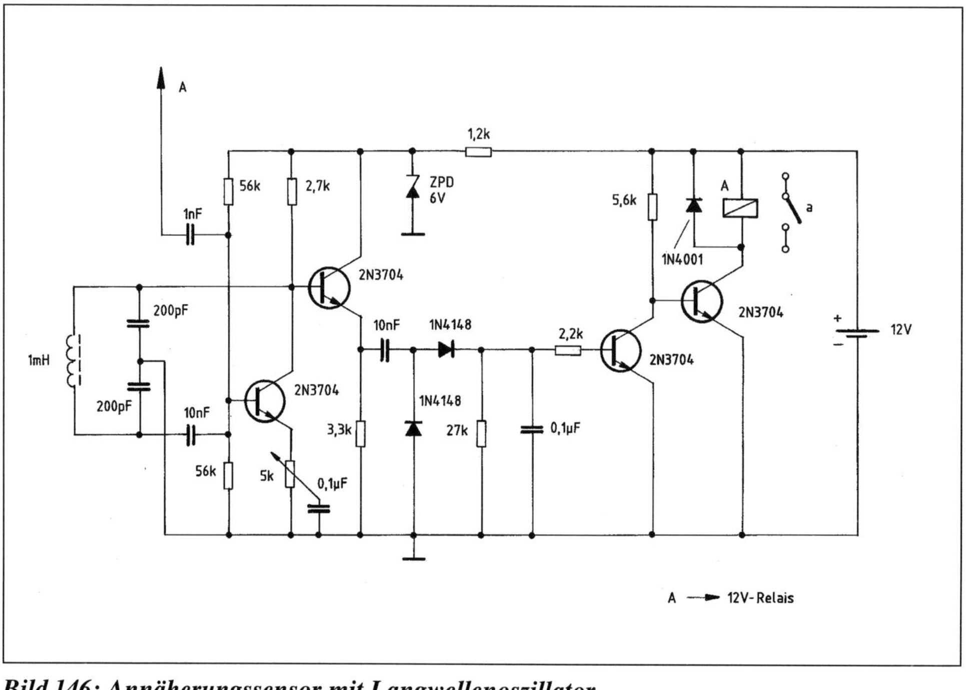

Bild 146: Annäherungssensor mit Langwellenoszillator

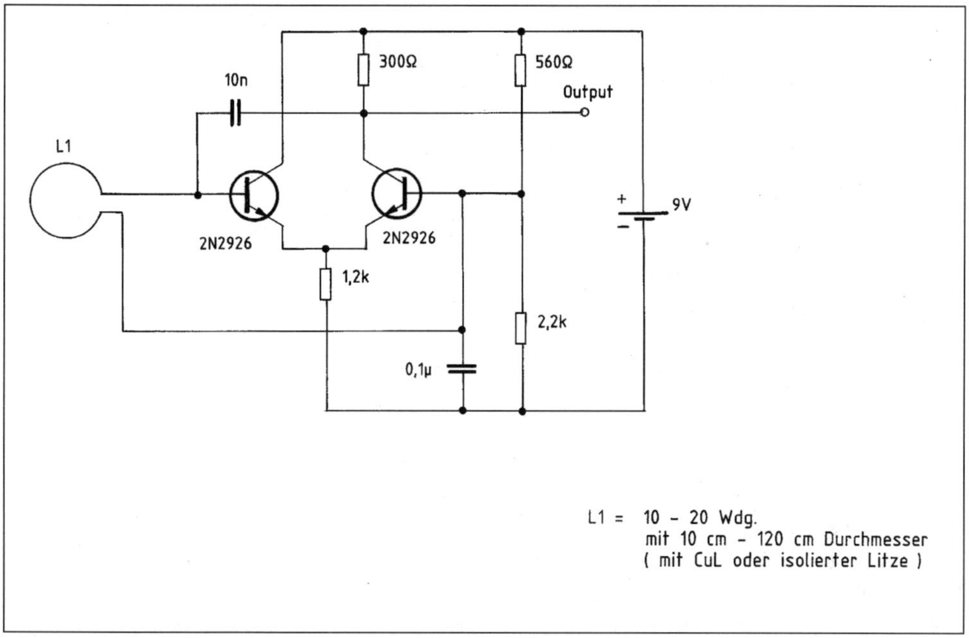

Bild 147: Annäherungssensor mit großer Schleifenantenne

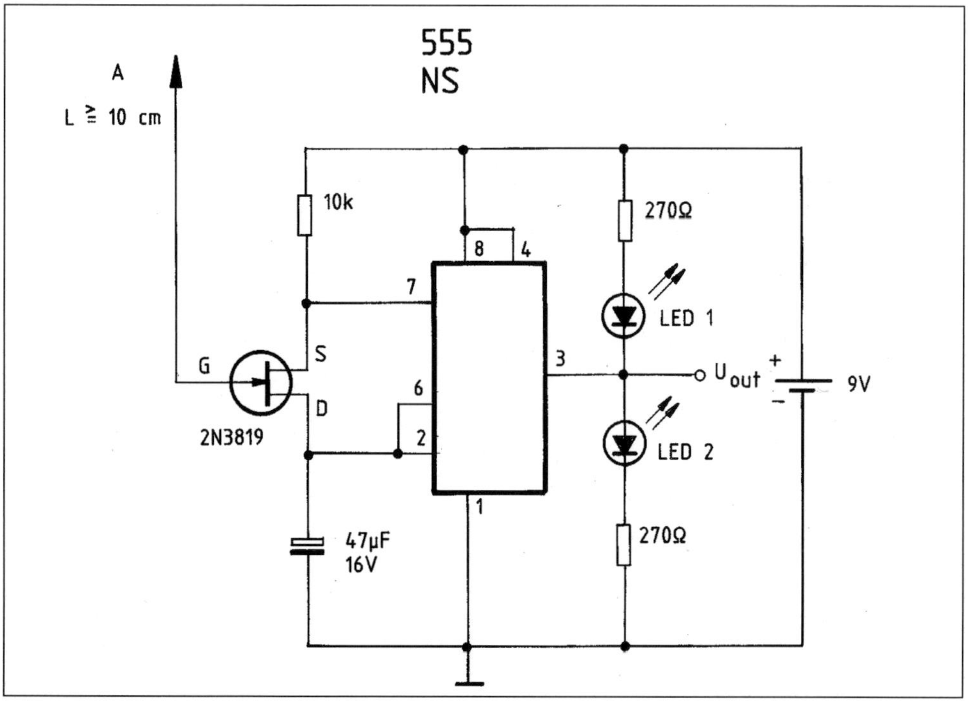

Bild 148: Statischer Annäherungssensor mit FET

Statischer Annäherungssensor mit FET

Die Schaltung in Bild 148 arbeitet mit dem hochohmigen Eingang eines Feldeffekttransistors. Das Gate des FETs reagiert auf elektrostatische Felder. Als Ergebnis der Spannungsänderungen ändert sich die Blinkrate der zwei Leuchtdioden.

UHF-Annäherungssensor

Der in Bild 149 und 150 gezeigte UHF-Annäherungssensor funktioniert nach dem Doppler-Radar-Prinzip. Der UHF-Oszillator arbeitet mit dem Transistor MRF 961. Das UHF-Signal wird über die Antenne abgestrahlt, ein Objekt in der Nähe des HF-Feldes reflektiert einen Teil der Energie zurück zum Detektor. Falls sich das Objekt bewegt, unterscheidet sich aufgrund des Dopplereffekts die Frequenz des reflektierten Signals von der Oszillatorfrequenz. Zur Aussendung des HF-Signals genügt eine etwa 8 cm lange Antenne. Die Antenne dient gleichzeitig zum Empfang des reflektierten UHF-Signals. Die Schottky-Diode arbeitet als Mischer, an der die Differenzfrequenz zwischen ausgesandtem und reflektiertem Signal abgenommen werden kann. Der Transistor BC 548 verstärkt die Differenzfrequenz. Mittels eines in der Empfindlichkeit einstellbaren Komparators wird der Pegel der Differenzfrequenz ausgewertet, so daß am Ausgang des LM 339 N ein logisches Ja/Nein-Signal zur Ansteuerung einer Transistorschaltstufe zur Verfügung steht.

Infrarot-Reflexions-Annäherungssensor

Ein Annäherungssensor, der auf Reflexion einer Infrarotlichtquelle reagiert, ist in Bild 151 wiedergegeben. Der PLL-Ton-Decoderbaustein arbeitet sendeseitig als 1-kHz-Rechtecksignalgenerator, der über Pin 5 einen LED-Treibertransistor ansteuert. Wird das von der LED 2 ausgestrahlte gepulste Infrarotlicht von einem Gegenstand reflektiert und trifft auf den Fototransistor, leuchtet die LED 1 auf, und das Relais zieht an. Der Transistor 2 N 3904 dient zur Verstärkung der Signalspannung des Fototransistors.

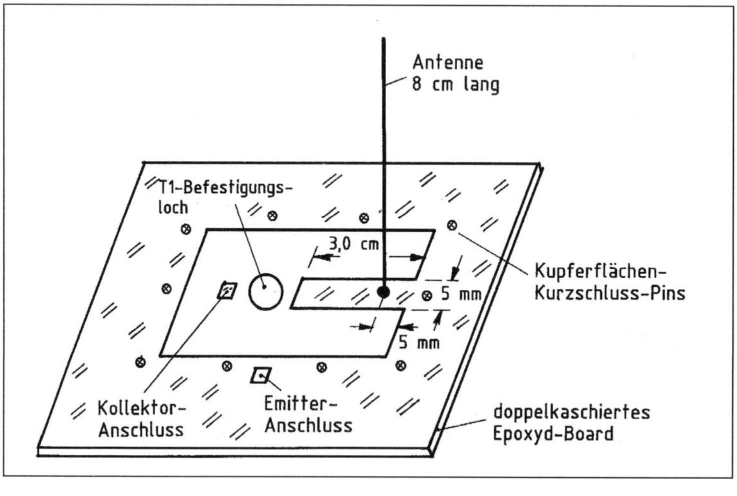

Bild 150: Mechanischer Aufbau des UHF-Annäherungssensors

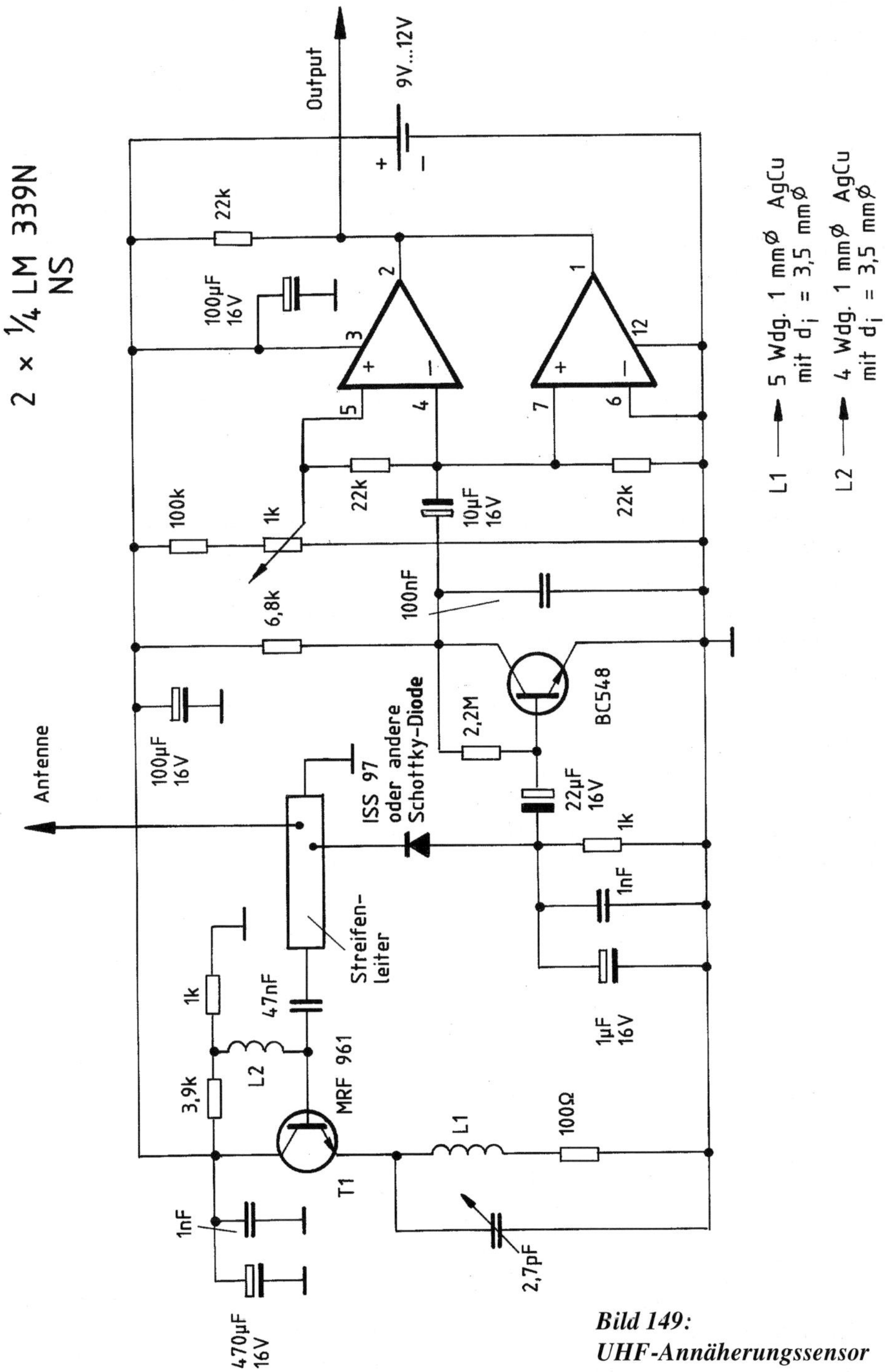

Bild 149:
UHF-Annäherungssensor

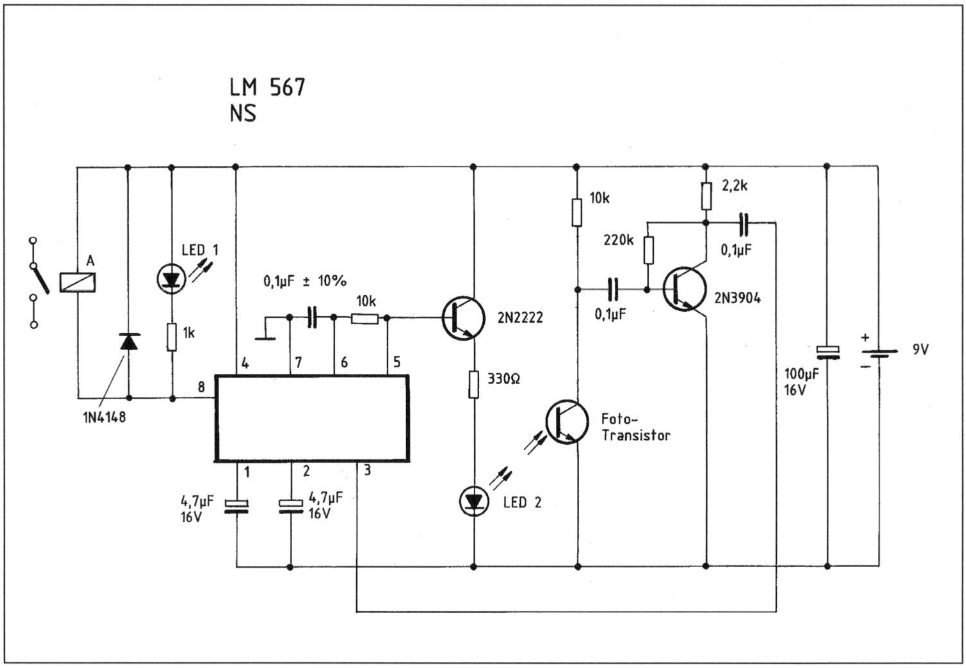

Bild 151: Infrarot-Reflexions-Annäherungssensor

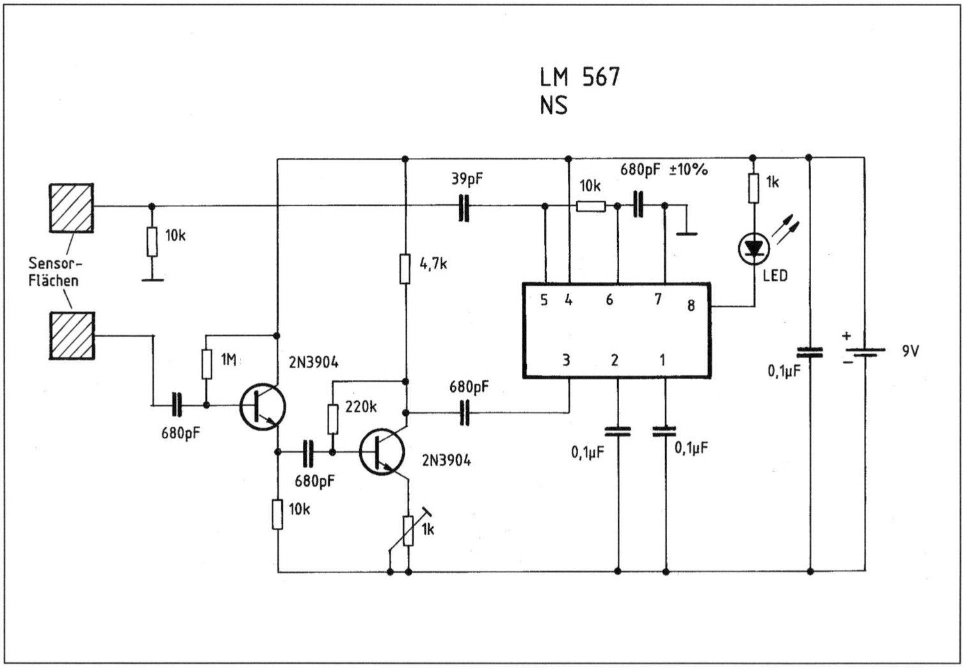

Bild 152: Kapazitiver Annäherungssensor

Kapazitiver Annäherungssensor

Nach der prinzipiell gleichen Funktionsweise wie beim Infrarot-Reflexionssensor arbeitet auch die Sensorschaltung in Bild 152. Hier wird eine Kapazitätszunahme zwischen zwei Sensorflächen detektiert. Der PLL-Tondecoder LM 567 arbeitet in dieser Applikation als 100-kHz-Rechteckoszillator. Die Sensorflächen bestehen aus Kupfer- oder Aluminiumplatten, gegebenenfalls auch aus Drähten. Wenn ein leitendes Objekt in die Nähe der Sensorflächen kommt, bewirkt dies eine Kapazitätszunahme.

Die beiden Transistoren 2 N 3904 verstärken das kapazitiv gekoppelte Rechtecksignal. Vom Kollektor des zweiten Transistors wird das verstärkte Signal auf den Decodierungseingang Pin 3 des LM 567 geführt. Der LM 567 detektiert quasi.

Erschütterungssensor

Wem schon mal auf einem Parkplatz das Auto angefahren wurde und nach Rückkehr keinen Zettel mit Namen und Adresse des Übeltäters an seiner Windschutzscheibe fand, wird die in Bild 153 gezeigte Schaltung vielleicht in sein Auto einbauen. Es handelt sich dabei um einen Erschütterungssensor, dessen mechanischer Teil in Bild 154 dargestellt ist. Bei Erschütterung schwingt der Stahldraht innerhalb der Schraubenmutter und gibt vorübergehend Kontakt, der von der Schaltung ausgewertet wird.

Bei jedem Kontakt wird der Alarmsender für 5 Sekunden eingeschaltet. Statt des Alarmsenders kann natürlich auch die Hupe eingeschaltet werden – aber wer achtet heutzutage noch darauf.

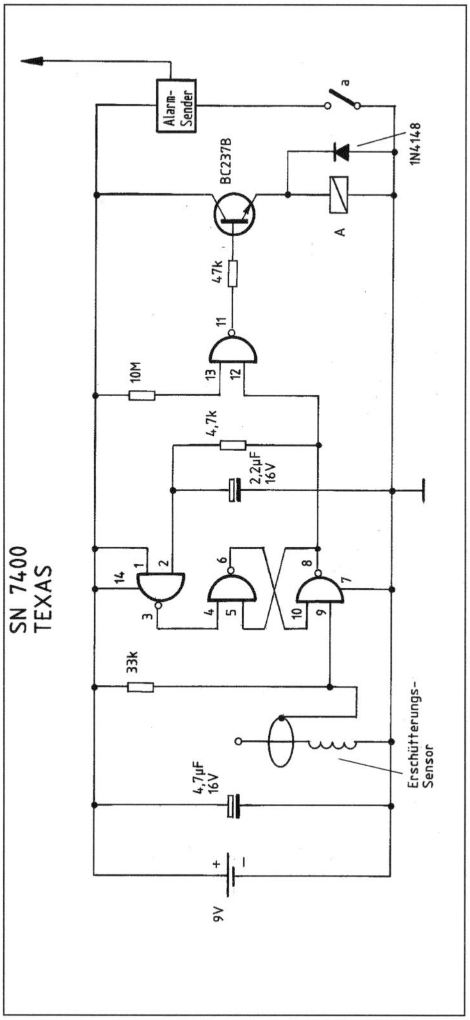

Bild 153: Erschütterungssensor

Akustischer Doppler-Bewegungssensor

In der Sensorschaltung in Bild 155 erzeugt das PLL-Decoder-IC LM 567 ein mit dem 25-kΩ-Trimmer einstellbares NF-Signal (15–25 kHz), welches mit einem kleinen 8-Ω-Lautsprecher abgestrahlt wird. Ein Teil des NF-Signals wird vom LM 567 abgegriffen und auf den Mischerbaustein LM 1496 gegeben. Das

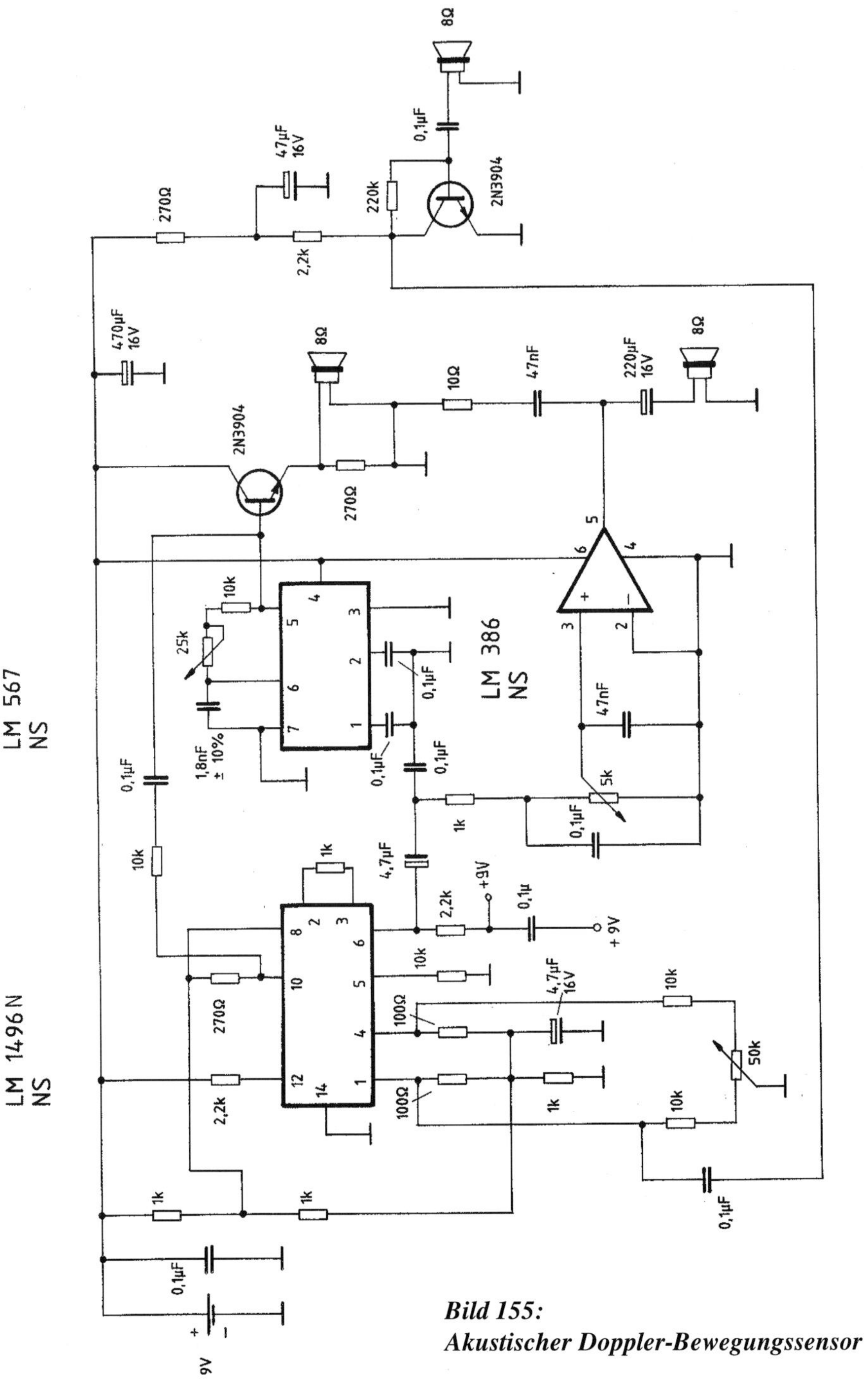

Bild 155:
Akustischer Doppler-Bewegungssensor

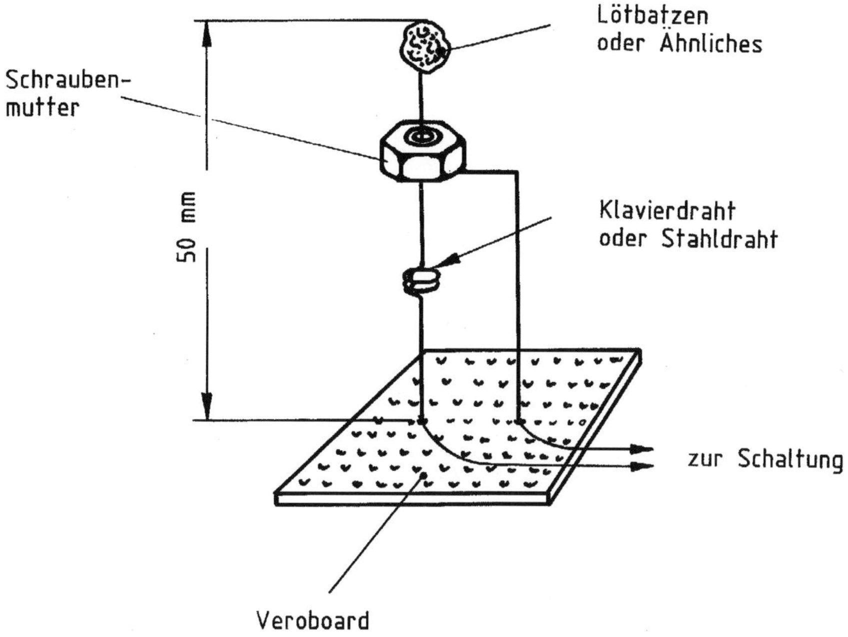

Bild 154: Mechanischer Aufbau des Erschütterungs-Kontaktgebers

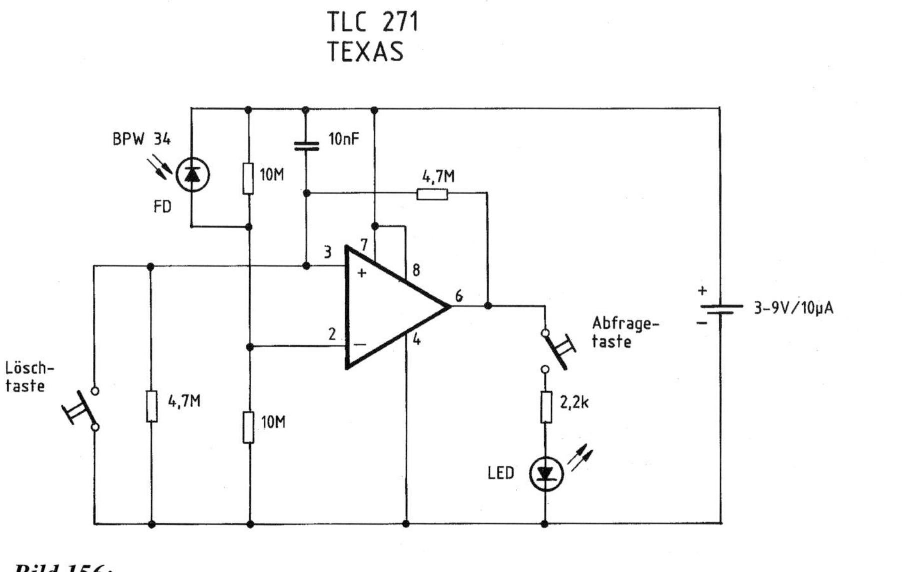

Bild 156: Lichtspion

reflektierte NF-Signal trifft auf den ganz äußeren, als Mikrofon geschalteten Minilautsprecher. Ein 2 N 3904 verstärkt das Mikrofonsignal. Von dort wird das verstärkte Signal auf den Mischerbaustein LM 1496 geführt.

Wenn das reflektierte NF-Signal von einem bewegten Objekt stammt, tritt aufgrund des Dopplereffekts eine Frequenzverschiebung des reflektierten Signals ein. Der Mischerbaustein LM 1496 erzeugt die Differenzfrequenz, die von Pin 6 des LM 1496 auf den NF-Leistungsverstärker LM 386 geführt wird.

Die verstärkte Differenzfrequenz wird über den angeschlossenen Lautsprecher hörbar gemacht.

Lichtspion

Eine interessante Schaltung zur Überwachung abgeschlossener dunkler Räume, Tresore und Schubladen ist in Bild 156 angegeben. Bei Lichteinfall kippt die mitgekoppelte Operationsverstärkerschaltung am Pin 6 in den logisch 1-Zustand. Zur Überprüfung des Schaltzustands wird die Abfragetaste gedrückt. Ein Aufleuchten der Stromspar-LED zeigt an, daß sich ein Unbefugter in den abgedunkelten Räumen oder Behältnissen zu schaffen machte. Durch Drücken der Löschtaste kann die Schaltung erneut „scharf" gemacht werden. Die BPW 34 ist eine Fotodiode der Firma Siemens.

Spezialapplikationen

1-MHz-Mittelwellensender mit Operationsverstärkern

Die in Bid 157 gezeigte Mittelwellensenderschaltung stammt von der Firma Linear Technology mit deutscher Niederlassung in Eching bei München. Mit einem quarzstabilisierten Oszillator wird die 1-MHz-Sendefrequenz erzeugt. Das Lämpchen La im Brückenkreis trägt die amerikanische Bezeichnung Nr. 345. Wer über die Daten dieses Lämpchens Genaueres wissen will, muß wohl bei Linear Technology anrufen oder verschiedene Lämpchentypen ausprobieren. Der Mikrofonverstärker LT 1007 moduliert den LT 1194-Endverstärker in seiner Ausgangsamplitude. Zur Abstimmung des 1-MHz-Oszillators muß der 100-Ω-Trimmer so justiert werden, daß am Ausgangs-Pin 6 des LT 1190 eine HF-Spannung von 1 V ansteht.

Bild 158 zeigt das AM-modulierte Ausgangssignal an der Sendeantenne. Das Oszillogramm wurde mit Chuck Berry's „Johney B Goode" aufgenommen.

Quarzoszillator 100 MHz mit TTL-Ausgang

Daß Computer mit ihren Taktfrequenzen bereits in den UKW-Bereich hereinreichen, ist eigentlich nichts Ungewöhnliches mehr. Die Schaltung in Bild 159 schwingt auf dem 5. Oberton des Quarzes (f_Q = 20 MHz), das heißt, der Resonanzkreis im Emitterzweig des BF 495 D wird auf f_0 = 100 MHz abgestimmt. Über den 15-pf-Kondensator erfolgt die Rückkopplung.

Um die Oszillatorstufe nicht zu belasten, folgt ein hochohmiger Impedanzwandler mit dem BF 982. Mit der Reihenschaltung aus dem 470-Ω-Widerstand und der 1 N 4148-Diode wird der Pegel des 100-MHz-Signals bis über die Schaltschwelle der TTL-Gatter angehoben. Am Gatterausgang kann ein stabiles TTL-Signal abgenommen werden.

Verstärker für Muskelspannungen

In Bild 160 wird die Schaltung eines Muskelspannungsverstärkers gezeigt. Auslösesignale der Umwelt, ob optisch, akustisch oder taktil, lösen im Zentralnervensystem Reflexe aus. Die Steuerimpulse zur motorischen Antwort werden über Nervenfasern zu den einzelnen Muskeln geleitet. Erkennbar wird dies an einem elektromyografischen Signal, kurz EMG-Signal genannt. Die Amplituden der EMG-Signale betragen 40...50 µV. Die Impulsdauer beträgt etwa eine Millisekunde. Man erhält so eine maximale Impulsfrequenz von 1 kHz. Liegen die Impulse dichter, so addieren sie sich. Zur exakten Übertragung ist also eine Bandbreite von 100 Hz bis 10 kHz notwendig. Durch Abtasten der Haut über einem Muskel kann die

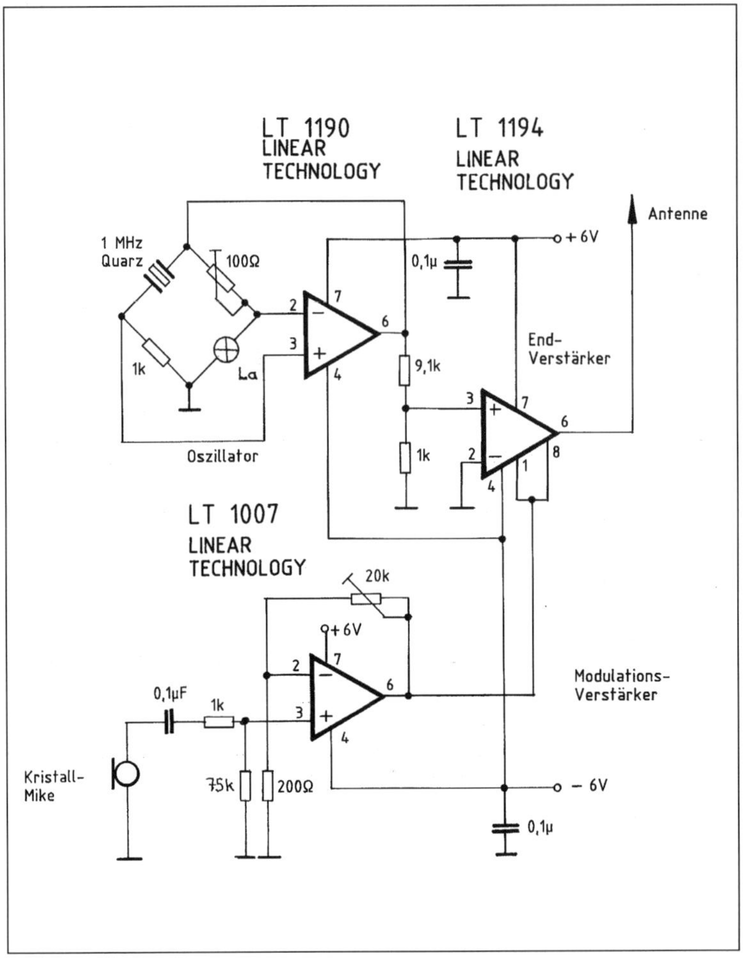

Bild 157: 1-MHz-Mittelwellensender mit Operationsverstärkern

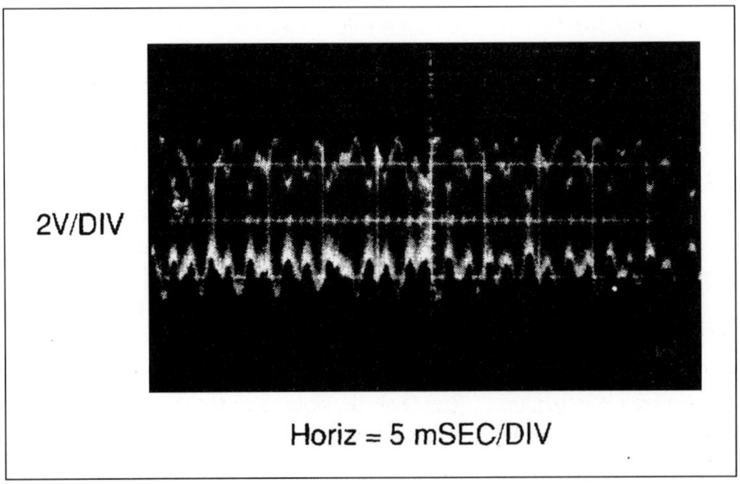

Bild 158: Amplitudenmoduliertes HF-Ausgangssignal

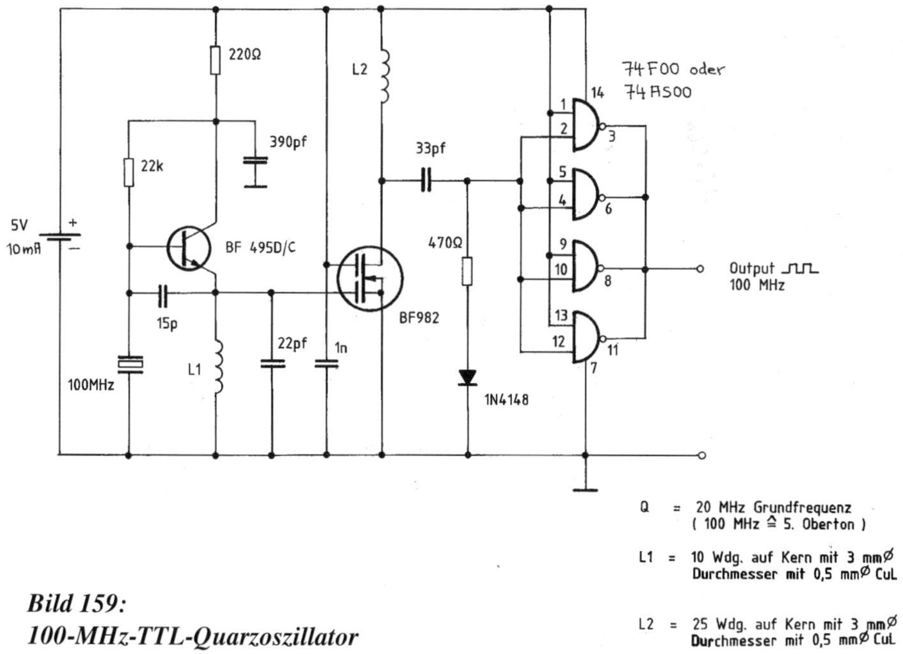

Bild 159:
100-MHz-TTL-Quarzoszillator

Stelle ausfindig gemacht werden, an welcher die größte Spannung auftritt. Die Empfindlichkeit ist bei Vollausschlag 50 µV. Der Eingangswiderstand der erforderlichen Differenzeingangsstufe ist größer als 5 MΩ pro Kanal.

Biosender zur drahtlosen EKG-Übertragung

Die in Bild 161 angegebene Biosenderschaltung stammt von Tierarzt Ferdinand Brunner aus Wien. Laut seinen Angaben soll sein „Herzfrequenz-Telemetriegerät“ außer bei Menschen auch bei Hunden und Katzen funktionieren, wenn die Elektroden vor dem Brustbein und an der Innenseite eines der beiden Oberschenkel befestigt werden. Die Signale können mit jedem UKW-Empfänger wiedergegeben werden. Beim Menschen befestigt man die Elektroden mit Klebestreifen auf der Brust. Mittels eines Kassettenrecorders lassen sich die Signale auch aufzeichnen.

Wie weit die heutige Technik ist, verdeutlicht Bild 162. Der Heuschreckenrucksack wiegt ganze 0,5 Gramm, steckt voller Elektronik und gilt bereits als Weltsensation. „Gepäckträger“ ist eine afrikanische Wüstenheuschrecke mit Geburtsort Universität Konstanz am Bodensee. Den Minisender hat ihr der Neurobiologe Professor Wolfram Kutsch auf den Buckel geschnallt. Der Biosender mißt kleinste Nervenimpulse und gibt diese zur Auswertung an einen Computer weiter. Mit dem Gerät können selbst das kleinste Muskelspiel und geringste Bewegungen registriert und mit Hilfe des Senders rund 20 m weit übertragen werden.

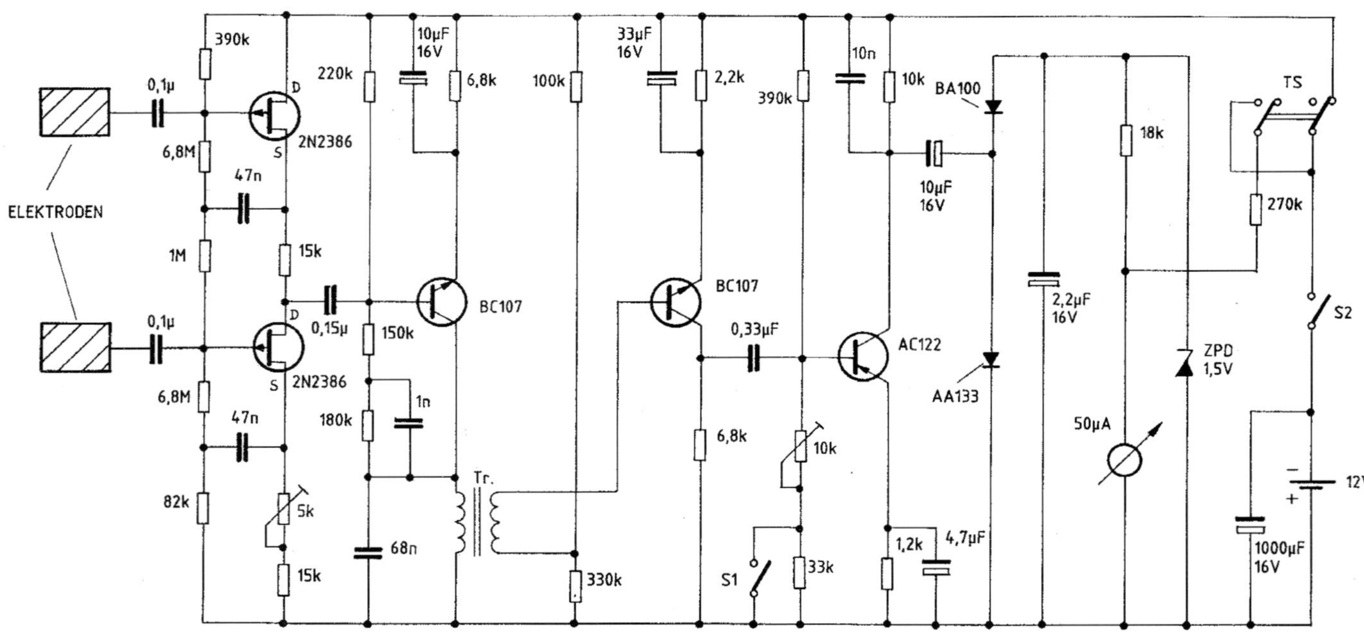

Tr. → Kern: Siferrit Schalenkern 18 × 14 N22
Primär: 1070 Wdg. 0,05 CuLØ
Sekundär: 1070 Wdg. 0,05 CuLØ

Bild 160: Verstärker für Muskelspannungen

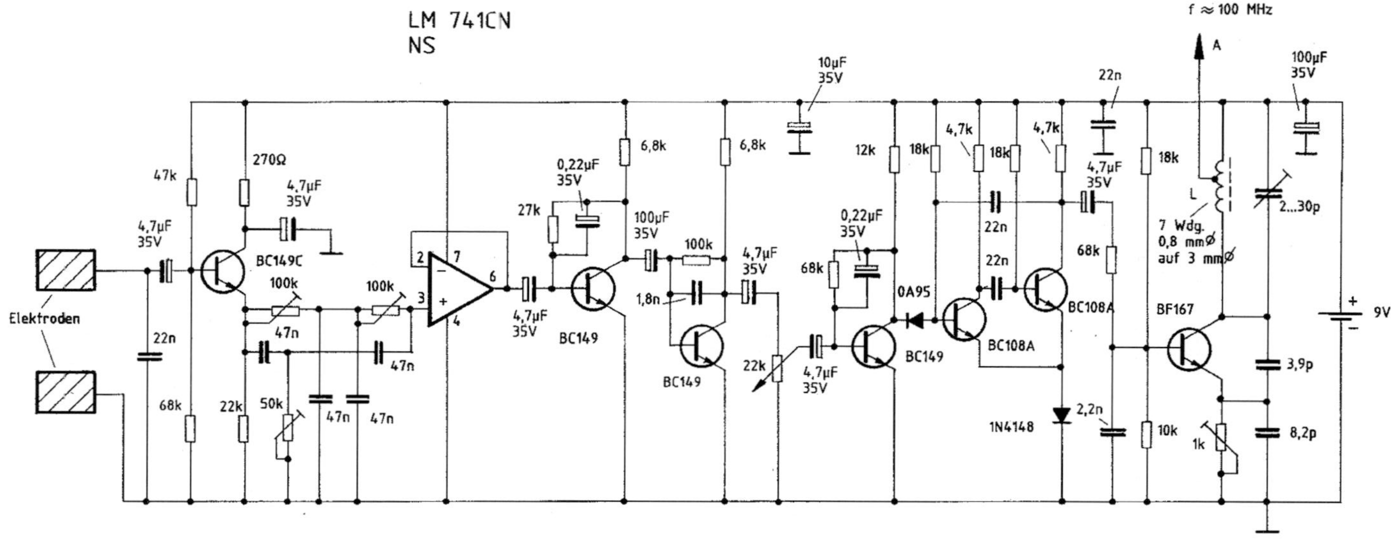

Bild 161: UKW-Biosender für EKG-Übertragung

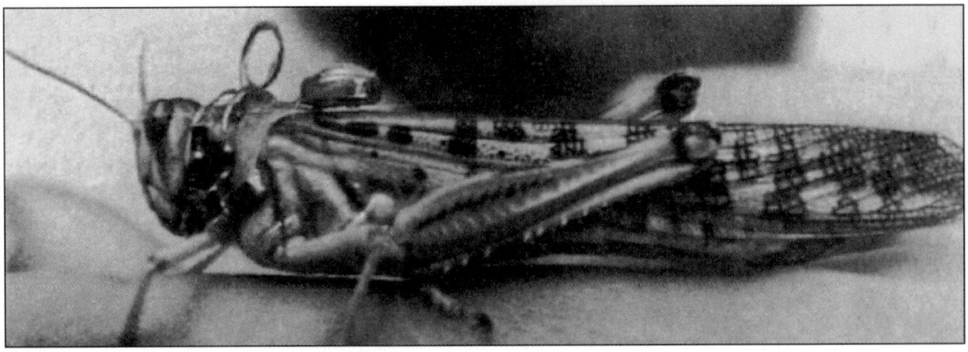

Bild 162: Heuschrecke mit Biosender

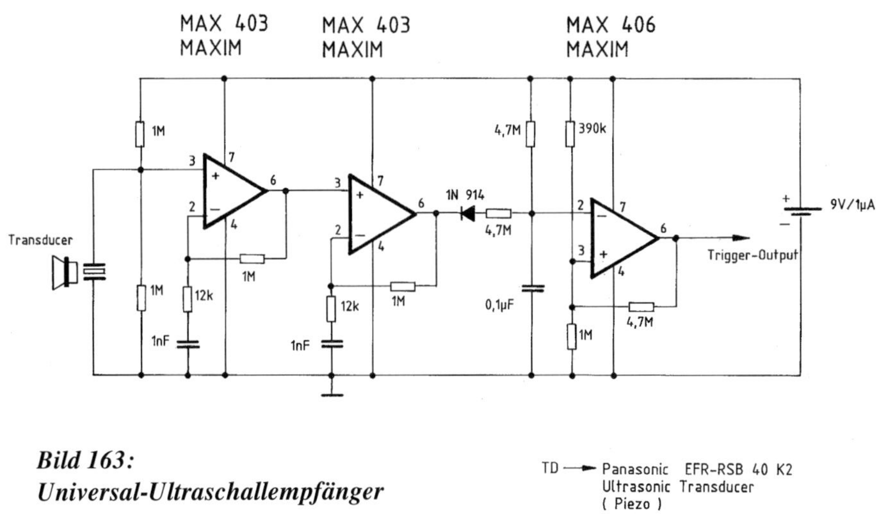

Bild 163: Universal-Ultraschallempfänger

Universal-Ultraschallempfänger

Das Vorhandensein von Ultraschallsignalen kann die Schaltung in Bild 163 detektieren. Der beiden Operationsverstärker verstärken das vom Piezo-Transducer aufgenommene Ultraschallsignal jeweils etwa 80fach. Nach Gleichrichtung des verstärkten Signals wird es auf einen Komparator gegeben. Der Logikausgang des Komparators signalisiert dann das Vorhandensein eines Ultraschallsignals.

Universal-Modulationsverstärker

Ein universell einsetzbarer NF-Verstärker ist aus Bild 164 zu ersehen. Er verfügt über einen weiten Speisespannungsbereich und zeichnet sich durch geringe Stromaufnahme aus. Mit dem 100-kΩ-Trimmer kann die Verstärkung von 10- bis 100fach geregelt werden.

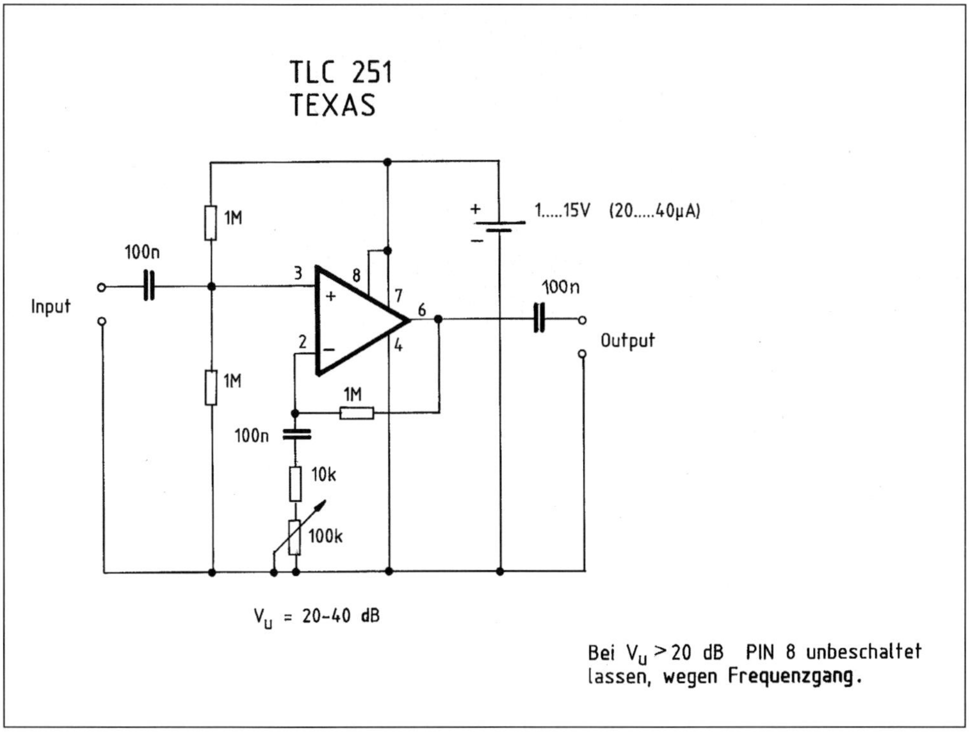

Bild 164: Universal-Modulationsverstärker

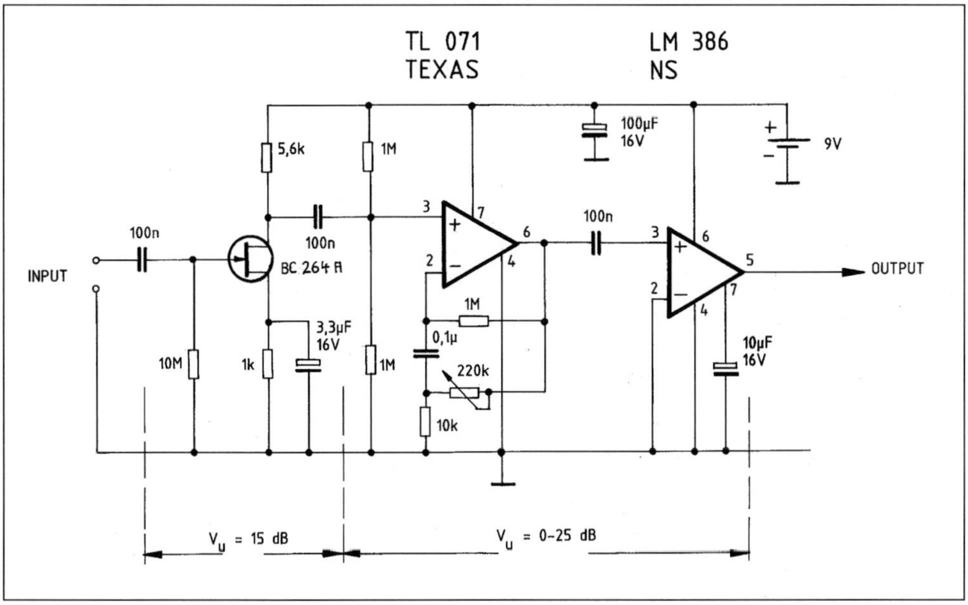

Bild 165: Hochohmiger, rauscharmer Verstärker

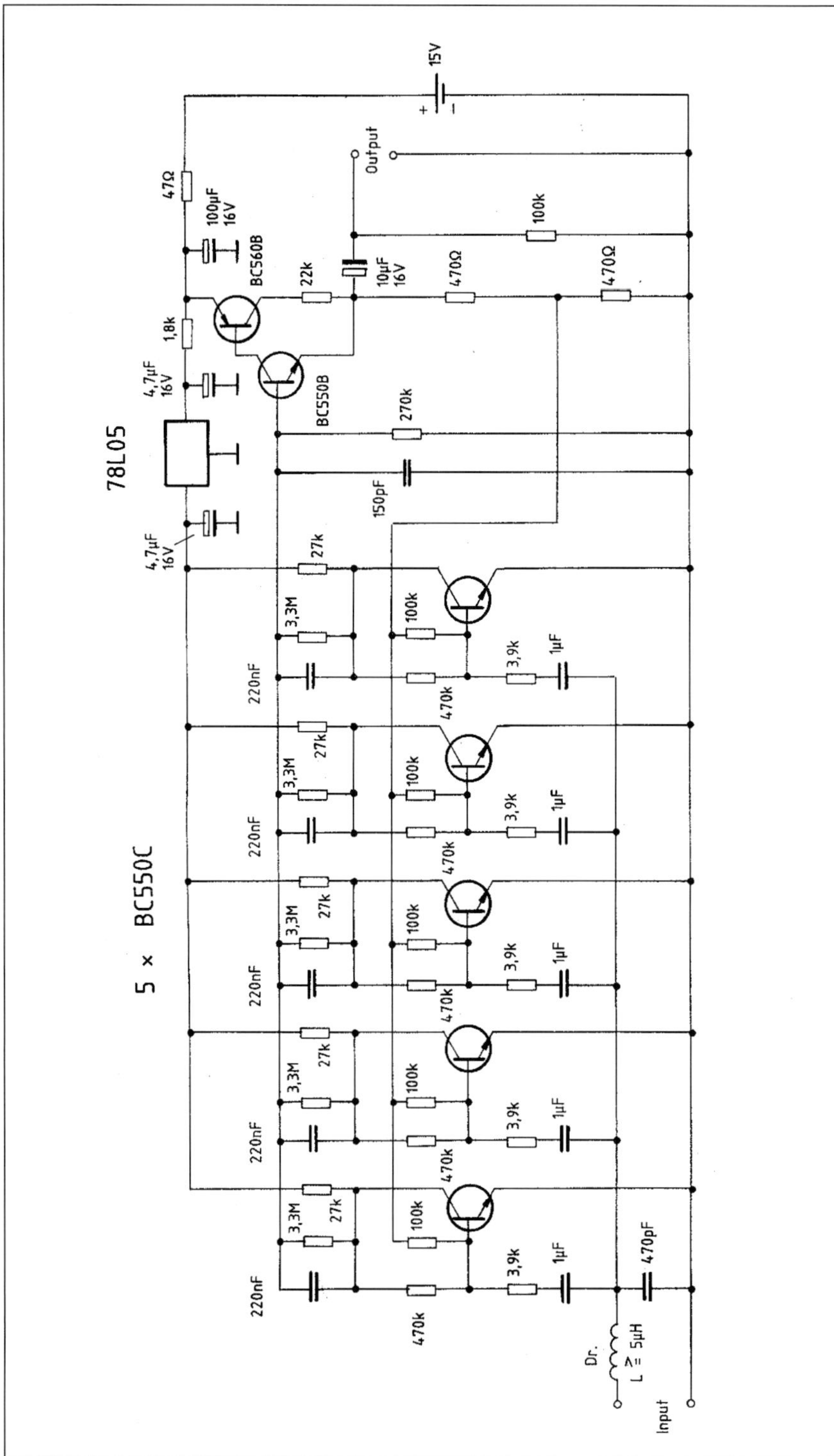

Bild 166: Extrem rauscharmer Mikrofonvorverstärker

Hochohmiger, rauscharmer NF-Leistungsverstärker

Ein rauscharmer NF-Leistungsverstärker mit maximal 100facher Verstärkung wird in Bild 165 gezeigt. Der Ausgang kann mit einem 4- bis 8-Ω-Lautsprecher belastet werden. Der Eingang ist hochohmig ausgelegt.

Extrem rauscharmer Mikrofonvorverstärker

Wer schon mal versuchte, aus einem Parabol- oder Resonanzröhren-Richtmikrofon das Letzte herauszuholen, hat sicher bald bemerkt, daß er mit seinem Mikrofonverstärker hinsichtlich dessen Rauscheigenschaften rasch an Grenzen stößt. Ein rauscharmer Mikrofonvorverstärker entsprechend Bild 166 kann die Ergebnisse beträchtlich verbessern. Im Bild sind fünf gleiche Verstärkerstufen parallelgeschaltet. Diese Schaltungstechnik (Moving-Coil-Technik) reduziert den Rauschanteil der einzelnen Stufen um den Faktor n, wobei n die Anzahl der Stufen ist. Bei fünf parallelen Stufen ergibt sich gegenüber einer einzelnen Stufe eine Verbesserung von 7 dB. Die Stromaufnahme beträgt knapp 1 mA.

Nachteilig ist der etwas höhere Klirrfaktor von etwa 1% und eine geringere Aussteuerbarkeit, die bei schwachen Signalen jedoch nicht ins Gewicht fällt. Bei einer NF-Eingangsspannung von 0,13 mV ergibt sich eine Ausgangsspannung von 60 mV. Bei Tonbandaufnahmen ist dies völlig ausreichend. Bei etwa 500facher Verstärkung können NF-Eingangssignale bis zu 8 mV verstärkt werden. Der Frequenzgang geht von 20 Hz bis 45 kHz. Der 150-pf-Kondensator begrenzt die Bandbreite nach oben. Die Drossel und der 470-pf-Kondensator am Eingang sollen Rundfunkeinstreuungen verhindern. Als Drossel kann eine Ferritperle mit einigen Windungen Kupferlackdraht verwendet werden. Mit 12 dB ist der Rauschabstand mit diesem Vorverstärker wesentlich besser als der eines hochwertigen Mikrofonverstärkers in einem qualitativ hochwertigen Tonbandgerät. Wer den Vorverstärker vor einen billigen Kassettenrecorder schaltet, wirft Perlen vor die Säue. Die Verstärkung läßt sich durch Verringern des 22-kΩ-Widerstandes in der Kollektorleitung des BC 560 B und Erhöhung des 270-kΩ-Widerstandes an der Basis des BC 550 B variieren. Für eine Verstärkung von 200fach wird der 22-kΩ-Widerstand durch einen 10-kΩ-Widerstand und der 270-kΩ-Widerstand durch einen 680-kΩ-Widerstand ersetzt.

Der normal vorhandene Eingangswiderstand des Vorverstärkers mit 1 kΩ läßt sich durch Einfügen eines Widerstands in Reihe zur Drossel erhöhen. Für rauscharme Verstärker sollten statt Kohleschichtwiderständen ausschließlich Metallfilmwiderstände eingesetzt werden.

Anschlußschemen von Elektret-Mikrofonen

Die Anschlußschemen von Elektret-Mikrofonen führen immer wieder zu Mißverständnissen. Grundsätzlich gibt es die zwei- und dreipoligen Elektret-Mikrofone. Bild 167 zeigt die Innenschaltung und das Anschlußschema eines zweipoligen Elektret-Mikrofons. Wie zu sehen ist, muß von Anschluß 1 zur Inbetriebnahme ein 2- bis 10-kΩ-Widerstand auf die (+)-Versorgungsspannung gelegt werden. Am Anschluß 1 kann dann die Mikrofonwechselspannung über einen Kondensator abgegriffen werden. In Bild 168 sind die Innenschaltung und die verschiedenen auf dem Markt befindlichen Anschlußschemen von dreipoligen Elektret-Mikrofonen angegeben. Hier ist kein externer Widerstand erforderlich.

Wer sein Mikrofonsignal über Entfernungen von ca. 3 m weiterleiten will, kann dies mit dem Aufbau in Bild 169 bewerkstelligen. Die Betriebsspannung wird dabei über einen Klin-

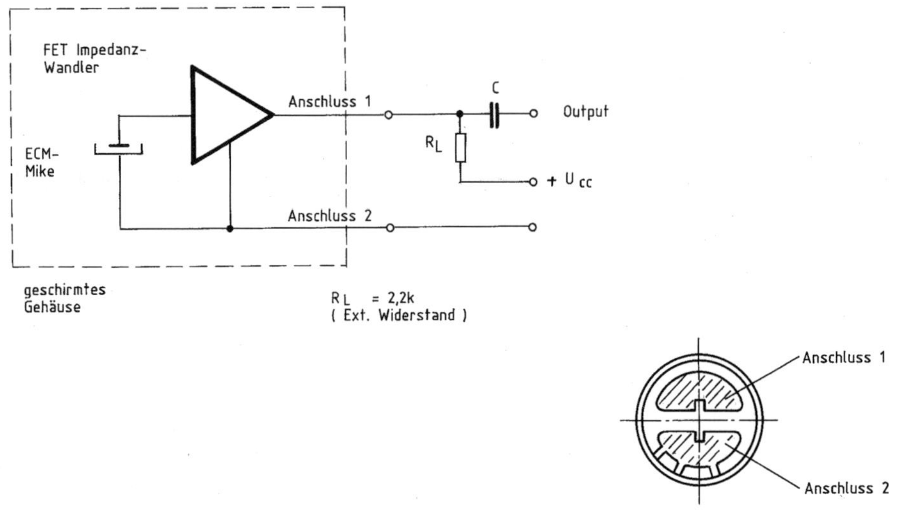

Bild 167: Anschlußplan für zweipoliges Electret-Mikrofon

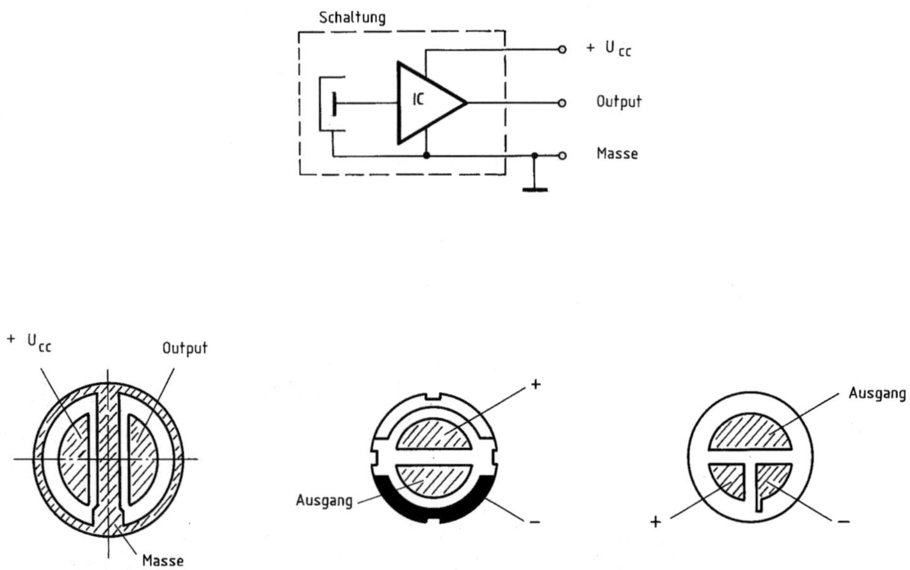

Bild 168: Anschlußplan für dreipolige Electret-Mikrofone

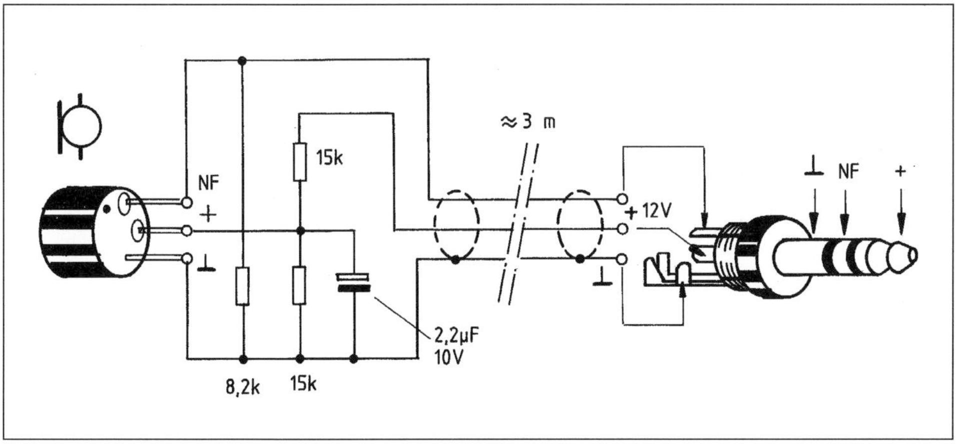

Bild 169: Betrieb eines Electret-Mikrofons über Kabel

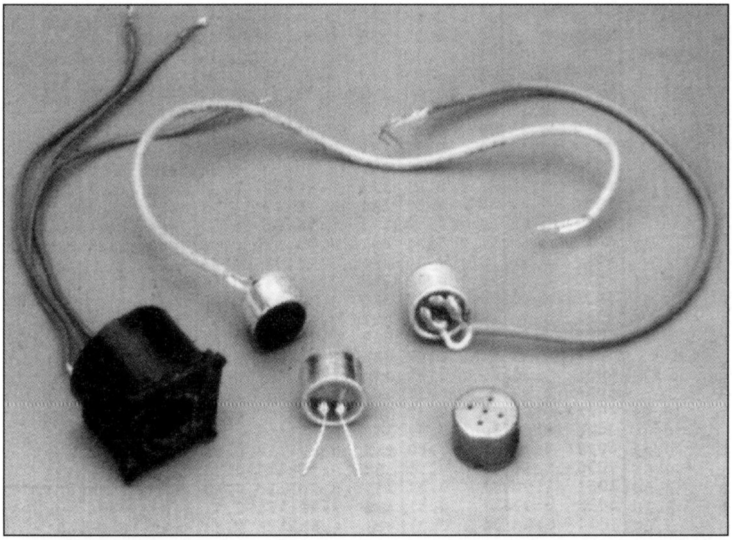

Bild 170: Verschiedene Electret-Mikrofone

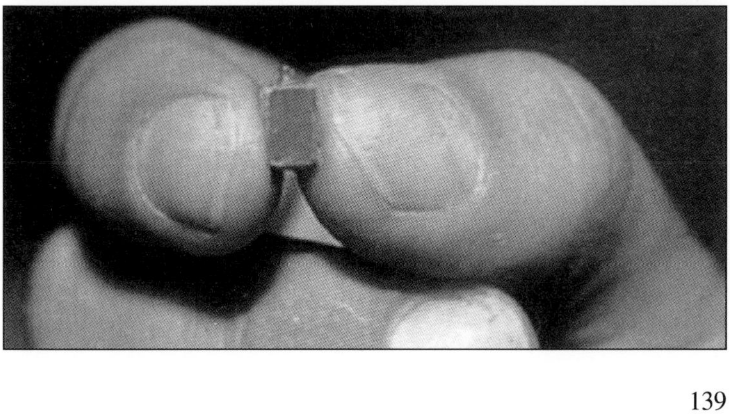

Bild 171: Electret-Mikrofon aus einem Hörgerät

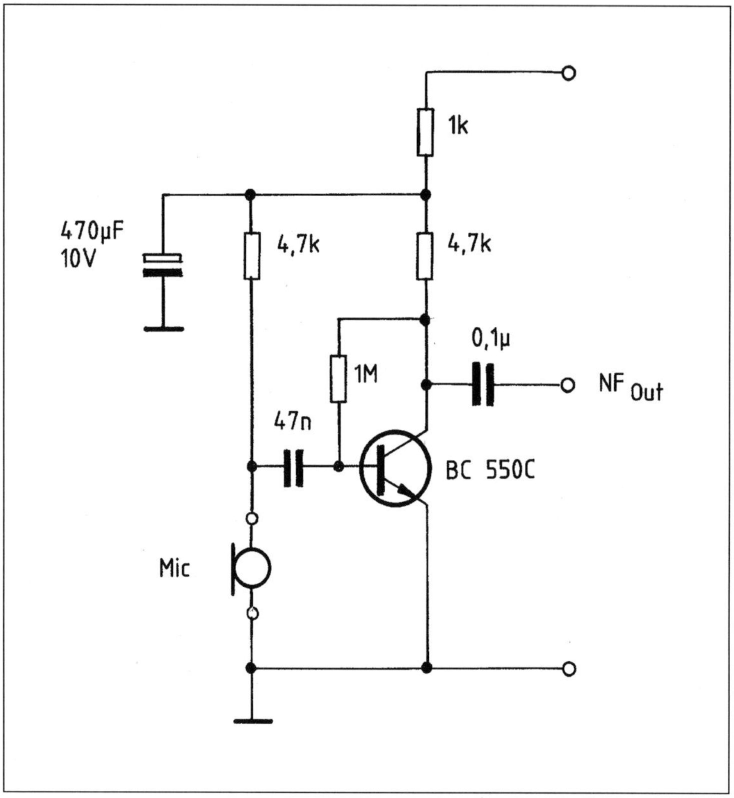

Bild 172: Vorverstärker für zweipoliges Electret-Mikrofon

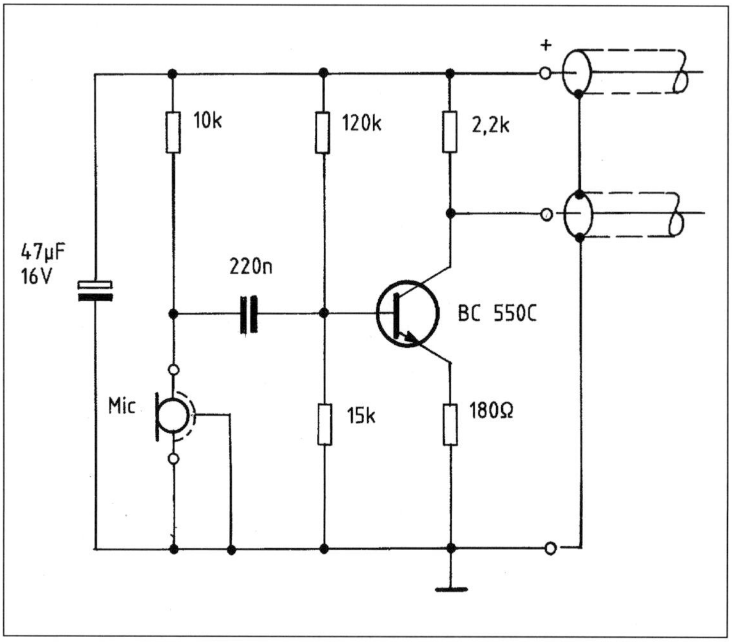

Bild 173: Vorverstärker für zweipoliges Electret-Mikrofon mit Koax-Kabeln für Betriebsspannung und NF-Ausgang

kenstecker zugeführt und mit einem Spannungsteiler entkoppelt. Bild 170 zeigt verschiedene handelsübliche Elektret-Kapseln, während in Bild 171 ein typisches Hörgeräte-Elektret-Mikrofon zu sehen ist. Wer die Absicht hat, zweipolige Elektret-Mikrofone mit einem Vorverstärker auszurüsten, findet in den Bildern 172 und 173 zwei Schaltungsvorschläge.

Körperschall-Abhörgerät (Stethoskop-Mikrofon)

Abhören durch die Wand gehört zu den ältesten Spionagetechniken. In der modernen Zeit wird nicht das Ohr an die Wand gedrückt, sondern ein Piezo-Körperschallsensor, der sich mit etwas handwerklichem Geschick leicht selbst bauen läßt. Aus Bild 174 ist der mechanische Aufbau des Sensorkopfes zu ersehen. Der Schallwandler selbst besteht aus einer piezokeramischen Scheibe, wie sie normalerweise in Tongebern für Warnanlagen eingebaut ist.

Das Metallscheibchen mit der aufgeklebten Keramikscheibe gibt es z.B. bei Bürklin in München separat zu kaufen. Wer keine Bezugsquelle hat, kann auch einen kompletten Piezo-Tongeber entsprechend Bild 175 z.B. bei der Firma Westfalia Technica in Hagen für ein paar Mark kaufen und das Scheibchen entsprechend Bild 176 ausbauen. Der komplette Aufbau des Sensorkopfes aus Aluminium geht aus Bild 177 hervor. Man erkennt das aufgeklebte Messingklötzchen, welches als seismische Masse wirkt. Das Kabel wird an den Elektroden angeschlossen, wobei das Metallscheibchen auf Masse gelegt wird. Das Schaltbild des zugehö-

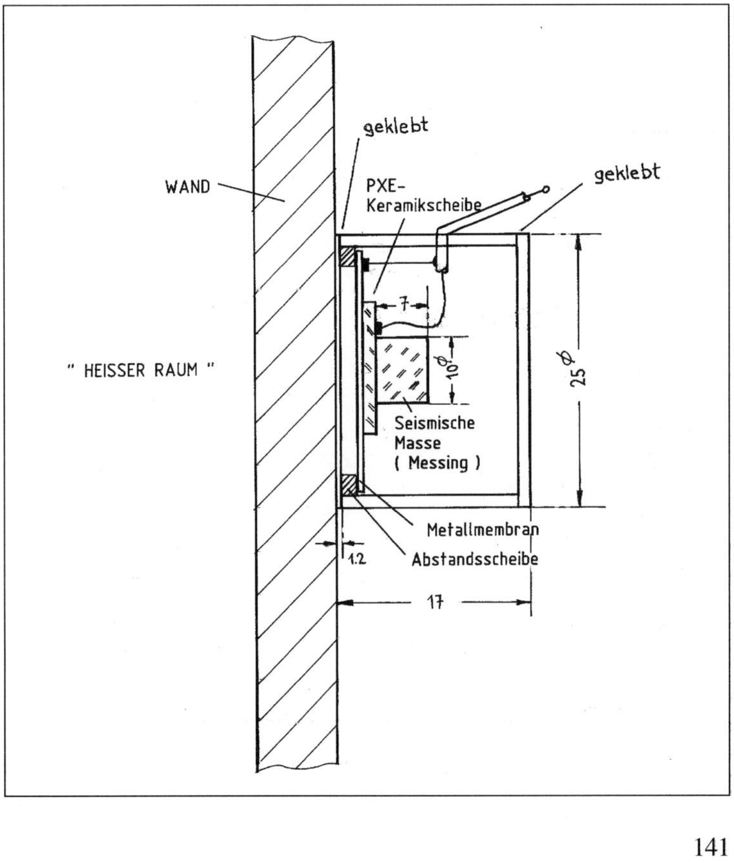

Bild 174: Wandabhör-Sensorkopf

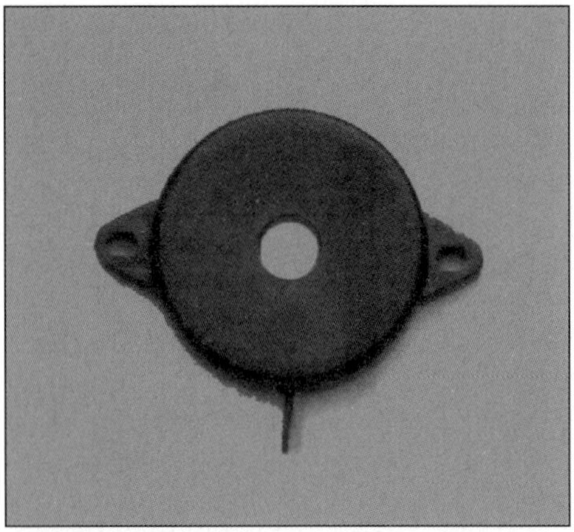

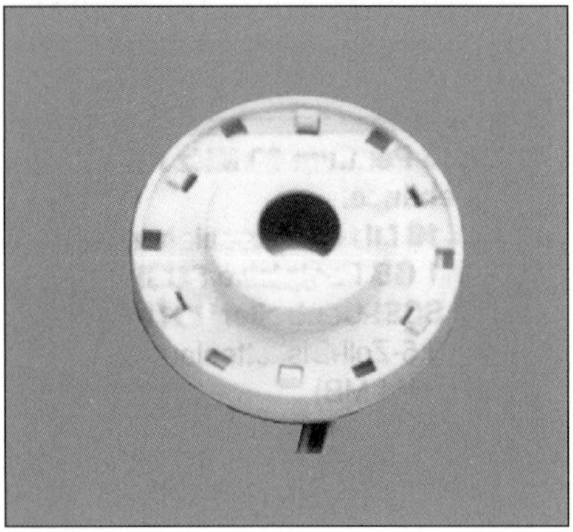

Bild 175:
Piezo-Schallgeber von Westfalia Technica

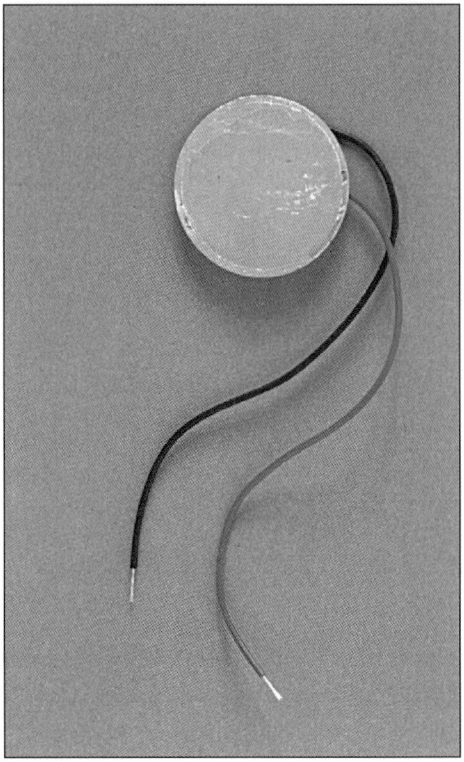

▲
Bild 176:
Piezo-Sensorscheibchen
▼

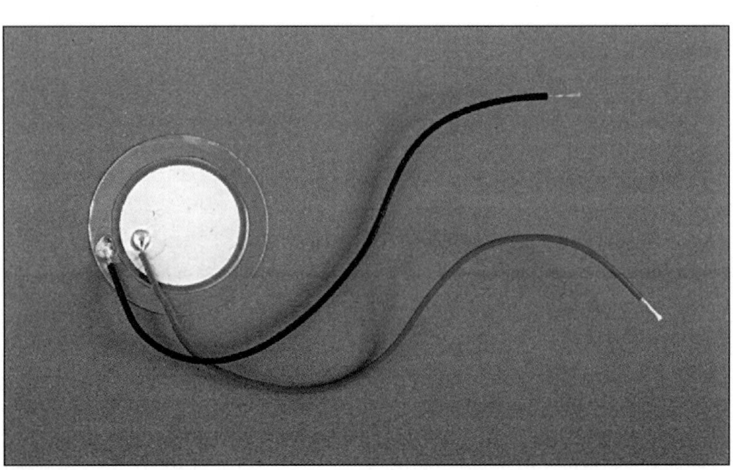

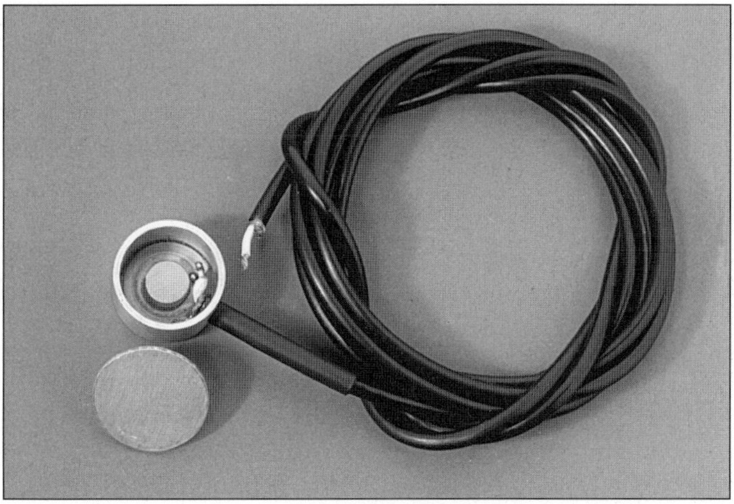

Bild 177: Mechanischer Aufbau des Wandabhör-Sensorkopfes

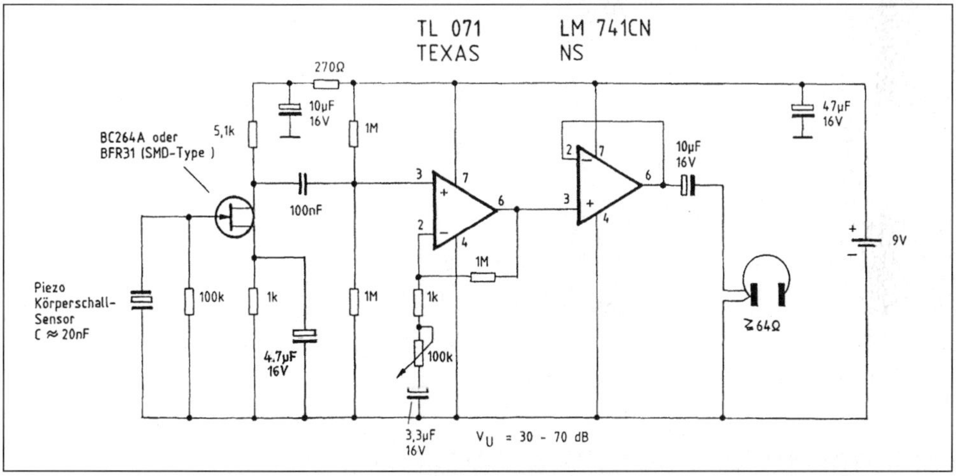

Bild 178: Schaltung des Wandabhörverstärkers

rigen Verstärkers wird in Bild 178 gezeigt. Der Eingang ist hochohmig und die Verstärkung regelbar. Am Ausgang des als Spannungsfolger geschalteten LM 741 CN wird ein handelsüblicher Stereokopfhörer angeschaltet, dessen 32-Ω-Systeme hintereinander geschaltet werden. Wer den Arbeitsaufwand für den Verstärkeraufbau scheut, kann sich ebenfalls bei Westfalia Technica für DM 20,– einen kleinen, hochempfindlichen NF-Verstärker entsprechend Bild 179 kaufen. Allerdings muß das eingebaute Elektret-Mikrofon entfernt und eine FET-Transistorvorstufe entsprechend Bild 178 vorgesehen werden. Der kleine NF-Verstärker von Westfalia Technica ist im Katalog unter dem Begriff „Whisper 2000“ aufgeführt.

Noch ein Hinweis zum Sensorkopf: Die Klebeflächen müssen mit Uhu-Plus und beigemengten Eisenfeilspänen bestrichen werden, um eine hermetische Schirmung zu gewährlei-

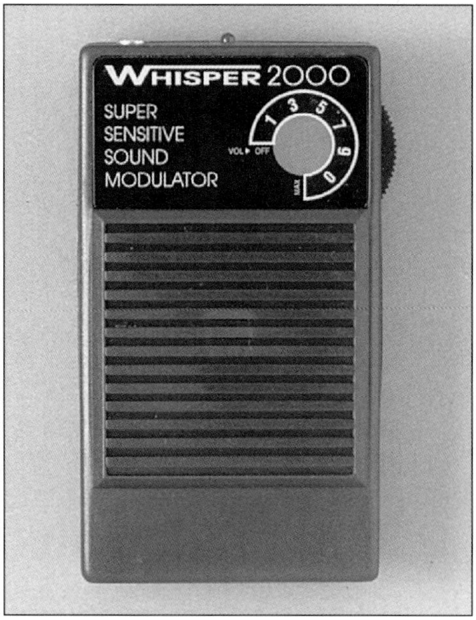

Bild 179:
Rauscharmer Verstärker „Whisper“ von Westfalia Technica

sten. Bild 180 zeigt eine ältere Version eines Körperschall-Abhörgeräts, bei der Tastkopf und Verstärker in einem gemeinsamen Gehäuse integriert sind. Im Bild 181 ist eine moderne japanische Ausführung zu sehen.

Elektronische Ladendiebfalle

Die folgende Schaltung einer elektronischen Ladendiebfalle stammt aus der holländischen Elektronik-Zeitschrift „Elex“. Wie in Bild 182 dargestellt, funktioniert die Schaltung nach dem Prinzip des Energieentzugs.

Einem auf 10 MHz frei schwingenden Oszillator wird mittels eines der Ware angehefteten Saugkreises Energie entzogen. Das Absinken der Oszillatorausgangsspannung wird mit-

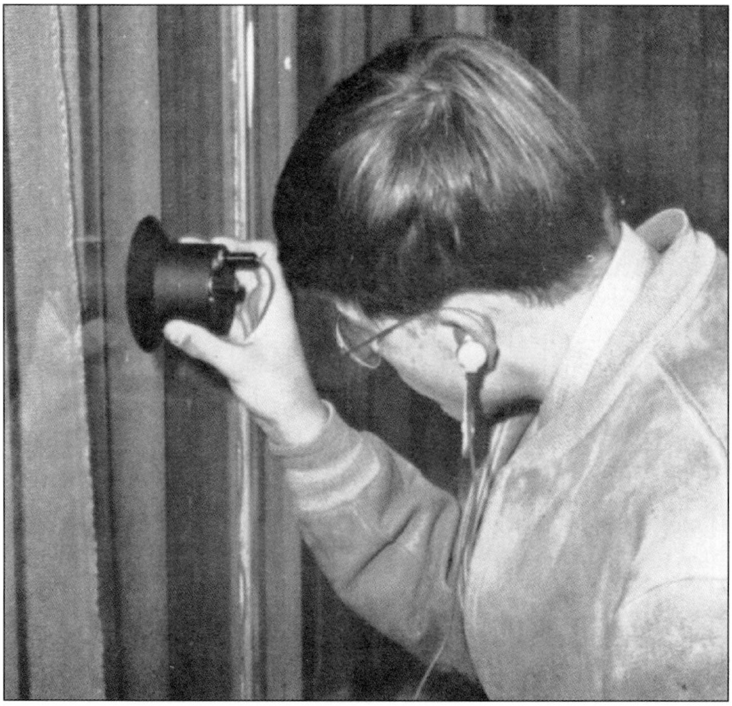

Bild 180:
Wandabhör-Sensorkopf mit integriertem Verstärker

Bild 181:* *Modernes Wandabhörgerät

tels eines Komparators mit einstellbarer Schaltschwelle ausgewertet und ein Alarmsignal ausgelöst. Zur sicheren Funktion müssen beide Schwingkreise die exakt gleiche Resonanzfrequenz aufweisen.

Aus Bild 183 ist der Versuchsaufbau des Saugkreissensors zu sehen. Die Spule ist auf ein Kunststoffröhrchen gewickelt, in dessen Innern der 82-pf-Festkondensator und der 22-pf-Trimmer untergebracht sind. In Bild 184 ist die professionelle Ausführung eines Saugkreises dargestellt. Bild 185 zeigt den Komplettaufbau des Auswertegeräts mit dem ebenfalls kreisförmig ausgeführten Oszillator- bzw. Dipperkreis.

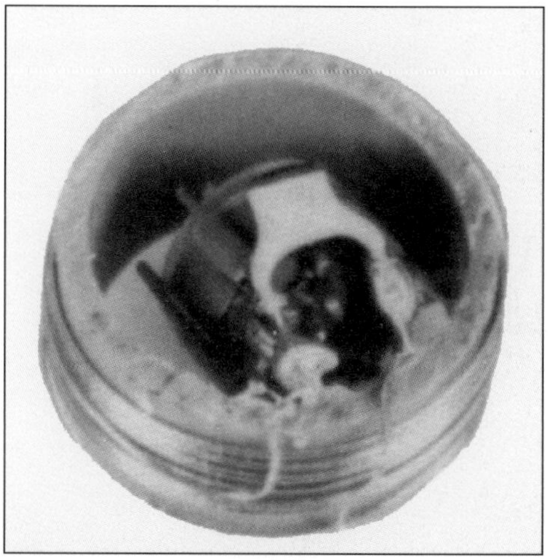

Bild 183:* *Mechanische Ausführung des Experimentier-Saugkreises

HF-Trägersteuerung für Kassettenrecorder

Zur automatischen Aufzeichnung von drahtlos abgehörten Raum- oder Telefongesprächen ist bei sprachgesteuerten Raum-Minispionen und telefonstromgesteuerten Telefon-Minispionen empfängerseitig eine Steuerschaltung erforderlich, welche den Kassettenrecorder dann anlaufen läßt, wenn der Minispion „On the air" ist.

Bei vorhandenem HF-Träger wird in jedem Superhet-Empfänger im Demodulator eine Regelspannung erzeugt, welche zur Ansteuerung eines Schaltverstärkers benutzt werden kann. Das Blockschaltbild in Bild 186 verdeutlicht die Zusammenhänge, während die Schaltung in Bild 187 die Dimensionierung des Schaltverstärkers für positive Regelspannun-

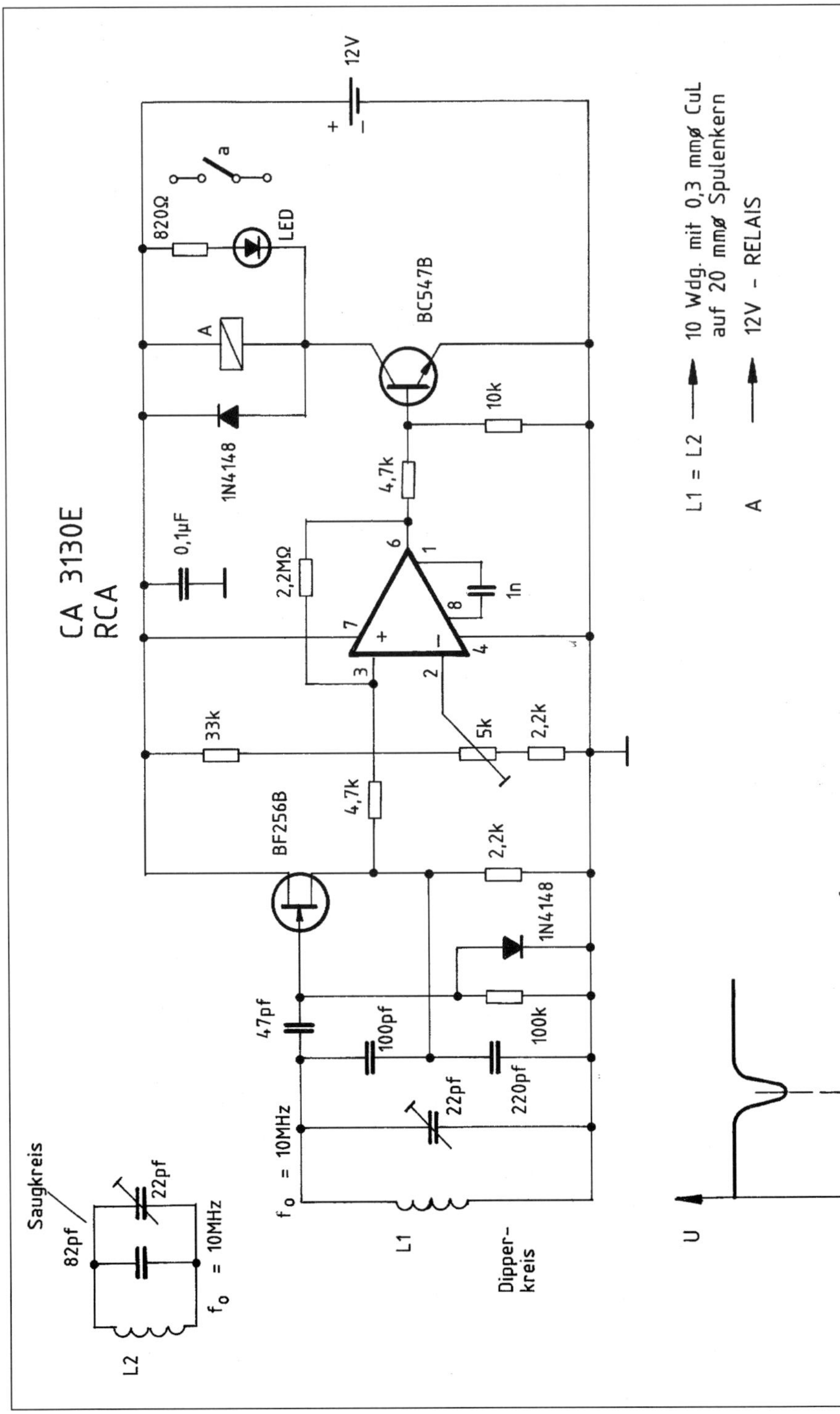

Bild 182: Elektronische Ladendiebfalle

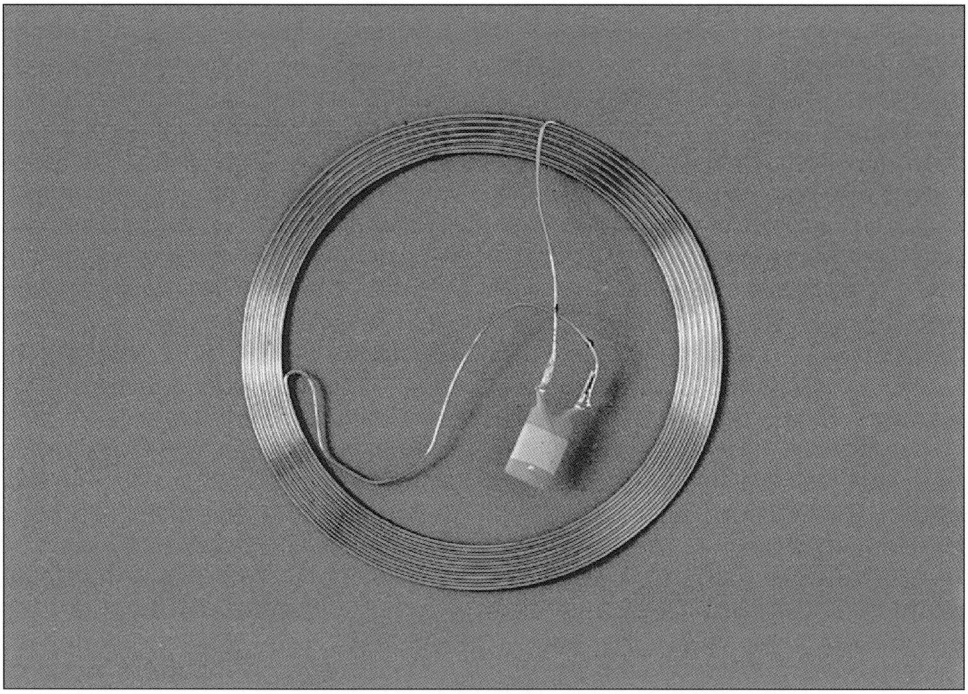

Bild 184: Professionelle Ausführung eines Saugkreises im realen Einsatz

Bild 185: Komplette Auswerteeinheit

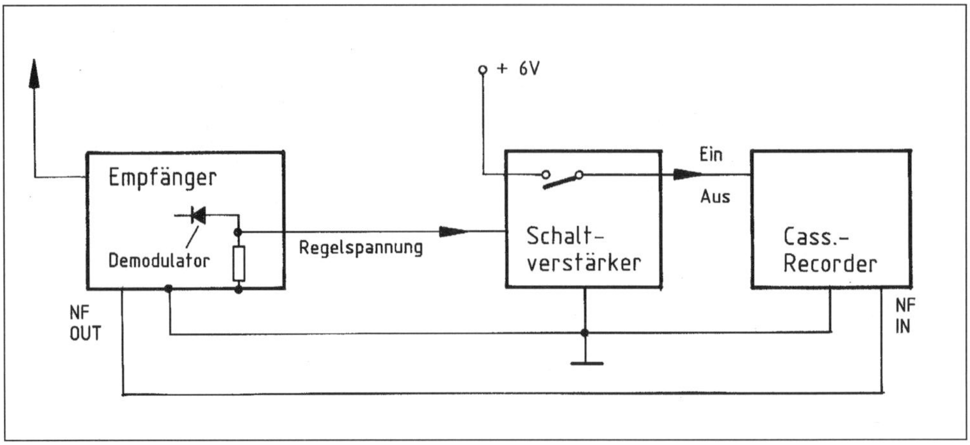

Bild 186: Blockschaltbild der HF-Trägersteuerung für Kassettenrecorder

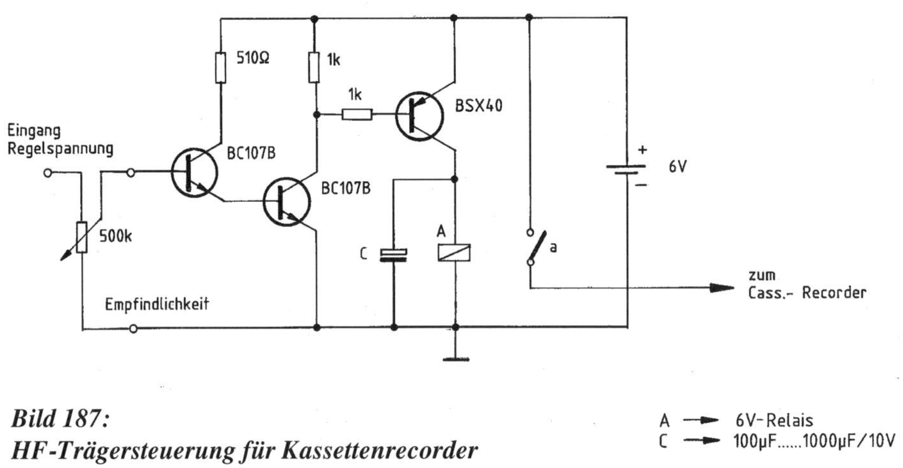

Bild 187:
HF-Trägersteuerung für Kassettenrecorder

gen angibt. Bei negativen Regelspannungen müssen die ersten beiden NPN-Transistoren durch PNP-Transistoren (z.B. BC 307 B) und der PNP-Schalttransistor durch einen NPN-Transistor (z.B. BSX 45) ersetzt werden. Natürlich muß dann auch die Betriebsspannung umgepolt werden.

Der Kondensator C dient zur Abfallverzögerung des Relais. Damit wird verhindert, daß der Kassettenrecorder bei kurzen Gesprächspausen anhält. In Bild 188 wird eine HF-Trägersteuerung aus den USA gezeigt. Im amerikanischen Sprachgebrauch wird eine HF-Trägersteuerung mit Relaisausgang mit „Carrier Operated Relay“ bezeichnet. Mit dem 25-kΩ-Trimmer kann die Abfallzeit des Relais eingestellt werden. Die HF-Trägersteuerung ist für negative Regelspannungen ausgelegt.

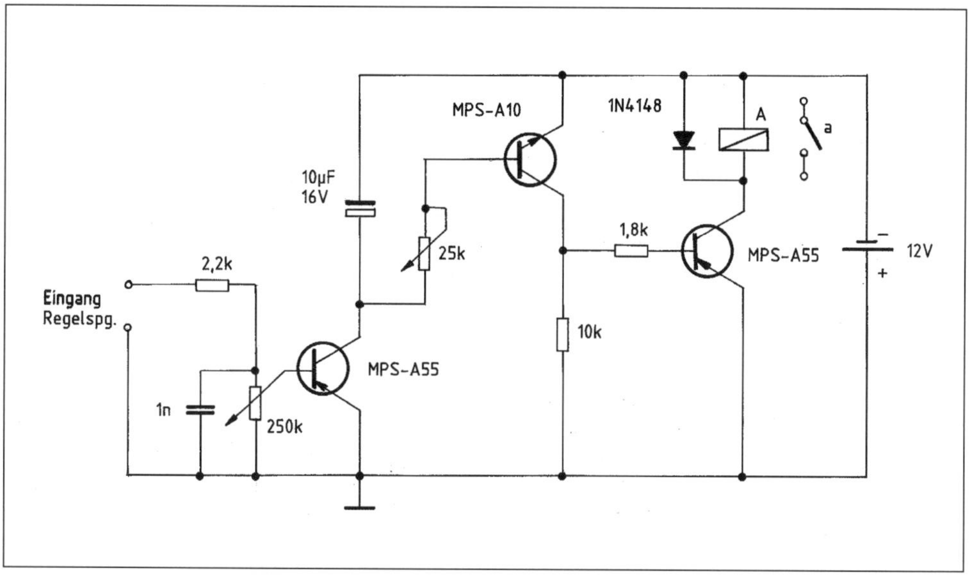

Bild 188: HF-Trägersteuerung für Kassettenrecorder für negative Regelspannungen

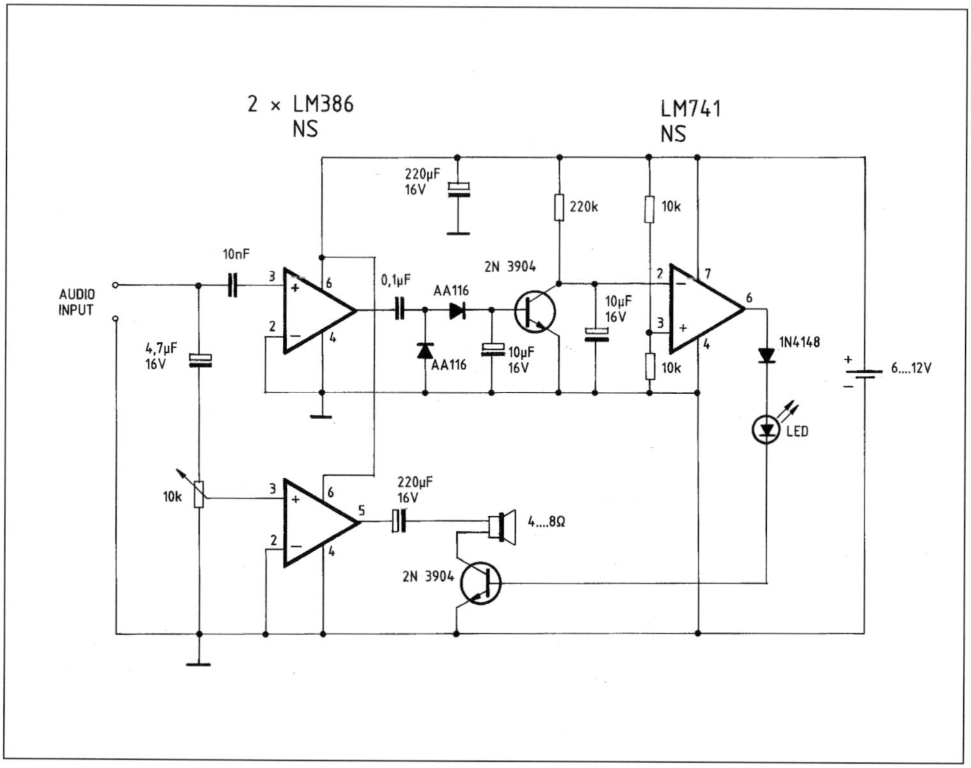

Bild 189: Squelch-Steuerung für Funkscanner

Squelch-Steuerung für Funkscanner

Eine interessante Lautsprecher-Totschaltung wird in Bild 189 dargestellt. Die Schaltung wird am NF-Ausgang eines Funkscanners angeschlossen und detektiert das Vorhandensein einer NF-Spannung. Wenn der Scanner auf einem „toten Träger“ oder bei Störsignalen stoppt, wird der Lautsprecher abgeschaltet, so daß keine Störgeräusche hörbar sind. Der obere LM 386 verstärkt die NF- bzw. Audiospannung. Mit den beiden AA 116-Dioden wird die NF-Spannung gleichgerichtet. Der folgende Transistor 2 N 3904 verstärkt und filtert die gleichgerichtete Spannung. Der Ausgang des folgenden LM 741 schaltet bei einwandfreiem Scanner-NF-Signal über den Transistor 2 N 3904 den Lautsprecher ein, der sein Signal direkt vom Schaltungseingang abnimmt. Mit dem 10-kΩ-Trimmer kann die Lautstärke justiert werden.

Antennenverstärker (10–1.000 MHz)

Eine einfache Antennenverstärkerschaltung mit vielseitigen Verwendungsmöglichkeiten ist in Bild 190 angegeben. Die Aktivantenne eignet sich besonders als Vorsatz für Funkscanner. Für die in SMD-Technik konzipierte Schaltung reicht bereits eine 10 cm lange Empfangsantenne aus.

Verstärkungsmeßgerät für HF-Transistoren

Im Frequenzbereich von 100 MHz arbeitet nicht jeder Transistor mit ausreichender Verstärkung, um damit beispielsweise einen UKW-Oszillator oder einen UKW-Verstärker aufzubauen. Die Schaltung in Bild 191 zeigt einen Weg, die HF-Verstärkung von HF-Transisto-

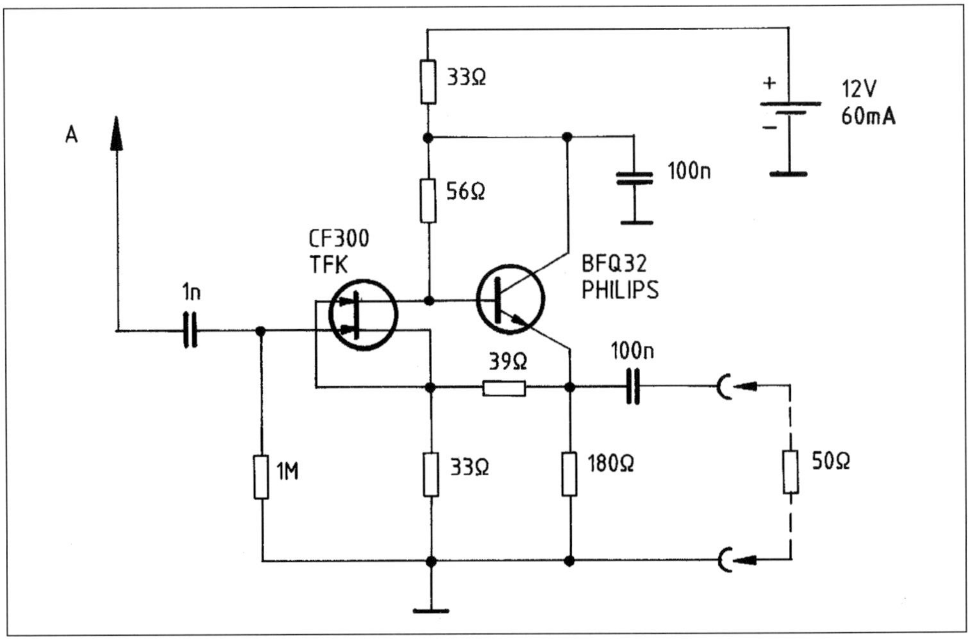

Bild 190: Antennenverstärker für Funkscanner (10–1.000 MHz)

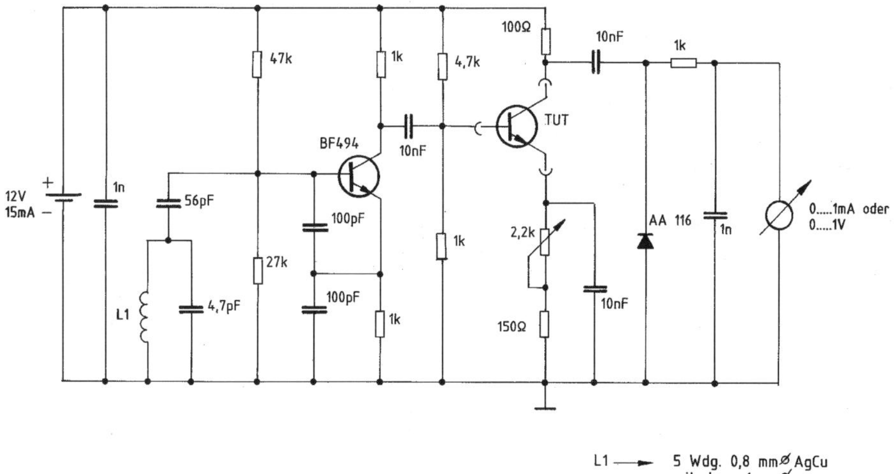

Bild 191:
Verstärkungsmeßgerät für HF-Transistoren

ren zu prüfen. Mit dem 2,2-kΩ-Trimmer kann der Kollektorstrom von etwa 1 bis 10 mA vorgegeben werden. Dies bedeutet, daß der optimale Arbeitspunkt mit der größten HF-Verstärkung leicht zu finden ist. Der „TUT“ (Transistor under test) wird zum Testen in eine dreipolige Transistorfassung gesteckt. Die mit dem Transistor BF 494 erzeugte 100-MHz-Oszillatorspannung wird auf den zu testenden Transistor geführt. Mit der Diode wird das verstärkte HF-Signal gleichgerichtet und mit einem mA- oder Voltmeter angezeigt. Wenn am 2,2-kΩ-Potentiometer eine Skala von 1 mA bis 10 mA angebracht wird, ist der günstigste Arbeitspunkt mit der größten HF-Verstärkung leicht zu finden.

Einfacher Rauschgenerator

Wer vertrauliche Gespräche führen und die Gefahr des Abhörens ausschließen will, kann dies mit einem einfachen Rauschgenerator realisieren. Eine derartige Schaltung ist in Bild 192 angegeben. Um zum Lautsprecherbetrieb zu kommen, muß die Ausgangsspannung auf einen NF-Leistungsverstärker wie z.B. den LM 386 geführt werden.

Bevor es nun schaltungstechnisch langweilig wird, soll das folgende Kapitel auf einen Themenbereich aufmerksam machen, dem Geheimdienste größtes Augenmerk schenken.

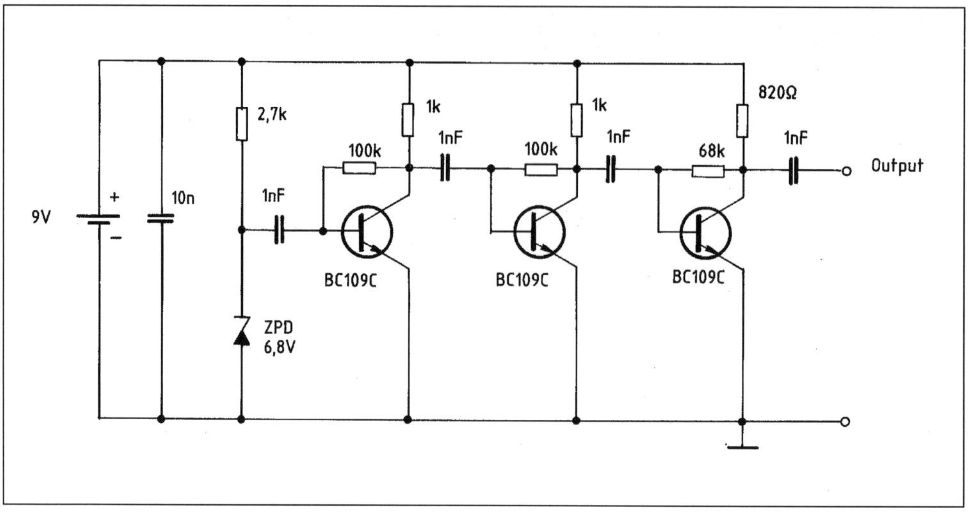

Bild 192: Einfacher Rauschgenerator

Elektronische Star-War-Projekte

Im folgenden werden einige geheimnisumwitterte elektronische Projekte und Applikationen aus den Star-War-Labors beschrieben.

Plasma-Guns

Der Bruchteil einer vorhandenen Wärmemenge W, der bei Wärmekraftmaschinen in Arbeit verwandelt werden kann, ist im Idealfall

$$\frac{T_1 - T_2}{T_1} \cdot W$$

Der andere Teil geht als Wärme in den kälteren Körper über. Für alle Wärmekraftmaschinen bedeutet also

$$\frac{T_1 - T_2}{T_1} \cdot W$$

den Bruchteil der aufgewendeten Wärme, der im Höchstfall in Arbeit umgewandelt werden kann. $(T_1 - T_2) : T_1$ wird deshalb als theoretischer Wirkungsgrad einer Wärmekraftmaschine bezeichnet. Je größer also die Temperaturdifferenz $T_1 - T_2$ ist, um so größer der Wirkungsgrad. Bei einer Temperaturdifferenz von 100 °C ergibt sich z.B. ein theoretischer Wirkungsgrad von 27%, während bei einer Temperaturdifferenz von 1.000 °C theoretisch 90% der Wärme in Arbeit umgewandelt werden könnte. Nicht das Vorhandensein großer Wärmemengen allein, sondern nur das Vorhandensein großer Wärmemengen mit großem Temperaturunterschied schafft also extreme Arbeitsmöglichkeit.

Das System „Kanonenrohr–Geschoß“ kann aufgrund großer Temperaturdifferenz und großer Wärmemenge als Wärmekraftmaschine maximalen Wirkungsgrades aufgefaßt werden. Es handelt sich um eine schlagartige Verbrennung der Treibladung in der Brennkammer mit darauf folgender adiabatischer Expansion.

Beispiel:

76-mm-Kanone	
Rohrlänge:	$l = 2{,}7$ m
Geschoßmasse:	$M_G = 8{,}0$ kg
Treibladung:	$m_T = 0{,}8$ kg
Verbrennungsenergie:	$\varepsilon = 3.000$ J/g
Brennkammervolumen:	$V = 2.000$ cm³

Aus den Daten können der Wirkungsgrad und die Geschoßgeschwindigkeit ermittelt werden. Bei der Verbrennung nehmen die Gase in der Brennkammer die Temperatur T_1 an, die bei der Expansion auf T_2 sinkt. Es gilt die Adiabatengleichung:

$$T_2 = T_1 \left(\frac{V_b + V_r}{V_b} \right)^{1-\gamma}$$

Mit den Zahlenwerten für Brennkammer- und Rohrvolumen folgt ein Wirkungsgrad von

$$n = \frac{T_1 - T_2}{T_1} \text{ bzw. } 1 - \frac{T_2}{T_1} = 0{,}45$$

Die Geschoßgeschwindigkeit läßt sich aus folgender Gleichung ermitteln:

$$1/2\, M_G \cdot v_o^2 = \eta \cdot m_T \cdot \varepsilon$$
$$v_o = 530 \text{ m/s}$$

Die rechte Seite der Gleichung hat die Dimension Joule.

Es stellt sich nun die Frage, ob eine entsprechende Wärmemenge mit großer Temperaturdifferenz nicht auf andere Weise als mittels einer Treibladung in die Brennkammer eingebracht werden kann.

Hier bietet sich eine Plasmaentladung großen Energieinhalts an. Bekannt ist die Stoßwellenerzeugung in flüssigen Medien. Die Stoßwelle entsteht durch die Expansion eines Funkenplasmas. Dazu muß im Kanal des Funkenplasmas ein ausreichender Energiebetrag in Joulesche Wärme umgesetzt werden. Die Prinzipanordnung einer Funkenentladung unter Wasser zur Ausformung eines Rohres zeigt Bild 193. Im Bild 194 ist die Ansteuerschaltung zu sehen. Der in flüssigen Medien erzielbare Druck in Abhängigkeit von der Kondensatorladeenergie wird in Bild 195 gezeigt.

Zum Beispiel beträgt für eine Anlage mit den Parametern C = 25 µF, U_0 = 20 kV (= C/2 · U_0^2 = 5 kWs) und bei Aufladung von C in 10 s mit i_L = konst. = 50 mA die Leistung in der Aufladeendphase P = 1 kW. Dann erfolgt die Entladung bei einem Entladekreisgesamtwiderstand R_E = 100 mΩ und einer Entladekreisgesamtinduktivität L_E = 1 µH mit $\hat{\imath}_E \approx$ 10 kA und P = 83 MW. Das entspricht einer Leistungsverstärkung von 1:83.000.

Die oszillografische Aufzeichnung einer Stoßentladung einschließlich der Druckreaktion ist in Bild 196 wiedergegeben.

Vergleichsweise beträgt der Energieinhalt von 1 g Bergwerksprengstoff (Gelatinedonarit 1) etwa 4 kWs bzw. 4 kJ. Bei einem Ladungsabstand von 8 cm erzeugt eine Ladungsmasse von 20 g einen Druckstoß von p = 440 MPa. Obwohl kein unmittelbarer Vergleich zulässig ist, drängt sich die Frage auf, ob durch eine Plasmaentladung in gasförmigen Medien soviel Joulesche Wärme bei Temperaturen von ca. 6.000 °C freigesetzt werden kann, daß brauchbare Geschoßgeschwindigkeiten erzielbar sind. Versuchsweise müßte der Brennkam-

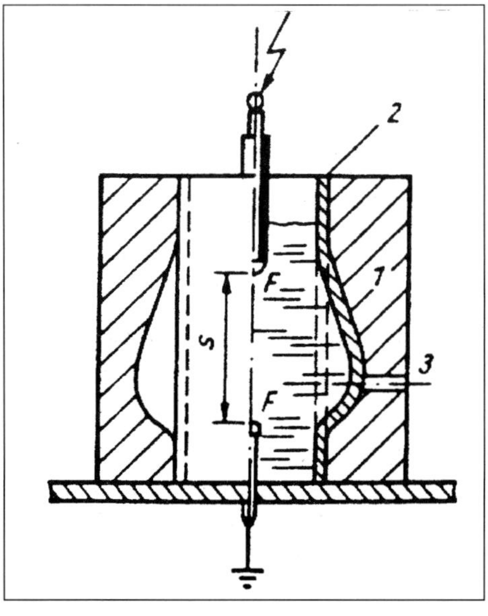

Bild 193:
Funkenentladung unter Wasser zur Ausformung eines Rohres:
(1) Matrize,
(2) Werkstück (rechts in ausgeformtem Zustand),
(3) Evakuierkanal,
(F) Funkenelektroden mit Schlagweite s.

LK=Ladestromkreis; C=Speicher-, Stoßkondensator (nach technologischer Verfahrensvariante Ladespannung Uo = 8... 60 kV); Z_L=Ladekreisimpedanz; EK=Entladekreis; Z_{iE}= innere Impedanz des Entladekreises; Z_w (R) zw, L_{zw}) = Widerstand der Energieumwandlungsstrecke.

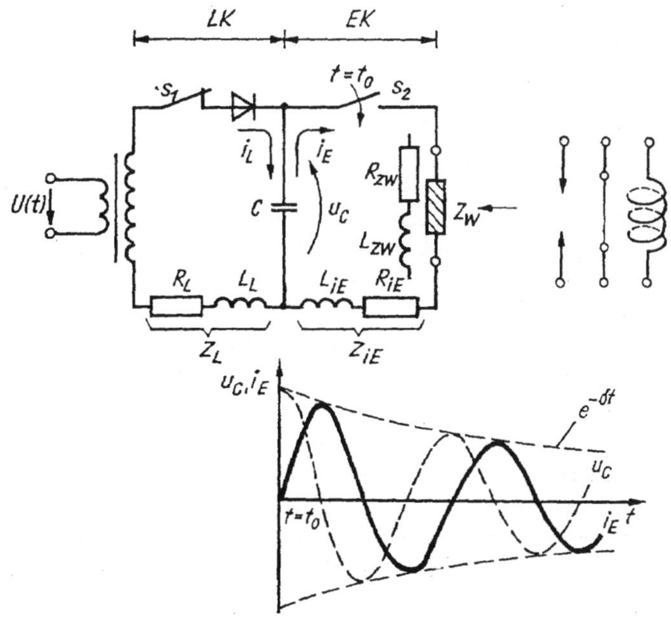

Bild 194 Ansteuerschaltung zur Erzeugung von Druckstößen durch elektrische Entladungen.

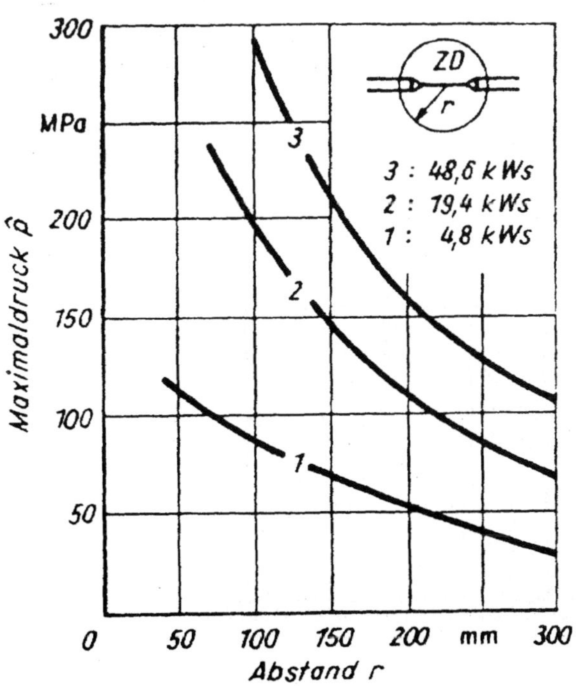

Bild 195: Erzielbarer Maximaldruck in Abhängigkeit von der Kondensator-Ladeenergie W_c ZD = Zünddraht zur Unterstützung des Aufbaus des Funkenkanals (W_c = 48,6 kWs entspricht einer Kapazität C = 300 µF, aufgeladen auf U_0 = 18 kV)

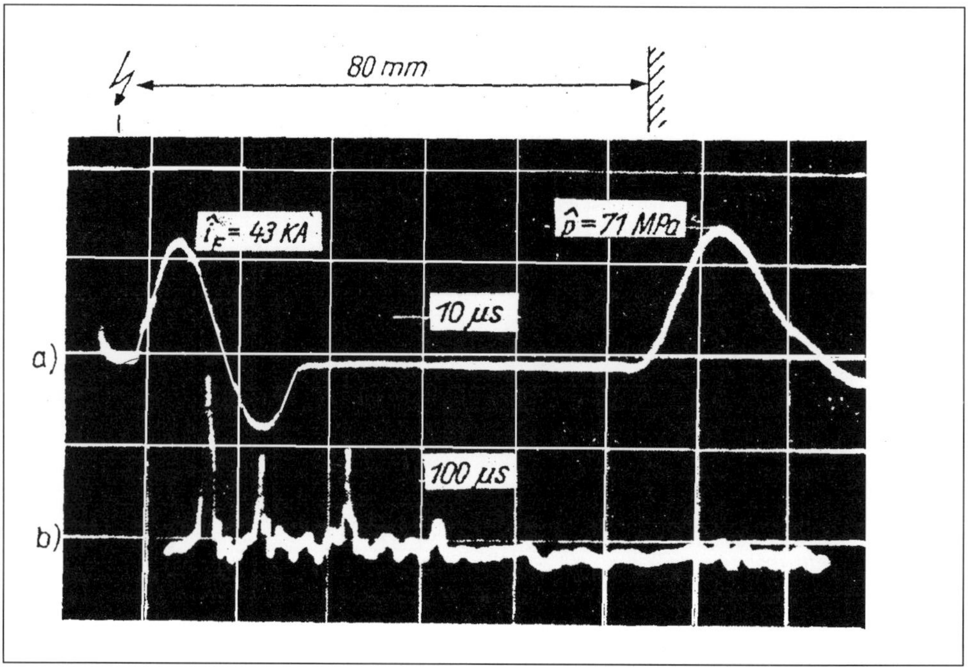

Bild 196:
Oszillografische Aufzeichnung einer Stoß-entladung $I_E(t)$ mit Druckreaktion p(t)

a) Entladungsstromlauf und primäre Druckreaktion (in zeitlich realer Aufeinanderfolge oszillografisch aufgezeichnet)

b) Zeitverlauf sekundärer Druck-Folgereflexionen im Entlade- bzw. Umformraum
$C = 10{,}9\ \mu F$; $U_0 = 17\ kV$;
$W_c = 1{,}6\ kWs$;
$(L_{iE} + L_{zw}) = 155\ nH$

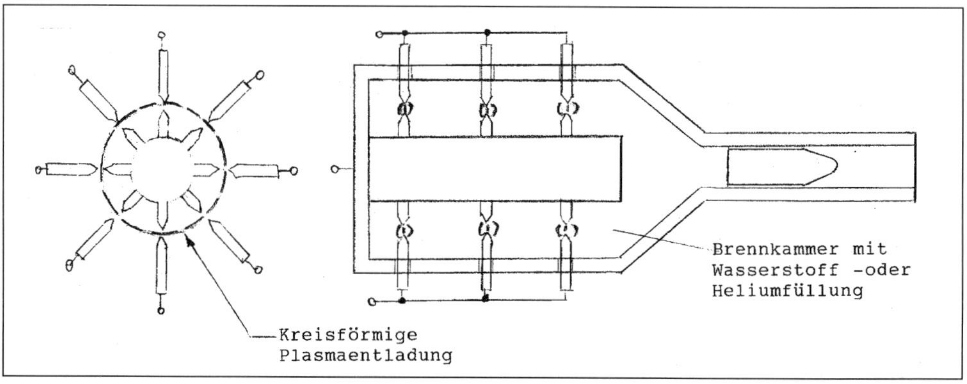

Bild 197: Kreisförmige Plasmaentladung zur Einbringung von Wärmeenergie (weitere Informatioinen siehe "Blitz und Donner selbst erzeugt" im Beam-Verlag, Marburg

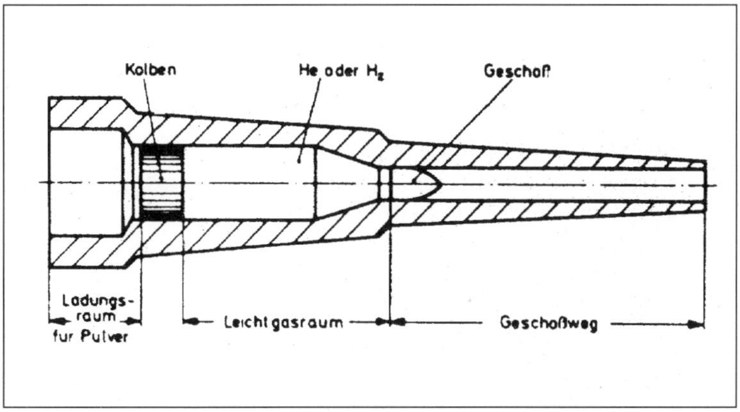

Bild 198:
Leichtgaskanone

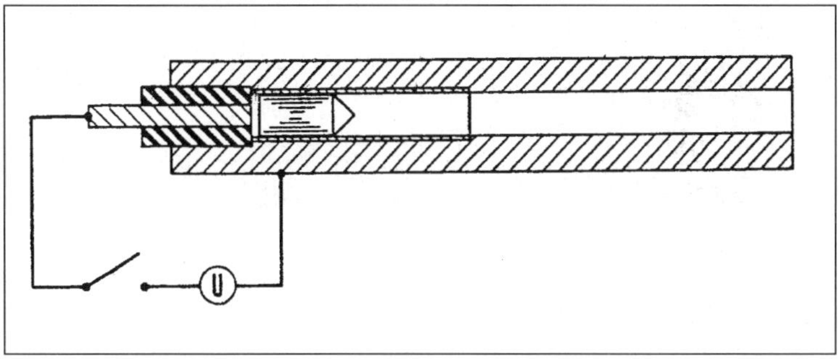

Bild 199:
Plasmakanonen-
prinzip
(Schalter offen)

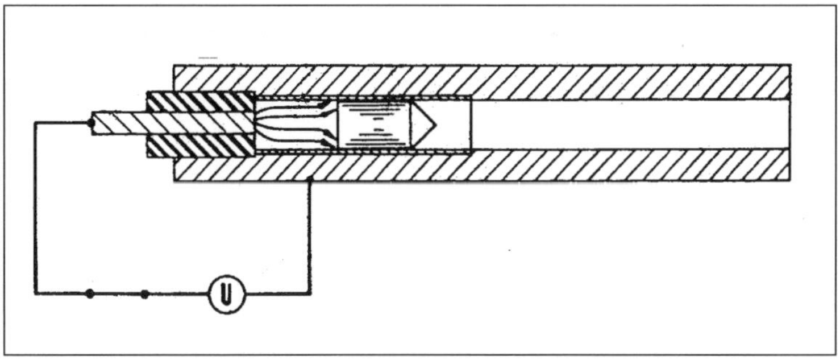

Bild 200:
Plasmakanonen-
prinzip
(Schalter ge-
schlossen)

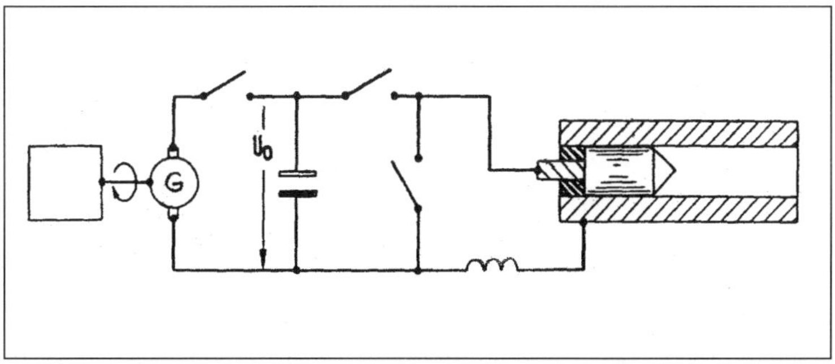

Bild 201:
Prinzipschaltbild
einer Plasmaka-
none

mer derselbe Wärmeenergiebetrag zugeführt werden wie mittels einer definierten Treibladung.

In Bild 197 wird eine prinzipielle Möglichkeit gezeigt, wie möglicherweise mittels kreisförmiger Plasmaentladungen die erforderliche Wärmeenergiemenge in die Brennkammer eingebracht werden kann. Da bei konstanter Temperatur die Schallgeschwindigkeit mit abnehmendem Molekulargewicht der Gase steigt, könnten mit Wasserstoff- oder Heliumgas als Brennkammerfüllung höhere Gas- bzw. Geschoßgeschwindigkeiten erzielt werden. Am Beispiel der Leichtgaskanone in Bild 198 wird dieser Effekt deutlich.

Ein Blick in moderne Patentschriften zeigt, daß sich weltweit viele Waffenfirmen mit Plasmakanonen beschäftigen. Eine einfache Versuchseinrichtung für lichtbogen- bzw. plasmagetriebene Geschosse der Firma Rheinmetall wird in den Bildern 199 und 200 gezeigt. Im Gegensatz zu Bild 197 ist hier kein relativ großes Anfangsvolumen erforderlich, in dem das Plasma erzeugt und aufgeheizt wird. Zur Erzeugung eines Lichtbogens bzw. Plasmas ist eine hochtemperaturfeste Elektrode koaxial und isoliert im Verschlußende des Rohres untergebracht. Durch Anlegen von Hochspannung zwischen der Elektrode und dem Metallrohr kommt es zum Funkenüberschlag und damit zur Ausbildung eines Plasmas. Durch den Druck des Lichtbogenplasmas wird das Projektil beschleunigt. Dabei erweist sich das geringe Brennkammervolumen bei der Zündung als besonders vorteilhaft, weil der Druck sich dabei rasch aufbaut. Ein Teil der Rohrinnenwand ist wegen der hohen Plasmatemperaturen mit Wolfram ausgekleidet.

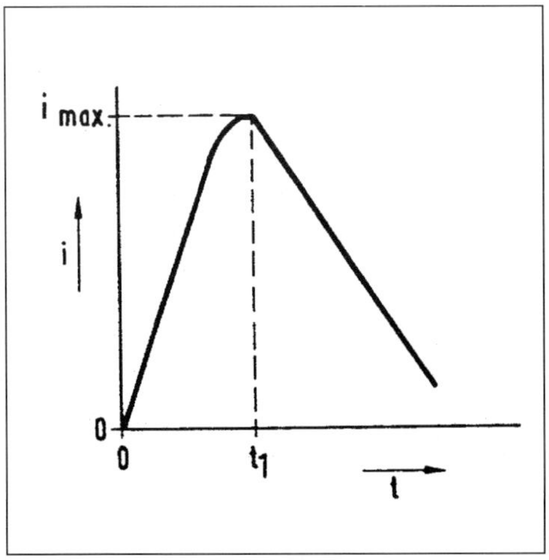

Bild 202:
Stromverlauf in der Plasmakanone

Beim Schließen des Schalters wird am Fußpunkt des heißen Lichtbogens Material verdampft und weiter aufgeheizt. Zusätzlich wird durch den engen Kontakt des Lichtbogens mit den Wänden des Spalts weiteres Material verdampft. Der dabei entstehende Druck treibt das Projektil in Richtung der Rohröffnung.

In Bild 201 ist das Prinzipschaltbild der Plasmakanone zu sehen. Von links nach rechts betrachtet passiert folgendes: Ein Benzinmotor treibt einen Gleichstromgenerator an, der wiederum einen Kondensator auflädt. Wird der Kontakt in Reihe zur koaxialen Elektrode geschlossen, entlädt sich der Kondensator über die Induktivität im Plasmaraum. Wenn der Strom entsprechend Bild 202 seinen Höchstwert erreicht hat, wird der parallel zur Lichtbogenstrecke liegende Schalter elektronisch geschlossen. Durch die Induktivität der Spule wird der Stromfluß über das Plasma dadurch noch eine Zeitlang aufrechterhalten.

Bei einer praktischen Applikation mit dieser Vorrichtung wurde bei einer Ladespannung von 9 kV ein 15 g schwerer Aluminiumkörper beschleunigt. Nach ca. 90 µs erreichte der Strom sein Maximum von ca. 300 kA und fiel danach nahezu linear ab. Das Projektil erreichte dabei eine Fluggeschwindigkeit von 1.000 m/s, also dreifache Schallgeschwindigkeit.

Bei den Versuchen ergab sich, daß der Spalt zwischen Koax-Elektrode und Projektilboden für die Funktion von unwesentlicher Bedeutung war. So wurden auch mit einem Spaltabstand von 0,1 mm gute Ergebnisse erzielt. Als vorteilhaft erwies sich auch die Unterbringung von leicht gasendem Material wie z.B. Polyäthylen im Plasmaraum. Unter leicht gasendem Material versteht man Stoffe, die unter der Wirkung von Lichtbogenentladungen in Gase mit niedrigem Molekulargewicht (<30) zerfallen. Durch die zusätzliche Materialverdampfung wird der Energieumsatz im Plasma gesteigert. Damit erhöht sich der Plasmadruck, und das Projektil wird stärker beschleunigt.

Plasma-Generatoren

Um wirkungsvolle Plasmen zu erzeugen, gibt es mehrere im Grunde einfache Verfahren. In Bild 203 ist ein Applikationsbeispiel dargestellt. Eine einseitig kupferkaschierte Epoxydkarte wird entsprechend dem gezeigten Muster geätzt. Bei Anlegen von Hochspannung aus einer Energie- bzw. Kondensatorbank (siehe Band „Minispione 7“ im Beam-Verlag, Marburg) entstehen explosionsartige Lichtbögen zwischen den einzelnen Kupferinseln. Je nach Stromstärke können die Kupferinseln vom Lichtbogen regelrecht verdampft werden. Es handelt sich dann um ein Kupferplasma hoher Energiedichte, das sich mit ungeheurer Geschwindigkeit in den freien Raum fortpflanzt. Statt der Kupferkaschierung kann auch Kohlepapier, wie es für Schreibmaschinendurchschläge benutzt wird, verwendet werden. Auch Blattgold eignet sich gut zur Plasmaerzeugung.

Sowohl die Kohle als auch das Gold werden vom Strom erhitzt, vaporisiert, ionisiert und mit Geschwindigkeiten weggeschleudert, die weit über der Schallgeschwindigkeit liegen. Voraussetzung dafür sind natürlich hohe Entladeimpulse von 10–35 kA und induktivitätsarme Hochspannungskondensatoren.

Ein weiterer Plasmagenerator wird in Bild 204 gezeigt. Diese Anordnung wird auch als Coaxial-Plasma-Gun bezeichnet. Durch die Verwendung von induktivitätsarmen Energiebanken einschließlich breitflächiger Zuleitungen und speziellen Hochstromschaltern gelingt es unter Einsatz von dünnen Graphitschichten zwischen den Koax-Elektroden, verdichtete Hochgeschwindigkeitsplasmen zu erzeugen. Statt einer Graphitschicht kann auch eine dünne Aluminiumfolie ionisiert werden. Die Alu-Folie wird durch den Entladestrom regelrecht zur Explosion gebracht. Wie bereits erwähnt, können auch mit dünnen, leicht gasenden Plastikfolien wie z.B. Polyäthylen hoch verdichtete Plasmen hoher Impulsgeschwindigkeit erzeugt werden.

Ein drittes und letztes Beispiel eines Plasmagenerators bzw. einer Plasma-Gun sieht man in Bild 205. Diese Applikation ähnelt der zu-

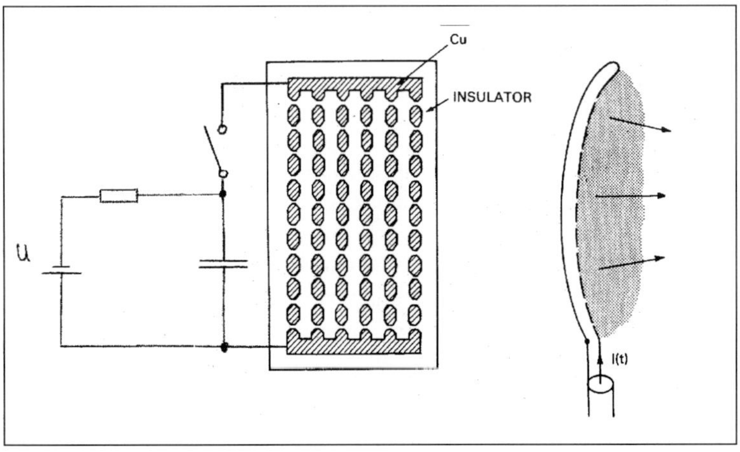

Bild 203: Plasmagenerator (Version 1)

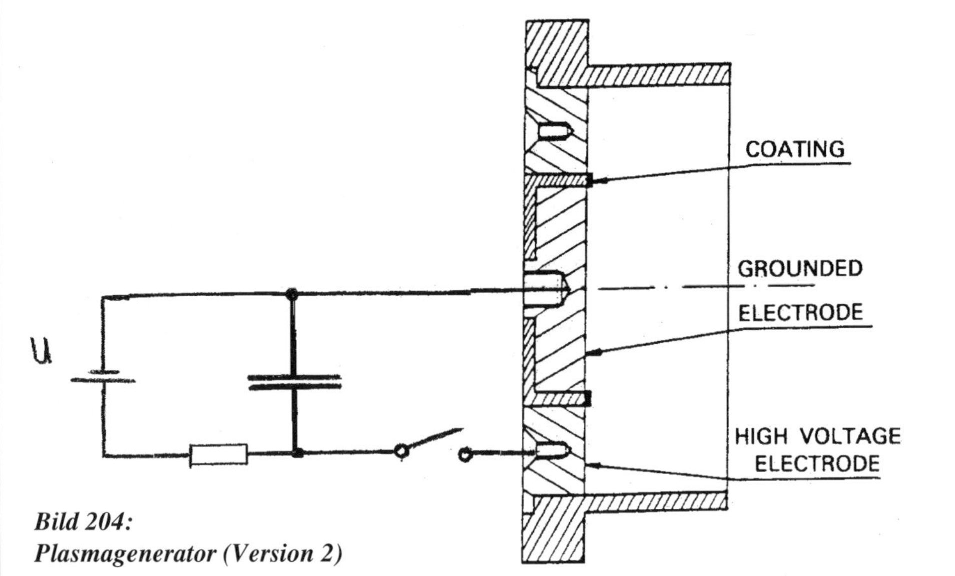

Bild 204:
Plasmagenerator (Version 2)

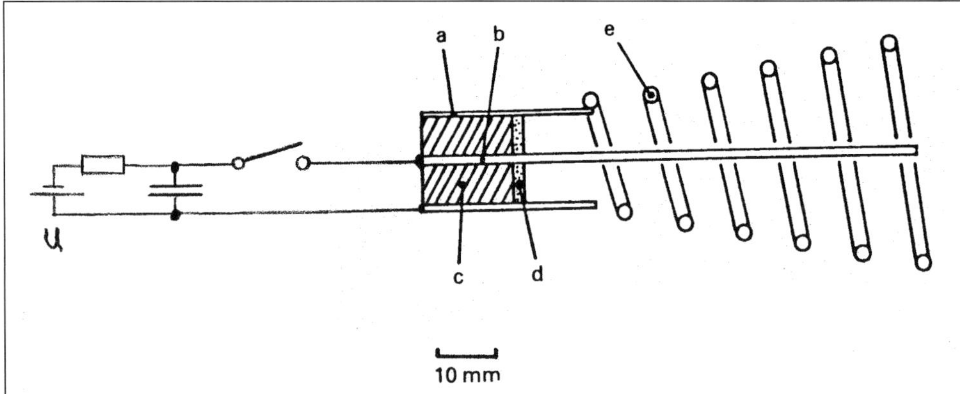

Bild 205: Plasmagenerator bzw. Plasmagun (Version 3)

vor beschriebenen Plasma-Gun hauptsächlich wegen ihrer koaxialen Konstruktion. Zur Führung der Plasmawolke befindet sich an der Rohröffnung eine Spirale. Die Plasma-Gun besteht des weiteren aus einem Messingrohr (a) mit 18 mm Durchmesser, in dessen Mitte sich ein Kupferleiter (b) mit einem Durchmesser von 2 mm und einer Länge von 80 mm befindet. Am Übergang zwischen Außen- und Innenleiter ist eine Lochscheibe aus Kohlepapier (d) auf die innere Isolation (c) geklebt. Der Öffnungswinkel der Spirale beträgt ca. 10° bei fünf Windungen. Eine schnelle Kondensatorbank von etwa 1 µF mit einer Ladeendspannung von etwa 30 kV liefert den Hochstromimpuls. Mit den genannten Parametern erreicht das Plasma eine Geschwindigkeit von etwa 120.000 m/s im Vakuum.

Electromagnetic Launcher (EML)

Die Funktion einer haupsächlich für den Weltraum bestimmten elektromagnetischen Kanone (EML) ist in vielen Physikbüchern nachlesbar. Für den Nichtphysiker genügt es zu wissen, daß eine stromdurchflossene Leiterschleife aufgrund des eigenen Magnetfelds bestrebt ist, sich auszudehnen. Anhand des Beispiels in Bild 206 soll versuchsweise ermittelt werden, welche Kräfte auf den Schalter mit der Länge l im Moment des Schließens des Stromkreises auftreten. Der im Moment des Einschaltens fließende Strom sei 50 kA, die Schaltmesserlänge l = 30 cm und der Abstand der Stromzuführungskabel a = 50 cm. Es errechnet sich eine nach außen wirkende Kraft von F = 70,7 kp. Bei einem Stromwert von 10 kA nimmt die Kraft auf 2,7 kp ab. Die ungeheure Kraft von 63,62 Tonnen entsteht bei einem Stromfluß von 1,5 MA (MA = Millionen Ampere). Die Zahlenbeispiele zeigen, daß elektrodynamische Kräfte auch zur Beschleunigung von Projektilen in elektromagnetischen Kanonen geeignet sind.

Bild 207 zeigt die prinzipielle Funktion einer elektromagnetischen Kanone. Der einer Energie- bzw. Kondensatorbank entnommene Strom fließt über die Stromschienen und den beweglichen Anker. Wie bereits erörtert wurde, entstehen bei entsprechenden Entladeströmen gewaltige Kräfte, welche vom Anker an das Projektil weitergegeben werden. Im Kontrast zu konventionellen Granaten und Raketen, die durch expandierende Gase angetrieben werden, sind die mit dieser Kanone erzielbaren Geschwindigkeiten nicht durch die Schallgeschwindigkeit der Gase begrenzt. Wird genügend elektrische Energie bereitgestellt, lassen

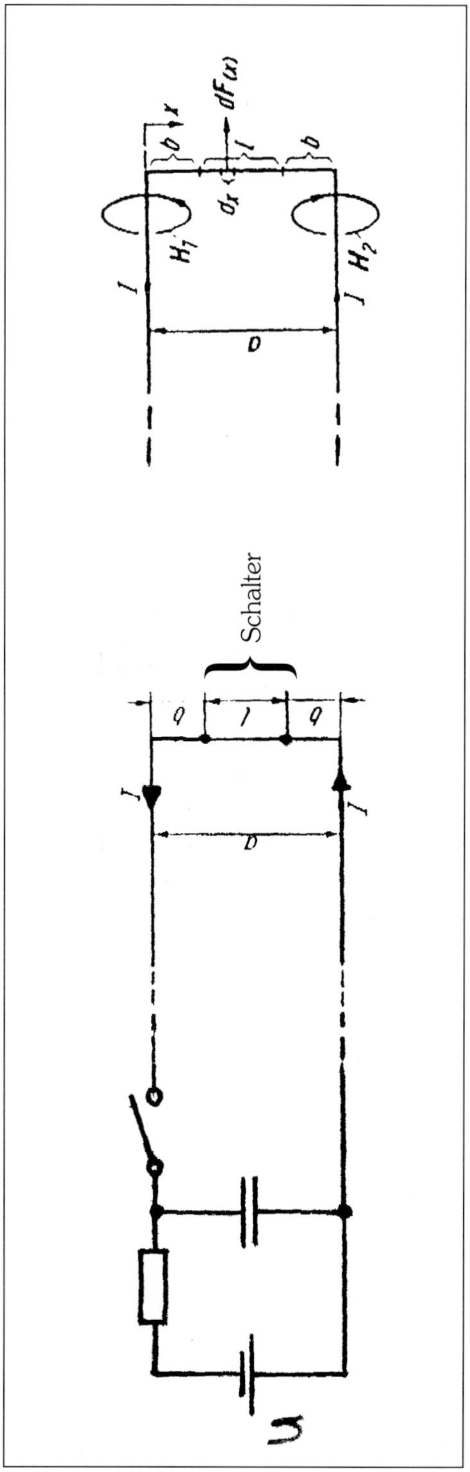

Bild 206:
Elektromagnetische Kanone (physikalisches Prinzip) ▶

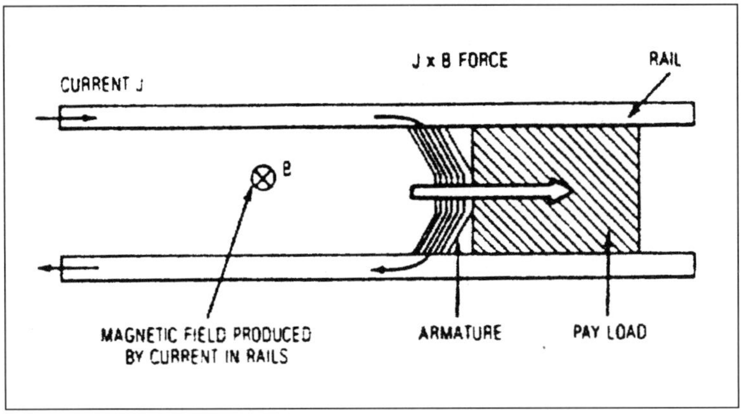

Bild 207:* *Elektromagnetische Kanone (Funktionsprinzip)

sich Geschwindigkeiten erzeugen, die mit Meteoren vergleichbar sind. Eine elektromagnetische Kanone kann theoretisch Ziele auf dem Mond bombardieren. Außerdem wäre ein hoch beschleunigtes Projektil in der Lage, beim Auftreffen auf ein hartes Ziel eine Kernfusion auszulösen. Für die Nuklearindustrie könnte dies künftig von Bedeutung sein, da dann auf Kernspaltungsprozesse mit ihrem radioaktiven Fallout verzichtet werden könnte. In jedem Fall würde die neue Feuerkraft gepanzerte Fahrzeuge noch schneller zu Schrott verarbeiten. Auch der Abschuß interkontinentaler Raketen außerhalb der Atmosphäre wäre damit realisierbar. Laut Berichten der SDI-Forscher in den USA wurden mit dieser Kanonenart schon Geschwindigkeiten von 4 km/s erzeugt.

Explosive Flux Compression Railgun

Zur noch stärkeren Beschleuigung des Projektils kann ein Teil der Stromschienen mit Sprengstoff kaschiert werden, der im richtigen Moment gezündet wird. Die Beibehaltung des Stromflusses bis zum Austritt des Projektils und die Erhöhung des magnetischen Flusses je Flächeneinheit führen zu einer weiteren Geschwindigkeitszunahme, die laut unbestätigten Berichte zu einer Endgeschwindigkeit von 8 km/s führen. Bild 208 zeigt die prinzipielle Funktionsweise der verstärkten Version.

In Bild 209 wird der Versuchsaufbau einer elektromagnetischen Kanone gezeigt, welche mit 10 MJ gespeicherter Kondensatorenergie arbeitet. Die zugehörige Kondensatorbank ist in der Lage, 1,5 Millionen Ampere zu liefern. Dieser Strom treibt die im USA-Sprachgebrauch mit „Electromagnetic Launcher" (EML) bezeichnete Stromschienenkanone (Railgun) an. Diese Kanonenart ist ein Schlüsselelement des „Kinetic Energy Weapon"-Programms der USA.

High Frequency Guns

Moderne Hochfrequenzkanonen aus den Arsenalen der Supermächte sind heute bereits so weit fortentwickelt, daß sie in der Lage sind, Gehirnfunktion und Zentralnervensystem von Zielpersonen in einem größeren Umfeld und auf Distanzen von mehreren Kilometern auszuschalten. Durch den gezielten und massierten Einsatz von Hochfrequenzkanonen lassen sich beispielsweise die Gehirne von Raketenbedienungsmannschaften lahmlegen. Des weiteren ist es möglich, Kommandozentralen so mit Hochfrequenz zu bestrahlen, daß die dort anwesenden Offiziere zu keinem klaren Gedanken mehr fähig sind. Leistungsstarke Hochfrequenz- bzw. Radiowellensender waren be-

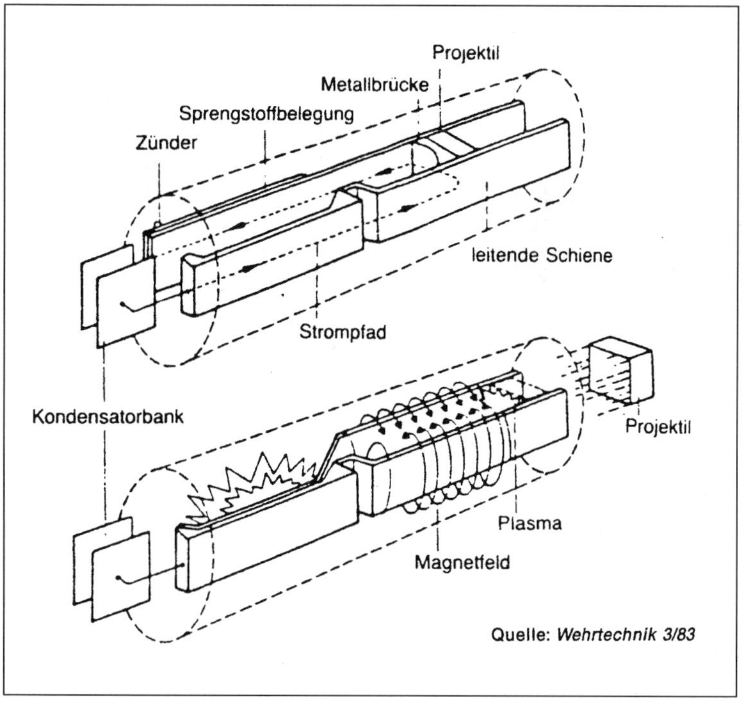

Bild 208: Explosive Flux Compression Railgun (Funktionsprinzip)

Bild 209: Versuchsaufbau einer elektromagnetischen Kanone

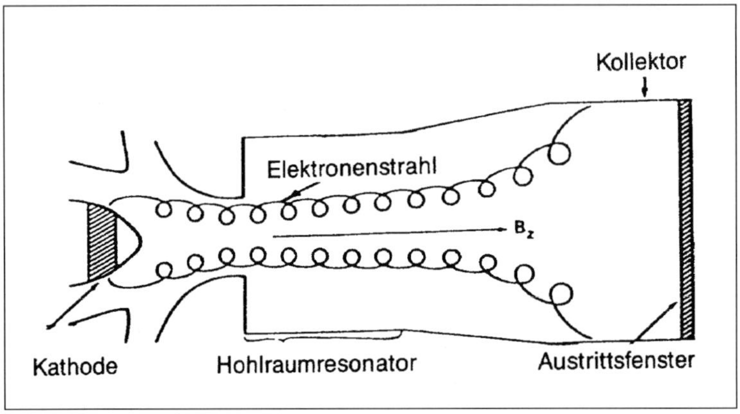

Bild 210: Funktionsprinzip des Gyrotrons

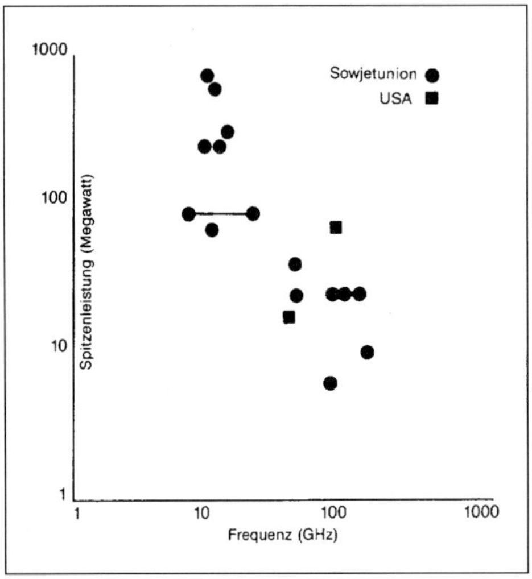

Bild 211: Mit Gyrotronen erzielte Spitzenleistungen

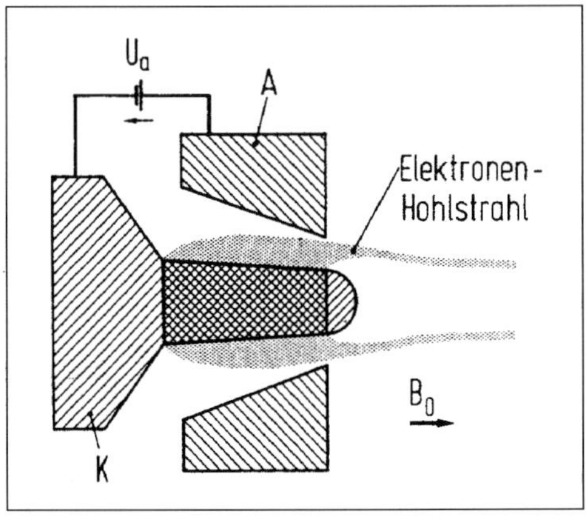

Bild 213: Erzeugung des Elektronenhohlstrahls

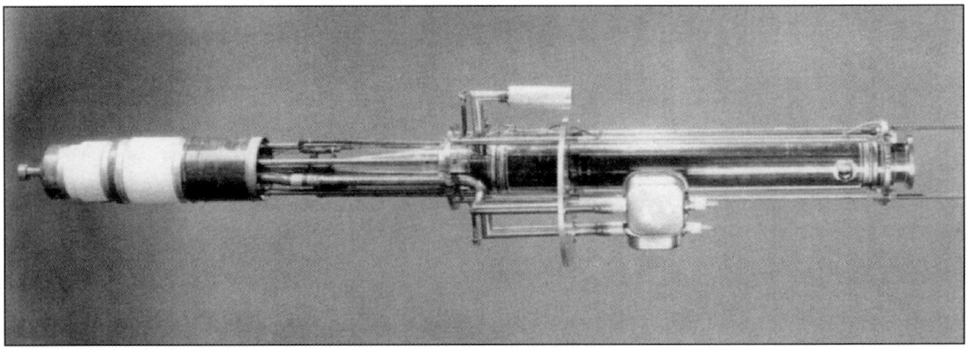

Bild 212: Versuchsaufbau eines Gyrotrons im kW-Bereich

reits zur Jahrhundertwende bekannt. Berühmter Vorreiter auf diesem Gebiet war der Forscher Nikola Tesla (1856–1943).

Wenn die absorbierte Energie eines RF-Feldes (RF = Radio Frequency) in lebenswichtige Bereiche gelenkt wird, etwa an die Schädelbasis, wo das Rückenmark in das Gehirn übergeht, kann ein Mensch mit ganz geringen Mengen an absorbierter Energie getötet werden. Es reicht aus, diese kleine Region des Zentralnervensystems auf 44 °C zu erhitzen, was mit einem Puls von einer Zehntelsekunde Dauer geschehen kann. Versuchstiere wurden durch kurze Pulse mit Energiedichten von nur 1 mW/cm^2 getötet.

Das Verhältnis zwischen der Wellenlänge der verwendeten Hochfrequenzwellen und den Abmessungen des Körpers ist wie bei jeder Empfangsantenne von großer Bedeutung. Ein aufrecht stehender Mensch von durchschnittlicher Größe hat eine Resonanzfrequenz von 43 MHz, während der Kopf als Topfkreis etwa 242 MHz haben soll. Laut neuester Forschungsergebnisse gibt es keinen Zweifel daran, daß kleine Mengen elektromagnetischer Energie bei richtiger Wahl von Frequenzen und Impulsform die Funktion der Neurotransmitter erheblich stören und die Funktion des Gehirns stören können.

Arbeiten an RF-Waffen verstecken sich weitgehend hinter „reiner Forschung“ auf dem Gebiet der Hochenergiephysik. Die bekanntesten Einrichtungen zur Erzeugung energiereicher Mikrowellen sind Gyrotrone. Gyrotrone sind leistungsstarke Erzeuger von Mikrowellen im Zentimeter- und insbesondere im Millimeterbereich. In diesen Anlagen wird ein relativistischer Elektronenstrahl hoher Stromstärke aus einer besonderen Kathode in einen Resonanzhohlraum gelenkt, wobei entlang der Strahlachse ein starkes Magnetfeld aufgebaut wird. Die Elektronen bewegen sich dann auf schraubenförmigen Bahnen und pumpen so Energie in kohärente Mikrowellenschwingungen im Hohlraum. In Bild 210 ist die prinzipielle Funktionsweise dargestellt. Das Diagramm in Bild 211 zeigt die bisher erzielten Spitzenleistungen.

Das erste Gyrotron der Welt wurde Mitte der 60er Jahre von A.P. Gapanow und M.I. Petelin in Gorkij gebaut. 1976 berichtete eine russische Gruppe des kernphysikalischen Instituts von Tomsk unter Leitung von A.N. Didenko über die Erzeugung von Mikrowellenimpulsen von 3 GHz und 50 ns Dauer bei einer Leistungsspitze von bis zu 2.000 MW.

Aus Bild 212 ist der Versuchsaufbau eines Gyrotrons im kW-Bereich zu ersehen. Der Elek-

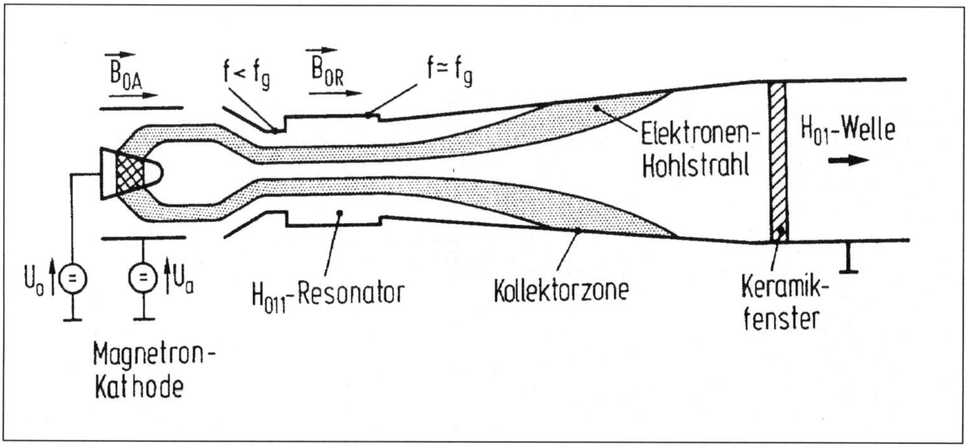

Bild 214: Gyrotron (physikalisches Prinzip)

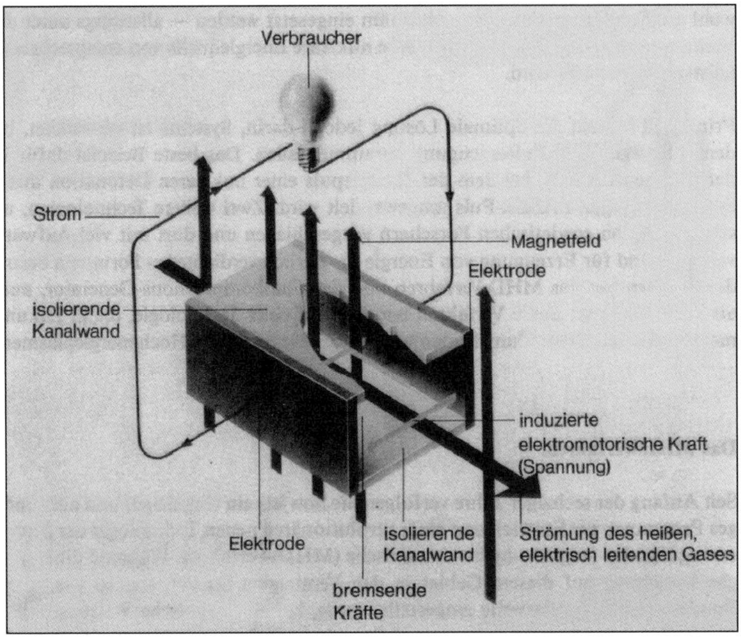

Bild 215: Funktion eines MHD-Generators

tronenhohlstrahl wird von einer Magnetronkathode entsprechend Bild 213 erzeugt. Aus Bild 214 geht nochmals in detaillierter Form die Gesamtanordnung hervor. Die von einer Elektronenkanone – gewöhnlich einer Magnetron-Injektionskathode – emittierten Elektronen werden mit relativistischer Geschwindigkeit in den HF-Wechselwirkungsraum eines kreiszylindrischen Resonators geschossen, der am selben Potential wie die Anode liegt. Darin unterliegen die Elektronen einem longitudinalen magnetischen Gleichfeld B_0 und dem transversal bzw. azimutal gerichteten elektrischen HF-Feld E des Resonators. Innerhalb des Wechselwirkungsraumes schreiten die Elektronen auf einer Spiralbahn fort und geben bei ihren Umläufen, die sie mit Gyrofrequenz vollziehen, ihre Rotationsenergie an das HF-Feld ab. Die HF-Energie wird über ein vakuumdichtes Auskoppelfenster ausgekoppelt.

Betrachten wir nun, welche Technologien infrage kommen, um RF-Waffen mit Energie zu versorgen. Für bestimmte Operationen mögen konventionelle Systeme ausreichen: normale Dieselgeneratoren oder Turbinen zusammen mit Kondensatorbatterien und Induktionsspeichersystemen, die die Erzeugung starker Strompulse in rascher Folge erlauben. Eine solche Anlage wäre etwa mit Störsendern vergleichbar, wie sie heute in der elektronischen Kriegsführung benutzt werden, und paßte auf einen großen Lastwagen. Wahrscheinlich werden wir es aber mit sehr viel kompakteren Geräten zu tun haben, die in kürzester Zeit viele Millionen Joule elektrischer Energie erzeugen können. Die jahrzehntelange intensive Arbeit von Forschern auf dem Gebiet der MHD-Technologien und den damit verbundenen „Explosionsgeneratoren" spricht dafür.

MHD-Generatoren arbeiten mit Plasmen, das heißt mit ionisierter Materie. Bei Temperaturen oberhalb von 5.000 °C existiert jede Materie als Plasma (Gemisch aus Ionen und freien Elektronen) in der sogenannten vierten Zustandsform. MHD-Generatoren sind nun in der Lage, die Energie eines Plasmas direkt, das heißt ohne den Umweg über mechanische Energie wie bei der konventionellen Stromerzeugung, in elektrische Energie umzuwandeln. Man läßt das elektrisch leitende Plasma durch ein äußeres Magnetfeld fließen; das induzierte elektrische Feld bewirkt einen Stromfluß, wenn eine entsprechende Last angeschlossen ist. So läßt sich dem Plasma Energie in Form von Elektrizität entziehen, und zwar mit Wirkungsgraden bis zu 60%.

In Bild 215 ist die Funktion eines MHD-Generators dargestellt. Bei Explosionsgeneratoren des MHD-Typs wird ein chemischer Sprengstoff zur Erzeugung eines Plasmas gezündet, dessen Energie magnetohydrodynamisch entnommen wird. Dabei durchläuft der Plasmastrom mit hoher Geschwindigkeit ein starkes Magnetfeld, und der induzierte Strom wird von einem Elektrodensystem abgeleitet. Die fortgeschrittensten Arbeiten an Explosionsgeneratoren, die stärkste Strompulse (Millionen Ampere) liefern, stammen, soweit bekannt ist, aus der Gruppe um A.I. Pawlowski in der ehemaligen Sowjetunion. In einem Aufsatz von 1977 bemerkte A.I. Pawlowski: „Die Kombination hoher Energieerzeugung und einer Energiefreisetzzeit von 10^{-7} Sekunden im Magnetoimplosionsgenerator eröffnet für verschiedene Anwendungsfelder bedeutende Möglichkeiten: Entwicklung von Hochstrombeschleunigern im Megajoulebereich, Erhitzung von Plasmen auf Fusionstemperatur, Erzeugung superstarker elektrischer und magnetischer Felder und mehrere andere Aufgaben in der Physik hoher Energiedichten."

Auch bei einer zweiten Technologie zur Erzeugung von gepulster Leistung haben sowjetische Forscher Pionierarbeit geleistet. Bei diesem Verfahren, das in der Fusionsforschung als „Implodierender Liner" bekannt ist, werden magnetisierte Plasmen benutzt – Plasmaströme, die sehr starke Magnetfelder einschließen. Die grundlegende Idee besteht darin, eine Flußverdichtung zu erreichen, das heißt, das Magnetfeld und die in ihm gespeicherte Energie durch die physische Kompression des Plasmas zu „verdichten". Satellitenfotos aus dem Jahre 1979/80 zeigen, daß die Sowjets in

Bild 216: Pawlowski-Generator

Saryschagan nahe der chinesischen Grenze eine experimentelle Strahlenwaffenanlage bauten, die mit derartigen Generatoren betrieben wird. Man bezeichnet sie als „Pawlowski-Generatoren“, benannt nach A.I. Pawlowski vom Moskauer Kurtschatow-Institut, einer Schlüsselfigur bei der Entwicklung von gepulsten Systemen.

Ein Pawlowski-Generator besteht aus einem Metallzylinder (Liner), in dem sich ein magnetisiertes Plasma befindet. Eine künstlich herbeigeführte Explosion komprimiert den Liner und damit auch das Plasma und seine Magnetfelder. Schließlich explodiert die ganze Anordnung und setzt einen starken elektrischen Puls frei. Dieser Generator verfügt über eine Leistungskapazität, die um einen Faktor 1.000 bis 10.000 über dem liegt, was mit konventionellen Kondensatoren zu erreichen ist. „Aviation Week“ zitiert dazu einen Vertreter des amerikanischen Verteidungsministeriums: „Explosionsgetriebene Generatoren sind sehr leistungsstarke und mobile Energiequellen. Es ist möglich, Megajoules und Terrawatt mit einer Anlage zu erzeugen, die eine Person tragen kann.“

In Bild 216 ist die Zeichnung eines Pawlowski-Generators zu sehen. Diese Generatoren werden angeblich auf dem Versuchsgelände Saryschagan benutzt, um Hochfrequenz- und Teilchenstrahlenwaffen mit Energie zu versorgen.

Laser-Guns

In den Bildern 217 und 218 wird ein Panzer mit Laserkanone gezeigt. Wer glaubt, daß es derartige Kampfwagen nur in Science-Fiction-Romanen gibt, irrt sich gründlich. Auf den Kriegsschauplätzen der nahen Zukunft werden

Bild 217: Panzer mit Laserkanone

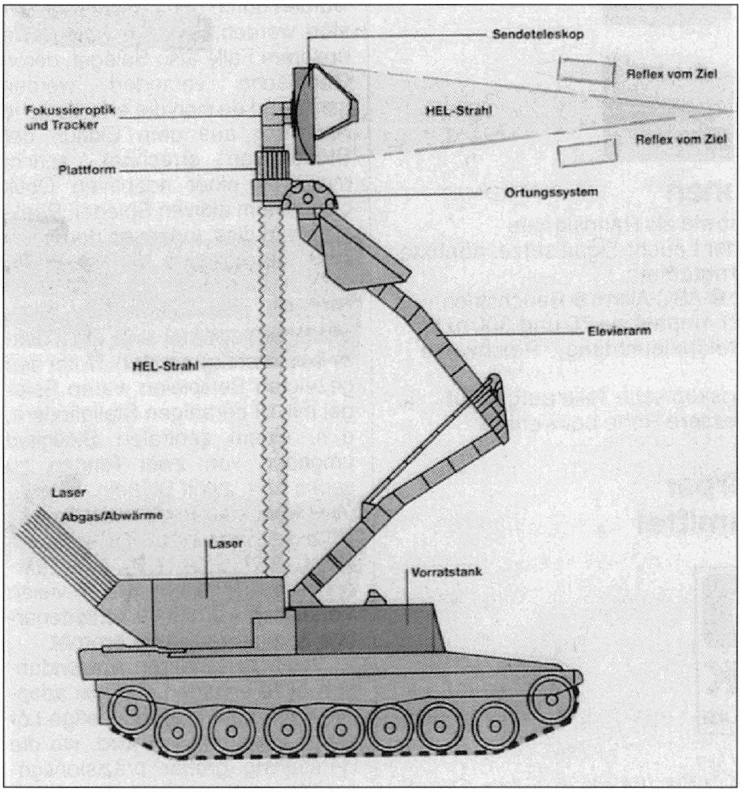

Bild 218: Funktionsweise des Panzers mit Laserkanone

Strahlenkanonen dieser Art zum Alltag gehören. Es handelt sich dabei um mobile Hochenergielaser, welche tieffliegende Flugzeuge abschießen und die Sensoren von Panzerfahrzeugen blenden sollen. Der Hochenergielaser gibt zu diesem Zweck scharf gebündelte Wärmeenergie ab.

Die wichtigsten Teile der „Laserkanone" sind der Hochenergielaser (HEL) selbst und die zugehörige Optik. Treibstoff des CO_2-Lasers ist ein Kohlenwasserstoff, der zusammen mit einem stickstoffhaltigen Sauerstoffträger in einer Düse entsprechend Bild 219 zerstäubt und verbrannt wird. Dann strömt das Gas durch einen Kamm sehr feiner Laval-Düsen, wobei es sich entspannt und in einen für das „Lasern" erforderlichen Inversionszustand versetzt wird. Im optischen Resonator findet die stimulierte Emission und die Auskopplung der Laserstrahlen statt, die quer zur Gasflußrichtung stattfindet. Der Laser ist also kurz gesagt ein rechteckiges Raketentriebwerk mit nachgeschaltetem Resonator. Das verbrauchte Gasgemisch wird mittels eines Diffusors in die Atmosphäre ausgestoßen. Beim CO_2-Laser ist das Abgas ungiftig, ein äußerst wichtiger Punkt für einen taktischen Einsatz.

Nachteilig ist allerdings die hohe Abgastemperatur. Die Wellenlänge der CO_2-Laserstrahlung liegt im Bereich der Wärmebildgeräte bei 10,6 µm.

Der CO_2-Laser ist ein Produkt aus Raketentechnik und Optik, wobei einem das neudeutsche Wort „Synergismus" einfällt.

Der bei den Firmen MBB und Diehl in der Entwicklung befindliche Demonstrationslaser

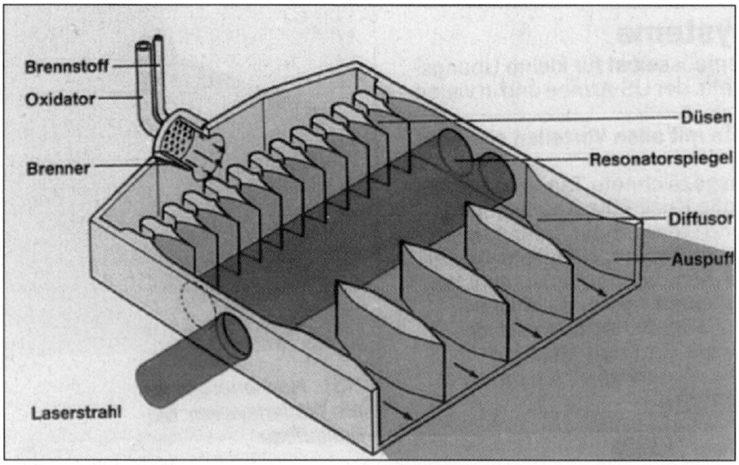

Bild 219: Prinzip des gasdynamischen CO_2-Lasers

Bild 220: Laserkanone im Weltraum

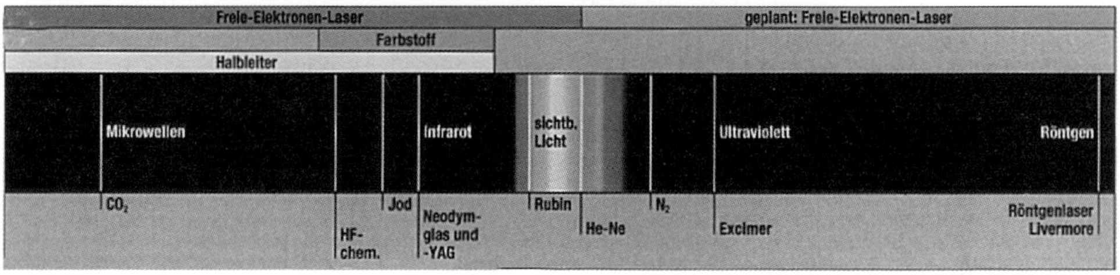

Bild 222: Laserquellen und ihre Wellenlängen

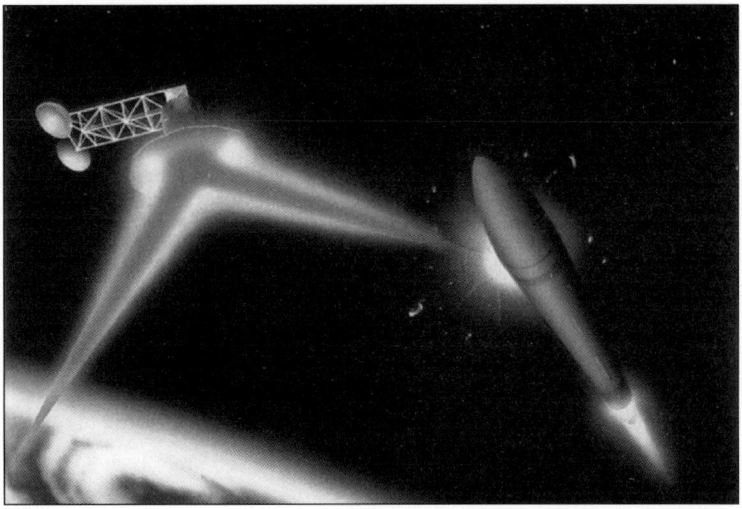

Bild 221: Fokusierspiegel im Weltraum

weist bei einer 100-kW-Leistung eine Breite des Düsenkamms von etwa 1 m auf. Zur Laserenergieerzeugung im Megawattbereich würde der Düsenkamm des Gaserzeugers etwa 2 m lang und 40 cm hoch sein.

In Bild 219 wird der prinzipielle Aufbau eines gasdynamischen CO_2-Lasers gezeigt. Mit dem 1985 gebauten Labormodell gelang es, zentimeterdicke Titan- und Aluminiumbleche in einigen Metern Entfernung innerhalb von einer Sekunde durchzubrennen. Metallbleche sind natürlich die härtesten Ziele. Als viel empfindlicher gegen Laserstrahlung haben sich die Baustoffe von Sensoren erwiesen. Die bereits oberflächliche Zerstörung des Fenstermaterials genügt meist, um den Sensor untauglich zu machen.

Als Flugabwehrwaffe bietet eine Laserkanone gegenüber konventionellen Kanonen- oder Flugkörpersystemen folgende Vorteile:

- die Laserkanone arbeitet trägheitslos;
- die freiwerdende Energie wird direkt auf das Ziel und nur auf dieses übertragen, man erhält also eine streng selektierte Zielbekämpfung;
- die Zielbekämpfung erfolgt mit Lichtgeschwindigkeit, Vorhalterechnungen und die damit verbundenen Ungenauigkeiten und Verzögerungen entfallen;
- schnelle Zielwechsel;
- billige Munition; Brennstoff (Kohlenwasserstoff und Sauerstoffträger) ist Munition;
- einfache Remunitionierung = Betankung;
- keine Mindestschußweiten;
- keine unterschiedliche Munition für die verschiedenen Zielarten erforderlich;
- Wirkung im Ziel nur abhängig von der Bestrahlungszeit;
- Einsatz auch gegen unbemannte Objekte, gegen die man teure Abwehrraketen nicht einsetzen würde;
- die Beschaffung eines Kriegsvorrats an Munition entfällt; dieser Punkt ist für die Kosten des Waffensystems entscheidend.

Auf der Basis des Hochenergie-Laserprinzips sind entsprechend den Bildern 220 und 221 auch Anlagen denkbar, die vom Weltall aus anfliegende Interkontinentalraketen abschießen können.

Die dafür geplanten Laser und ihre zugehörigen Wellenlängen sind aus Bild 222 zu ersehen.

Anhang

Bezugsquellen für elektronische Bauelemente

Bürklin
Schillerstraße 40
D-80336 München
Telefon: (089) 55 87 50
Telefax: (089) 55 53 23
Umfangreicher Katalog erhältlich

Conrad-Electronik GmbH
Klaus-Conrad-Straße 1
D-92240 Hirschau
Telefon: (09622) 30-111
Telefax: (09622) 30-265
Liefert auch Datenblätter zu Bauelementen des Angebotsprogramms; umfangreicher Katalog erhältlich

A.J. Mayer
Import-Electronic
Nelkenweg 1
D-87751 Heimertingen
Telefon: (08335) 12 14
Beschafft auch ungewöhnliche Typen aus US-Fertigung; soweit greifbar auch Datenblätter; Siemens-Optohalbleiter und MOS-Transistoren und MOS-ICs

NAIS-SDS
Matushita Automation Controls Deutschland GmbH
Rudolf-Diesel-Ring 2
D-83607 Holzkirchen
Liefert die hochwertigen SDS-Relais auch in kleineren Mengen

Reichelt-Elektronik
Marktstraße 101–103
D-26382 Wilhelmshaven
Telefon: (04421) 2 63 81
Telefax: (04421) 2 78 88
Große Auswahl an MOS-ICs und Japan-Halbleitern

RS-Components
Nordendstraße 72
D-64546 Mörfelden-Walldorf
Telefon: (06105) 401-234
Telefax: (06105) 401-100
Großes Lieferprogramm mit umfangreichem Katalog

Segor-Electronics
Kaiserin-Augusta-Allee 94
D-10589 Berlin
Telefon: (030) 3 44 97 94
Telefax: (030) 3 45 39 68

Simons-Electronic GmbH
Postfach 33 65
D-50148 Kerpen
Telefon: (02273) 5 30 91
Telefax: (02273) 5 25 96
Sehr große Auswahl an integrierten Schaltungen und Optohalbleitern

Spörle-Electronic
Max-Planck-Straße 1
D-63303 Dreieich
Telefon: (06103) 304-0
Extrem umfangreiche Kataloge erhältlich

Strixner + Holzinger
Halbleitervertrieb GmbH
Schillerstraße 25–29
D-80336 München
Telefon: (089)55 16 50
Große Auswahl an integrierten Schaltungen, auch schwierige Fälle; Kataloge erhältlich

Tennert-Elektronik
Ziegeleistraße 10
D-71384 Weinstadt

Meßgeräte - Sonderangebote

Singer-Elektronik
Feldchen 16-24
52070 Aachen
Kostenlosen Katalog anfordern

HF-Bauelemente

Andy's Funkladen
Admiralstraße 119
D-28215 Bremen
Telefon: (0421) 35 30 60
Telefax: (0421) 37 27 14
HF-Bauelemente-Katalog erhältlich

Literaturverzeichnis

G. Wahl: Blitz und Donner, selbst erzeugt. Tesla-ähnliche Versuche mit künstlichen Blitzen, Krieg der Sterne. Beam-Verlag, Marburg.

G. Wahl: Electronic Hits (Nr. 78). Telefonfernsteuerung, Pfeif- und Klatschschalter, Miniradio, Codeschloß. Beam-Verlag, Marburg.

G. Wahl: Microspione (Nr. 137). Wie lassen sich Micro-(SMD)-Bauelemente einsetzen? UKW-Microspion mit Apfelbatterie, Micro-Peilsender, Telefonkapsel-Microspion, Micro-UKW-Empfänger. Beam-Verlag, Marburg.

G. Wahl: Minispione I (Nr. 28). Wie sind sie geschaltet, wie werden sie abgewehrt? Beam-Verlag, Marburg.

G. Wahl: Minispione II (Nr. 45). Sprachgesteuerte Minispione, ferngesteuerte Minispione, aktive Abwehrschaltungen. Beam-Verlag, Marburg.

G. Wahl: Minispione III (Nr. 135). Minispione für LW, MW, KW, UKW, Leistungs-Minispione, Telefon-Minispione, Peilsender. Beam-Verlag, Marburg.

G. Wahl: Minispione IV (Nr. 170). Telefon-Minispione, Kugelschreiber-Minispione, Netzgespeiste Minispione, Peilsender für MW, KW, UKW. Beam-Verlag, Marburg.

G. Wahl: Minispione V (Nr. 174). Fernseh-Minispione, Telefonnummernaufzeichnungsgerät, Telefon-Manipulationen, Minispion-Aufspürgerät. Beam-Verlag, Marburg.

G. Wahl: Minispione VI (Nr. 383). Scrambler, Bio-Sender, Mini-Peilsender, Schmerzfeld-Generator, Lügendetektor. Beam-Verlag, Marburg.

G. Wahl: Minispione VII (Nr. 382). 50 kV-Phaser, Rubin-Laser, Bio-Sender, Schmerzfeld-Generatoren, Tesla-Generatoren, Energiebanken, Ionenstrahlgenerator. Beam-Verlag, Marburg.

G. Wahl: Minispione-Schaltungstechnik, Bd. 1 (FTB 19). Oszillatoren für Minispione, Peil- und Störsender, Telefon-Applikationen, Minispion-Aufspürgeräte, Verzeichnis handelsüblicher Überwachungs- und Abwehrgeräte. Verlag für Technik und Handwerk, Baden-Baden.

G. Wahl: Minispione-Schaltungstechnik, Bd. 2 (FTB 20). Oszillatoren für Minispione, Passive Minispione, UKW-Leistungssender, Video-Modulatoren, Minispion-Abwehrgeräte, Verzeichnis handelsüblicher Überwachungs- und Abwehrgeräte. Verlag für Technik und Handwerk, Baden-Baden.

G. Wahl: Waffentechnische Kuriositäten, Bd.1 (007-Hits). Mini-Pistolen, Schalldämpfer, Mini-MPs, Narkosepfeil, Raketenpistole, schießende Kugelschreiber und Gürtelschnallen, Strahlenwaffen, magnetische Kanone. Journal-Verlag, Schwäbisch Hall.

G. Wahl: Kuriose Waffentechnik. Kuife-Pistol, lautloses Pfeilgeschoß, schiessendes KGB - Zigarettenetui; Schraubenschlüssel-Pistole, Explosiv-Geschosse, Booby-Traps, Verlag Neumann - Neudamm, Melsungen.

G. Wahl: Minispione-Schaltungstechnik, Bd.4, MW-VHF/UHF - Mikrowellen - Minispione, Minipeilsender, Telefonapplikationen, Stimmverfremder, Spezialapplikationen Verlag für Technik und Handwerk, Baden-Baden

Weitere Bücher von Günter Wahl

Minispione - Schaltungstechnik - Band 1

Kommen Sie mit in die Welt von 007 oder professioneller Agenten und Detektive. Mit Hilfe extrem miniaturisierter Elektronik werden Telefongespräche abgehört, Telefaxleitungen angezapft, Kraftfahrzeuge verfolgt oder Videoaufnahmen gemacht, ohne daß es jemand bemerkt. In diesem Buch finden Sie 40 Schaltungen, womit Sie Ihr Umfeld nach „Spionen" überprüfen können. U.a. die kleinste Spionagekamera der Welt, Peil- und Störsender, Verzeichnis handelsüblicher Überwachungs- und Abwehrgeräte.

Umfang: 104 Seiten, 94 Abbildungen
Best.-Nr.: 411 0019 Preis: **DM 24,-**

Minispione - Schaltungstechnik - Band 2

Die Faszination, was sich mit moderner Elektronik in ausgetüftelten Schaltungen alles erreichen läßt, schlägt Hobby-Elektroniker immer wieder in den Bann. Hier erhalten Sie einen Blick hinter die Kulissen, um zu sehen, mit welchen raffinierten Geräten und Methoden Geheimdienste, Detektive und Werkschützer arbeiten. 40 Schaltungen mit genauen Funktionsbeschreibungen zur „Abwehr". 50 neue, handelsübliche Überwachungs-/Abwehrgeräte; Video-Modulatoren, Passive Minispione.

Umfang: 104 Seiten, 94 Abbildungen
Best.-Nr.: 411 0020 Preis: **DM 24,-**

Minispione-Schaltungstechnik - Band 4

Bereits in den 30er Jahren wurden die ersten elektronischen Abhörgeräte entwickelt. Damals versteckten die Geheimdienste Röhrensender in der Größe von Zigarettenkisten vollgepackt mit Anoden- und Heizbatterien an unzugänglichen Orten. Mit der Entdeckung des Transistors in den 50er Jahren nahm die Abhörgeräteentwicklung einen stürmischen Verlauf. Nun schienen die Versteckmöglichkeiten grenzenlos zu werden. Und mit der Einführung der Chip- und SMD-Technik in den 70er Jahren gab es dann kein Halten mehr. Nun konnte in jedem Hemdenknopf ein Minispion versteckt sein. Mit der gerade erfolgten Freigabe der Abhörtechnik für die Verbrechensbekämpfung wird der Staat nun endgültig nicht nur über das Handwerkszeug, sondern auch über die gesetzlich verankerte Lizenz zum Abhören verfügen. Die Vision von Georg Orwell „Big Brother is watching you" ist dadurch wieder ein Stück näher gerückt.
Dieses Buch hält den Leser hinsichtlich der praktischen Möglichkeiten auf dem Stand der Technik und erlaubt ihm dadurch eine realistische Einschätzung drohender Abhörgefahren.

Umfang: 88 Seiten, 104 Abbildungen
Best.-Nr.: 411 0045 Preis: **DM 24,-**

Der vth-Bestellservice
☎ 07221/508722 oder per Fax 07221/508733
eMail: vth-service@t-online.de
✉ Verlag für Technik und Handwerk GmbH, 76526 Baden-Baden

vth *Verlag für Technik und Handwerk GmbH, Postfach 2274, D-76492 Baden-Baden,*